大学生 これから学ぶ化学

速水 真也・黒岩 敬太・島崎 優一・大久保 貴志
折山 剛・西野 宏・須藤 篤　共著

培風館

はじめに

本書は，大学理工系学部の1年生を対象とした，無機化学と有機化学をあわせた入門書である。2単位で15回分の講義を想定した内容となっているが，無機化学だけ，あるいは有機化学だけの内容の講義に使う場合にも対応している。2年生以降に，専門科目として無機化学や有機化学の発展・応用的な内容を学ぶための土台づくりに役立ってもらえればと願っている。また，2年生以降に化学を学ばない学生にとっても，無機化学と有機化学のエッセンスを確実に学べる内容となっている。

化学は，様々な反応によって膨大な種類の化合物をつくり出している。それらの反応は，つきつめると結合の開裂と生成で成り立っている。“結合”とは，電子対である。すなわち，化学は電子のふるまいを合理的に理解する学問であるといってもよい。無機化学と有機化学に共通して重要なのは，化合物の中の電荷の偏りや電子分布と，電子のふるまいを理解することである。本書では，全体を通して電子を強く意識して記述している。

解説にあたっては，無機化学と有機化学の基礎を俯瞰的・体系的に，学生自らが学修できる内容をめざした。すなわち，無機化学と有機化学の重要なところ，わかりにくいところ，間違いやすいところを中心に，できるだけ丁寧に説明するように心がけた。また，章の冒頭には到達目標とキーワードを列挙し，あらかじめ学ぶべきポイントを明らかにして，学生が学修しやすくしている。それぞれの章の最後には演習問題を多く盛り込んだので，本文を読むとともに積極的に問題を解くことによりさらに理解が進むことを期待する。それらの解答や詳しい解説は，Webでも参照できるようになっている。

http://www.sci.kumamoto-u.ac.jp/~hayami/daigakusei_korekaramanabukagaku.html

なお，無機化学と有機化学の両方で説明されている事項があるが，それらは化学にとって非常に重要なので繰り返し説明されていると，ご理解いただきたい。

また，それぞれの章には，SDGsや化学と関連したコラムを掲載して，化学のおもしろさも伝わるように努めた。化学が私たちの身のまわりの生活に深く関わっていることを理解するとともに，私たちが抱えている様々な課題を解決するために，化学の知識が不可欠であることを認識していただきたい。と同時に，学生に対して問題提起を行ったつもりでもある。

本書が，無機化学と有機化学の基礎を学ぶ学生にとって，大いに役立つことを期待している。

2023年3月

著者を代表して
速水真也
折山　剛

目　　次

第Ⅰ部　無機化学の基礎

7章　酸化と還元　71

第Ⅱ部　有機化学の基礎

1章　有機化合物の多様性　87

2章　有機化学を学ぶための基盤的ツール　95

3章　有機化合物の構造と異性体　105

4章　有機化合物の結合　125

第 I 部

無機化学の基礎

1 原子の状態

【この章の到達目標とキーワード】
・原子の構造を理解する。
・電子の状態や詰まり方を理解する。
・電子軌道やそのエネルギーを理解する。

キーワード：原子，電子，原子核，電子軌道，量子数

1.1 実験から求められた原子の構造

原子の概念は，紀元前 420 年頃，ギリシャのレウキッポス(Leucippus)とデモクリトス(Democritos)が，“物質を細かく切っていくと最終的にこれ以上切れない粒子になる”という哲学的な自然観を提案したことに始まる。その後 18 世紀後半に「質量保存の法則」と「定比例の法則」という化合物反応に関する 2 つの法則が，フランスの化学者ラボアジェ(Laboisier, A., 1743-1794)ならびに，プルースト(Proust, J.L., 1754-1826)によって発見され，元素の概念が実験的に見いだされた。そして，物質の最小単位は微小で分割不可能な微粒子,「原子」(atom)からなるという，ドルトン(Dalton, J., 1766-1844)の原子説により原子の存在が確立された。

この原子は正に帯電した原子核と負に帯電した電子からなり，原子核は正に帯電した陽子と電気的に中性な中性子からできている。本章では，原子の詳細な構造を解説し，さらに原子における電子の軌道や特性について説明する。

1.1.1 原子核と電子からなる原子

原子が分割可能であるということの最初の発見は，1800 年中頃の陰極線から導かれた電子の発見に基づいている。1897 年イギリスのトムソン(Thomson, J.J., 1856-1940)は，磁場や電場により陰極線が曲がることから，陰極線は負に帯電した粒子であるとした。さらにドイツのレナード(Lenard, P., 1862-1947)は，金属への紫外線照射による負に帯電した粒子の放出を確認し，陰極線は陰極の金属イオン由来であることを示した。こうして，原子は正に帯電した原子核と負に帯電した電子からなることが確立された。

ラザフォード(Rutherford, E., 1871-1837)は正電荷をもつ α 粒子の研究において，金箔に α 粒子を当てると，ほとんどの α 粒子は直進するが，ごく少量の α 粒子が金箔中を直進せず，屈折することを見いだした。この結果から，α 粒

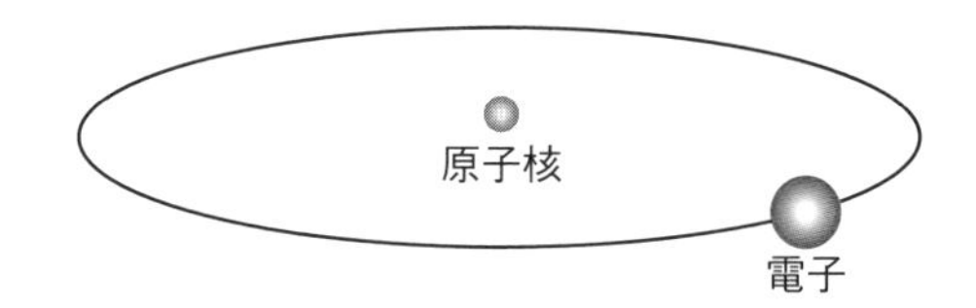

図 1.1　原子の単純モデル

子により動かすことのできない，原子半径に比べて小さいが質量の大きい原子核(nucleus)が存在し，その周りに質量数の小さな電子があると考えた(図 1.1)。さらに，ミリカン(Millikan, R. A., 1868-1953)によって，電子の質量は一番小さな水素原子の約 1/1836 である 9.11×10^{-28} g と見積もられ，ラザフォードの原子モデルが認められていった。こうして，原子は原子核と電子からなっており，原子核の周りの広い範囲に電子が存在しているという現在の原子の構造の基礎ができあがった。その後，原子核の大きさは 10^{-15} m 程度と求められた。原子を東京ドームの大きさに例えると，原子核は 1 円玉程度の大きさになる。

1.1.2　原子核の周りにある電子の配置

ラザフォードの原子モデルでは，具体的な電子の存在位置を示すことができない。そのため，ラザフォードの原子モデルは，原子核の周りを電子が回転しているとして，水素原子の場合，陽子 1 個からなる原子核の周囲を 1 個の電子は回転していると考えていた。

一方，1800 年代中頃にキルヒホッフ(Kirchhoff, G.R., 1824-1887)とブンゼン(Bunsen, R.W., 1811-1899)が分光器を開発して以来，約 50 年以上にわたり原子が放出する光について研究されていた。原子にエネルギーを与え励起させたときに示す発光はすべて線スペクトルとよばれる一定の特有の波数を示し，元素によってその線スペクトルの数，波長は固有であることが明らかにされていった。最も小さな水素原子において，その発光スペクトルにはライマン(Lyman)，バルマー(Balmer)，パッシェン(Paschen)等の系列が知られており，各系列ともに，ある極限値に収束するまで波数は増大する。ボーア(Bohr, N., 1885-1962)はその発光スペクトル(図 1.2)について，観測された不連続な線ス

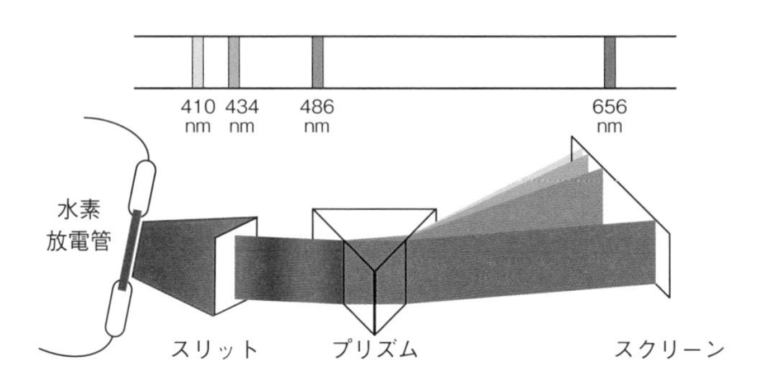

図 1.2　水素原子の発光スペクトル

ペクトルは，励起された電子が存在する高いエネルギー準位の軌道からより低いエネルギー準位の軌道へ移る際に放出されるエネルギーとして記述することができるとし，粒子としての電子が存在できるエネルギー準位は不連続であると説明した。この束縛された電子が特定のエネルギー値に限られることを，**量子化**(quantization)という。この不連続な量子数 n (n：整数)に依存する電子の軌道は，エネルギーが大きくなるほど原子核から離れた位置に存在するとした。したがって，電子は原子核の周りにとびとびのエネルギー状態をとりながら存在する。それを**電子殻**(shell)といい，電子殻には存在できる電子の数が決まっていて，最も エネルギーの低い電子殻から順に電子を満たしていくことになる。この不連続な量子数 n が後の主量子数に対応することになる。さらに，この電子殻には磁場などに依存して微細構造を示すことが見いだされた。後にこれらを表すため，方位量子数(l)，磁気量子数(m_l)が規定された。

1.1.3 波としての電子と電子配置

1924 年フランスのド･ブロイ(de Broglie, L., 1892-1987)は，すべての運動粒子は波動の性質を有することを理論的に見いだした。その後，ド･ブロイの理論は，数年後に電子線が結晶により回折することが実験的に示されたほか，電子の波動性を考慮した場合，発光スペクトルのエネルギーは極めて精度良く決定できることから，電子は波動の性質を有することが示された。しかし，電子は永続的な波であるとも記述でき，ある原子の周りを回転している電子の位置，運動について正確な記述ができない。また，時刻を決めても粒子のエネルギーは決まらないし，位置と運動量は同時に確定できないという，“不確定性原理”が広く知られていった。この原理により，これまでのように原子核の周りの電子が円または楕円軌道を周回しているというのではなく，電子は粒子としての性質と波としての性質をあわせもち，ある位置に電子が存在する確率を示す「軌道のようなもの」(orbital)という概念につながっていった。シュレーディンガー(Schrödinger, E. R. J. A., 1887-1961)は，弦の振動を表す古典的な波動方程式にド･ブロイの理論を援用した波動方程式を導いた。この方程式の解は整数である 3 つの量子数，**主量子数**(n; principal quantum number)，**方位量子数**(l; azimuthal quantum number)，**磁気量子数**(m_l; magnetic quantum number)の関数として表され，**軌道**(orbital)はこれらの 3 つの量子数で規定される。

1.2 量子数と電子の軌道

1.1 節で述べたように，各元素の原子はそれぞれ固有の量子化された電子エネルギー準位をもっている。すなわち，原子中の電子はある特定の軌道とエネルギー差をもつ状態にあり，それらの軌道は，**主量子数**(n)，**方位量子数**(l)，**磁気量子数**(m_l)によって決まる。

主量子数：$n=1, 2, 3, \cdots$　　軌道の広がりを決める。主量子数が大きいほど電子は外に広がっていき，内側から順に K 殻，L 殻，M 殻，… に対応している。

方位量子数：$l=0, 1, 2, \cdots, n-1$　　軌道角運動量量子数ともいい，軌道の形を決める。方位量子数が 0, 1, 2, 3, … の軌道はそれぞれ，s 軌道，p 軌道，d 軌道，f 軌道，… に対応している。

磁気量子数：$m_l=0, \pm1, \pm2, \cdots, \pm l$　　軌道の分布の方向を決める。磁気量子数は磁場や電場による分裂の様子を表す。

表 1.1　量子数と軌道の関係

n	1	2	2	2	2	3	3	3	3	3	3	3	3	3
l	0	0	1	1	1	0	1	1	1	2	2	2	2	2
m_l	0	0	0	(1	−1)	0	0	(1	−1)	0	(1	−1)	(2	−2)
軌道	1s	2s	$2p_z$	$(2p_x,$	$2p_y)$	3s	$3p_z$	$(3p_x,$	$3p_y)$	$3d_{z^2}$	$(3d_{xz},$	$3d_{yz})$	$(3d_{xy},$	$3d_{x^2-y^2})$

表 1.1 は，3 つの量子数 n, l, m_l を用いた軌道を示しており，例えば $(n, l, m_l)=(1, 0, 0)$ の場合は，原子の K 殻は $n=1$ なので軌道の広がりが小さく，1s 軌道しか存在しない。また $l=0$ ということは x, y, z の方向性をもっていないため，その軌道の形は球形ということになる。さらに 1s 軌道は球形で + と − の電荷の偏りがないため $m_l=0$ となる。このように原子に電子が詰まっていく軌道の形を考えることができるが，実際には電子の数に依存した波動関数で表されたシュレディンガーの方程式で軌道の形は決まる。L 殻は $n=2$ の軌道の広がりをもち，2s と 2p 軌道があり，2s 軌道は 1s 軌道と同様に球形であり，2p 軌道 $(2p_x, 2p_y, 2p_z)$ はある方向に伸びた形の軌道である。M 殻には 3s, 3p と 3d 軌道がある。図 1.3 は，それぞれの軌道の形を示している。この図からわかるように，軌道は電子の広がりや方向性をもっている。

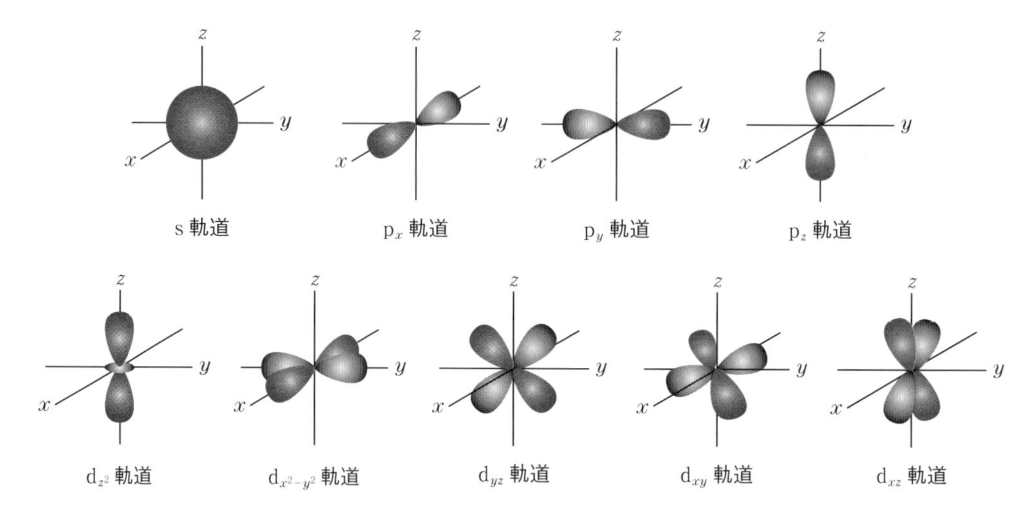

図 1.3　各軌道の形

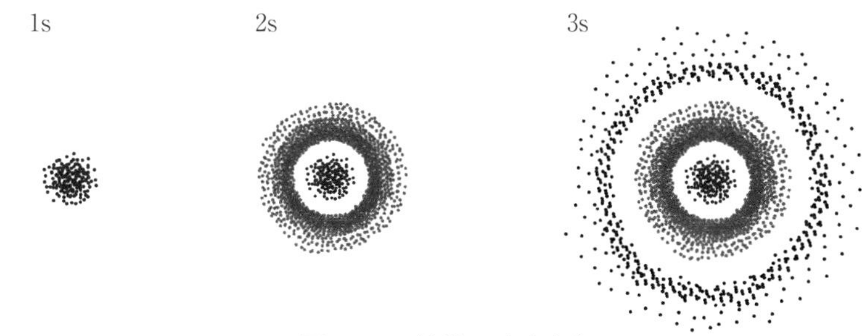

図 1.4 s 軌道の電子分布

図 1.3 に示したように，s 軌道は丸く球形に広がっており，主量子数($n=1, 2, 3, \cdots$)が大きくなるほど，その球形は大きく広がるようになる。その球形の断面図をみてみると，2s 軌道や 3s 軌道には，途中に波動関数の値がゼロ，つまり電子が存在しない部分が存在する。これを節(node)あるいは節面といい，主量子数が大きくなるほどその数は増えていき，計 $n-1$ 個の節をもつ。

p 軌道には，表 1.1 に示したように，磁気量子数が異なる 3 つの軌道が存在し，$m_l=0$ の軌道は p_z 軌道に対応しており，他の 2 つの軌道では，$m_l=\pm 1$ の軌道は p_x 軌道と p_y 軌道に対応している。2p 軌道は図 1.3 に示しているようにダンベル型なので，真ん中に電子の存在しない 1 つの節がある。また主量子数が大きくなると，さらに新たな節が途中にできて，3p 軌道では 2 つの節がある。

d 軌道には磁気量子数が 5 つあり，$m_l=0$ の軌道は d_{z^2} 軌道に対応し，$m_l=\pm 1$ の軌道は d_{yz} 軌道と d_{xz} 軌道に対応している。$m_l=\pm 2$ の軌道は $d_{x^2-y^2}$ 軌道と d_{xy} 軌道に対応しており，3d 軌道では 2 つの節がある。

ここで s 軌道の断面図を再度みると，中心部分である原子核に一番電子が存在しているようにみえるが，実際には原子核には電子は存在せず，図 1.4 に示すようになる。このような電子の存在確率を式で表したものを**動径密度分布関数**といい，電子が原子の中心からどれくらいの距離にいる可能性が高いかがわかる。例えば 1s 軌道では，中心から 0.05 nm 付近が最も確率が高くなっている。また他の軌道でも，図 1.3 の波動関数の形に応じて何箇所かの極大点がみられ，電子の分布確率は偏っている。

1.3 軌道のエネルギー

電子 1 個をもつ水素原子を考えてみると，電子の全エネルギー E は運動エネルギーと位置エネルギーの和で与えられる。

$$E_n=-\frac{1}{n^2}\frac{me^4}{8\varepsilon_0^2h^2}=-\frac{13.6}{n^2}\text{ eV}=-\frac{1312}{n^2}\text{ kJ/mol} \qquad (1.1)$$

ここでエネルギーが負の値をとるのは，電子が原子核の正電荷の影響を受けないとき(原子核から無限に遠く離れた場所のエネルギー)を $E_\infty=0$ としている。また，m は電子の質量，e は電子の電荷，ε_0 は真空の誘電率，h はプランク定

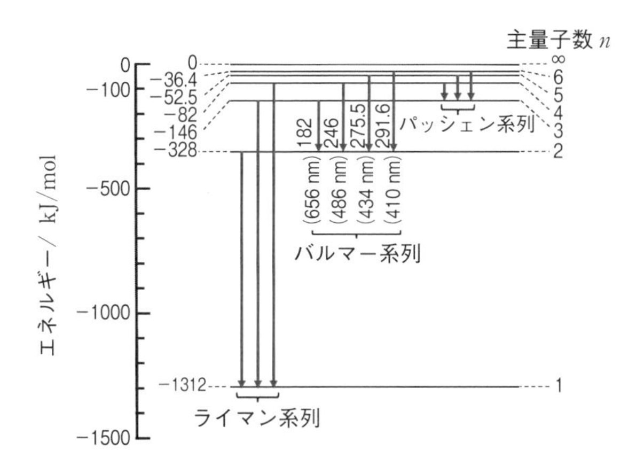

図 1.5　水素原子のエネルギー準位図

数，n は主量子数である。

ボーアの原子モデルでは，水素原子の電子は，(1.1)式で示されるように，電子のエネルギーは不連続な値しかとれず量子化されていることを示している。したがって，軌道のエネルギーは 1s < 2s, 2p < 3s, 3p, 3d の順になる。図 1.5 に水素原子のエネルギー準位図を示した。このように水素原子の線スペクトルが観測され，それらはライマン(Lyman)系列，バルマー(Balmer)系列およびパッシェン(Paschen)系列などとよばれている。また軌道半径 r_n は以下の(1.2)式

$$r_n = \frac{n^2 \varepsilon_0 h^2}{\pi m e^2} = n^2 a_0 = 52.9 n^2 \text{ pm} \tag{1.2}$$

で与えられ，水素原子の電子の存在確率は，$n = 1$ のとき，$r = 52.9$ pm $= a_0$ で与えられ，ボーア半径(Bohr radius)とよばれている。この軌道半径もまた不連続な値しかとれず，量子化されていることを示している。さらに 2 個以上の電子を有する場合は，電子反発が生じるため複雑な電子系となり，近似的に解釈することで理解できる。

1.4　電 子 配 置

ヘリウム He 原子(正電荷が $Z = 2$，電子が 2 個)について考えてみると，最もエネルギーの低い 1s 軌道に電子が 2 個入る。この 2 個の電子は，原子核の正電荷(**核電荷**)から静電的引力を受ける。一方で，電子どうしは電子間の静電的反発を生じる。1 個の電子に着目すると，別のもう 1 個の電子が原子核と静電的に引き合って + と − を打ち消しあっているため，正電荷が 2 よりも小さいと感じる。このように，電子によって核電荷が打ち消しあう現象を**遮蔽**という。各電子は実質の核電荷 Z^* (**有効核電荷**) (effective nuclear charge)を受けることになり，

$$Z^* = Z - S$$

として見積もることができる。ここで S は遮蔽定数であり，S は以下の ①～⑤ のスレーターの規則(Slater's rules)から見積もることができる。

①軌道を[1s][2s, 2p][2s, 2p][3s, 3p][3d][4s, 4p][4d][4f][5s, 5p]… のようなグループに分類する。すべてのグループにおいて，それより右側のグループの電子は遮蔽に寄与しない。

②同じグループ内の他の電子への遮蔽定数 S は 0.35 寄与する。ただし 1s の場合は 0.30 とする。

③主量子数が $n-1$ の各電子は 0.85 寄与する。

④主量子数が $n-2$ とそれ以下の各電子は完全に遮蔽され 1.00 寄与する。

⑤[nd][nf] のグループの場合，③と④は成立せず，左側のすべてのグループの電子はすべて 1.00 寄与する。

したがってヘリウム He 原子の場合は，1s 軌道に 2 個の電子が詰まっており，その各電子の有効核電荷は $Z^*=2-0.3=1.7$ となる。

電子を軌道に詰めていく場合，第 4 の量子数として，電子(スピン)にも量子数があることを知っておく必要がある。

スピン量子数：$s=1/2$　　スピン角運動量

スピン磁気量子数：$m_s=\pm 1/2$　　s の z 成分でスピンの向きを規定する。

金属ナトリウムのスペクトルが，2 つのスペクトルに分裂することが観測された“ナトリウムの D 線”は有名な話であり，この実験結果から電子は右回り，あるいは左回りの自転をしており，それらを $+1/2$ と $-1/2$ で表すことになった。

以上，これらの 4 つの量子数 n, l, m_l, m_s を用いることで，原子中の電子配置は記述できる。ヘリウム He 原子(正電荷が $Z=2$，電子が 2 個)について再度考えてみると，最もエネルギーの低い 1s 軌道に電子が 2 個入る($1s^2$)。この場合は，パウリの排他原理に従い電子が詰まる。ここでパウリの排他原理(Pauli exclusion principle)とは，「4 つの量子数がすべて同一な場合は排他される」という原理であり，4 つの量子数のうち少なくとも 1 つの量子数は異ならなければならない。図 1.6 (a)に示すように同じ軌道内に電子が入っている場合は，2 つ目の電子が入る場合，スピン磁気量子数($+1/2$ と $-1/2$)が異なっており，この条件を満たしている。また 2p 軌道には 3 つの軌道があるが，これが同じエネルギー状態の場合にはどのように入るだろうか？ この場合は，フントの規則に従い電子が詰まる。フントの規則(Hund's rules)とは，「2 つ以上の同じエネルギー状態の場合には，2 つ目の電子は別の軌道に入る」というものである(図 1.6 (b))。したがって図 1.7 に示すように，スピンの向きは同じようにして 2p 軌道に詰まっていく。2p 軌道に 4 つ目以降の電子が詰まる場合には，パウリの排他原理に従い，スピンが反対向きとなり詰まっていく。

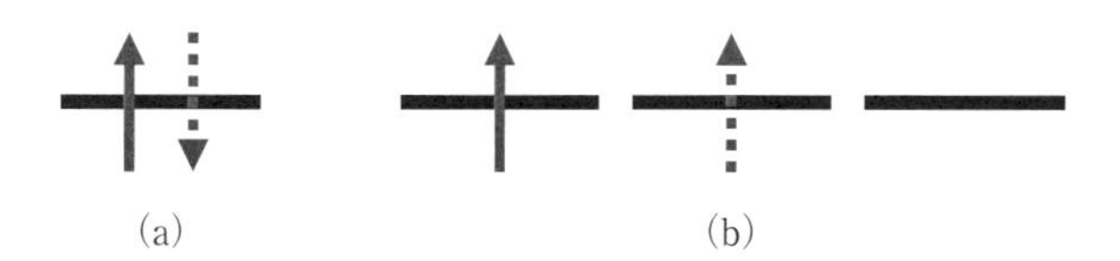

図 1.6　(a)パウリの排他原理および，(b)フントの規則による電子の詰まり方

1s
2s 2p
3s 3p 3d
4s 4p 4d 4f
5s 5p 5d 5f
6s 6p 6d 6f
7s 7p 7d 7f

元素	電子の総数	軌道図 1s	2s	2p			3s	電子配置
H	1	↑						$1s^1$
He	2	↑↓						$1s^2$
Li	3	↑↓	↑					$1s^2 2s^1$
Be	4	↑↓	↑↓					$1s^2 2s^2$
B	5	↑↓	↑↓	↑				$1s^2 2s^2 2p^1$
C	6	↑↓	↑↓	↑	↑			$1s^2 2s^2 2p^2$
N	7	↑↓	↑↓	↑	↑	↑		$1s^2 2s^2 2p^3$
O	8	↑↓	↑↓	↑↓	↑	↑		$1s^2 2s^2 2p^4$
F	9	↑↓	↑↓	↑↓	↑↓	↑		$1s^2 2s^2 2p^5$
Ne	10	↑↓	↑↓	↑↓	↑↓	↑↓		$1s^2 2s^2 2p^6$
Na	11	↑↓	↑↓	↑↓	↑↓	↑↓	↑	$1s^2 2s^2 2p^6 3s^1$

図 1.7　各軌道への電子の詰まり方

さらに電子を詰めていくとどのように詰まっていくのだろうか？ 上述した動径分布関数を図 1.8 に示す。縦軸の $4\pi r^2 R^2$ は，原子核から r の距離における電子の存在確率を表している（R はリュードベリー（Rydberg）定数）。図 1.8 からわかるように，1s 軌道が最も原子核に近く，最初に電子が詰まっていく。2s 軌道と 2p 軌道を比べてみると極大のピークは 2p 軌道のほうが 2s 軌道よりも原子核に近い。しかし 2s 軌道は 1 つの節が存在するため小さな極大が原子核近くに存在する。このことを電子の軌道が各近くに貫入しているといい，このため 2p 軌道よりも 2s 軌道のほうがエネルギーは低くなり，先に電子が詰まっていく。3s 軌道と 3p 軌道も同様に電子が詰まっていく。次に 3d 軌道に電子が詰まっていくように思えるが，実際には原子核から遠い 4s 軌道に電子が詰

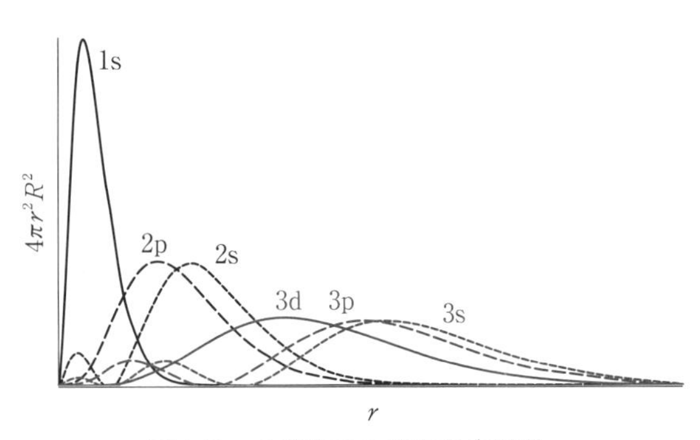

図 1.8　水素原子の動径分布関数

まる。4s 軌道は節が 3 つあり一部の電子が原子核近くまで貫入しており，3s，3p 電子の遮蔽を受けにくく，その結果，4s 軌道のほうが 3d 軌道よりもエネルギーが低くなり，4s 軌道，3d 軌道の順に電子が詰まっていく。

1.5　同位体と原子の表記

原子は，これまで述べてきたように原子核と電子から成り立っている。原子は中性であるため，原子核の電荷は電子の電荷を $-e$ とすると，その原子がもつ電子数 Z をかけた値 $+Ze$ の電荷をもつことになる。この Z は整数であり，**原子番号**(atomic number)とよばれる。それぞれの元素の原子番号は固有の値を示すことから，原子番号が異なると，異なる元素を示すことになる。また，中性である原子に含まれる電子の数に相当することから，原子の中の電子数がその元素の性質を決めているとも捉えることができる。

原子核は，$+e$ の正電荷をもつ**陽子**(proton)と，電荷をもたない中性の**中性子**(neutron)から成り立っている。中性の原子に存在する陽子は原子番号と同じ数であり，原子がもつ電子数と等しい。電荷をもたない中性子は，ほぼ原子番号と同数存在するが，陽子のような固有な数ではない場合が多い。さらに，同じ原子番号でありながら，中性子の数が異なる原子が存在する。原子番号が同じでも中性子の数が異なる原子のことを**同位体**(isotope)という。中性子は陽子とほぼ同じ 1.67×10^{-27} kg の質量であるが，電子の質量が極めて軽いため(陽子：中性子：電子＝1：1：1/1840)，原子の質量は原子核に存在する陽子の数と中性子の数で見積もられる。陽子の数と中性子の数の和のことを**質量数**(mass number)という。

原子は，原子番号と質量数で表すことができる。例えば酸素原子を例にとると，${}^{16}_{8}O$ は，16 は質量数，8 は原子番号を表している。質量数が 1 の水素原子は，${}^{1}_{1}H$ と表され，原子番号は 1 であり，陽子の数は 1 個である。質量数も 1 であるので中性子の数は 0 となる。水素原子には 3 種類の同位体が存在することが知られている。質量数が 2 の水素原子の同位体 ${}^{2}_{1}H$ は**重水素**とよばれ，${}^{2}_{1}D$ とも表記される。また，質量数が 3 の水素原子の同位体 ${}^{3}_{1}H$ は**三重水素**とよばれ，${}^{3}_{1}T$ とも表記される。

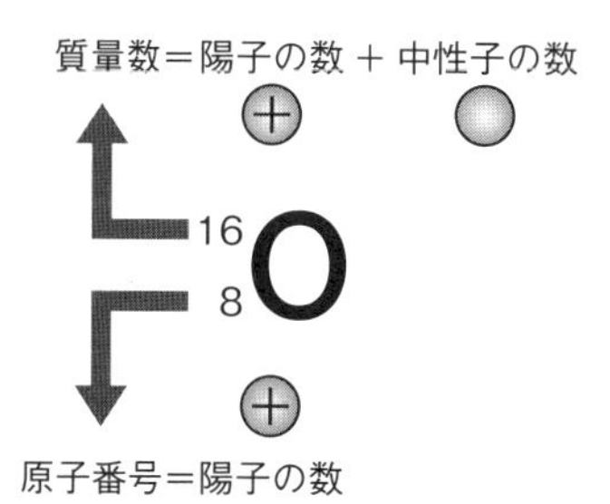

図 1.9　原子番号および質量数の表記

同位体には，安定な同位体のほかに，**放射線**(radiation)を放出しながら**壊変**(disintegration)していく不安定な同位体が存在する。放射線を放出しながら壊変していく同位体のことを**放射性同位体**(radioisotope)とよび，安定な同位体を**安定同位体**(stable isotope)という。水素原子の 3 種類の同位体のうち，${}^{1}_{1}H$ と ${}^{2}_{1}H$ は安定同位体であるが，${}^{3}_{1}H$ は放射性同位体である。この放射性同位体 ${}^{3}_{1}H$ は，β 線とよばれる放射線を放出することにより中性子が陽子に変わり，原子核中に 1 個の中性子をもつ He の安定同位体 ${}^{3}_{2}He$ へ壊変することが知られている。また，ヘリウムには安定同位体 ${}^{3}_{2}He$ だけでなく，2 個の中性子をもつ安定同位体 ${}^{4}_{2}He$ がある。

このように，様々な陽子数と中性子数によって規定される同位体は，安定同位体に限らず，放射性同位体も含め，化学分野のほか，物理学，地学，生物学，医療などの分野で利用されている。

コラム

“カーボンニュートラル”という言葉を聞いたことがあるかと思う。2020年10月，政府は2050年までに温室効果ガスの排出を全体としてゼロにするとした。カーボンニュートラルとは，「温室効果ガスの排出量と吸収量を均衡させること」であり，排出を全体としてゼロというのは，二酸化炭素CO_2など温室効果ガスの排出量から，森林などによる吸収量を差し引いて，合計を実質的にゼロにすることである。カーボンニュートラルの達成のためには，温室効果ガスの排出量の削減のためには省エネはもちろんのこと，化学としてのアプローチも多くある。それが触媒による化学反応である。例えば“ハーバー・ボッシュ法”で工業的に莫大なエネルギーを使って窒素N_2からアンモニアNH_3を合成しているが，これは，アンモニアが植物育成において肥料として必要不可欠であるためである。もし，このハーバー・ボッシュ法に代わる触媒反応により低エネルギーで窒素からアンモニアの合成ができれば，かなりの省エネにつながるであろう。一方でCO_2など温室効果ガスの吸収量を増大させるため，不毛地帯での植物育成や森林整備などがあるが，これらの土壌にも化学物質を混合した土壌により，より効率的な植物育成や森林整備が試みられている。さらには，化学物質によるCO_2吸収膜なども開発されている。

このように化学は，我々の生活に切っても切れない重要な分野である。

章末問題

問題1.1 宇宙で一番存在量の多い元素は何か。

問題1.2 フッ素(F)の陽子数，中性子数，電子数はそれぞれいくつか。

問題1.3 バルマー系列で，最もエネルギーの低い波長および2番目にエネルギーの低い波長を求めよ。

問題1.4 $3p_z$軌道に節はいくつか。

問題1.5 次の原子の有効核電荷をスレーターの規則を用いて求めよ。

(1) Na：2s, 2p (2) Fe：3s, 3p, 3d

問題1.6 次の原子またはイオンの電子配置を示せ。

(1) Fe (2) Na^+ (3) Br^- (4) Cu^{2+}

2　元素の性質と周期律

【この章の到達目標とキーワード】

・周期的に元素の性質が変化する周期律の概念を，原子半径，イオン半径，イオン化エネルギー，電子親和力により理解する。

・原子半径，イオン半径と元素との関係を理解する。

・イオン化エネルギーや電子親和力の概念を，原子核と電子との関係で理解する。

キーワード：イオン化エネルギー，電子親和力，原子半径とイオン半径，周期律

2.1　周期律と周期表

100 年以上前，化学者たちは同じような化学的性質の元素をグループとしてまとめ，これらを元素の相関がわかるように配列した元素の表の作成をはじめた。初期の頃は原子量に基づいて配列していたが，メンデレーフ(Mendeleev, D.I., 1834-1907)とマイヤー(Meyer, J.L., 1830-1895)は，元素を原子量の増加する順に並べていくと類似した化学的性質が周期的に現れる**周期律**(periodic low)をほぼ同時期に明らかにした。この原子量の増加と化学的性質の類似性をわかるように表にしたものが**周期表**(periodic table)である(図 2.1)。

現在の周期表を縦に見ると，基本的に最外殻の電子配置が同じ元素になるように並べられている。例えば，左端の列は ns^1 の電子配置の元素が並び，右端の列には ns^2np^6 の電子配置の元素が並ぶ。左端の列にある ns^1 の元素は水素を除き**アルカリ金属**(alkali metals)とよばれ，+1 価の陽イオンになりやすい性質をもっている。このように同じ縦の列にある元素どうしは比較的類似した性質を示すことから，縦の列を**族**(group)とよび，番号が付されている。左端の列にある ns^1 の元素群から 1 族，2 族，… と表記され，構成する価電子の観点から“s ブロック元素”とよばれることもある。

2 族は**アルカリ土類金属**(alkaline earth metal)とよばれ，+2 価の陽イオンになりやすい性質をもっている。3 族から 12 族までは“d ブロック元素”とよばれるが，12 族を除いた d ブロック元素を特に**遷移金属**(transition metal)とよぶことがある。13 族からは“p ブロック元素”になり，15 族はプニクトゲン(窒素族元素)，16 族はカルコゲン(酸素族元素)，17 族はハロゲンとよぶ。また，右端の列の ns^2np^6 の電子配置の元素は**貴ガス**(希ガスともいう；noble gas)とよばれ，どの軌道も完全充填された電子構造であるため，比較的安定で

周期＼族	1 アルカリ金属	2 アルカリ土類金属	3	4	5	6	7	8	9	10	11	12	13	14	15 プニクトゲン	16 カルコゲン	17 ハロゲン	18 貴ガス（希ガス）
1	1 H [1.008]																	2 He 4.003
2	3 Li [6.94]	4 Be 9.012			原子番号 元素記号 原子量			金属	非金属	半金属			5 B [10.81]	6 C [12.01]	7 N [14.01]	8 O [16.00]	9 F 19.00	10 Ne 20.18
3	11 Na 22.99	12 Mg [24.31]											13 Al 26.98	14 Si [28.09]	15 P 30.97	16 S [32.06]	17 Cl [35.45]	18 Ar 39.95
4	19 K 39.10	20 Ca 40.08	21 Sc 44.96	22 Ti 47.87	23 V 50.94	24 Cr 52.00	25 Mn 54.94	26 Fe 55.85	27 Co 58.93	28 Ni 58.69	29 Cu 63.55	30 Zn 65.38	31 Ga 69.72	32 Ge 72.63	33 As 74.92	34 Se 78.97	35 Br [79.90]	36 Kr 83.80
5	37 Rb 85.47	38 Sr 87.62	39 Y 88.91	40 Zr 91.22	41 Nb 92.91	42 Mo 95.95	43 Tc 97.91	44 Ru 101.1	45 Rh 102.9	46 Pd 106.4	47 Ag 107.9	48 Cd 112.4	49 In 114.8	50 Sn 118.7	51 Sb 121.8	52 Te 127.6	53 I 126.9	54 Xe 131.3
6	55 Cs 132.9	56 Ba 137.3	*	72 Hf 178.5	73 Ta 180.9	74 W 183.8	75 Re 186.2	76 Os 190.2	77 Ir 192.2	78 Pt 195.1	79 Au 197.0	80 Hg 200.6	81 Tl [204.4]	82 Pb 207.2	83 Bi 209.0	84 Po (209.0)	85 At (210.0)	86 Rn (222.0)
7	87 Fr (223.0)	88 Ra (226.0)	**	104 Rf (265.1)	105 Db (268.1)	106 Sg (271.1)	107 Bh (270.1)	108 Hs (277.2)	109 Mt (276.2)	110 Ds (281.2)	111 Rg (280.2)	112 Cn (285.2)	113 Nh (284.2)	114 Fl (289.2)	115 Mc (288.2)	116 Lv (293.2)	117 Ts (294.2)	118 Og (294.2)

周期																	
6	ランタノイド	*	57 La 138.9	58 Ce 140.1	59 Pr 140.9	60 Nd 144.2	61 Pm 144.9	62 Sm 150.4	63 Eu 152.0	64 Gd 157.3	65 Tb 158.9	66 Dy 162.5	67 Ho 164.9	68 Er 167.3	69 Tm 168.9	70 Yb 173.1	71 Lu 175.0
7	アクチノイド	**	89 Ac 227.0	90 Th 232.0	91 Pa 231.0	92 U 238.0	93 Np 237.0	94 Pu 244.1	95 Am 243.1	96 Cm 247.1	97 Bk 247.1	98 Cf 251.1	99 Es 252.1	100 Fm 257.1	101 Md 258.1	102 No 259.1	103 Lr 262.1

図 2.1　元素の周期表。[ ]は天然に得られる試料における最も標準的な値，( )は元素の同位体のうち，最も寿命の長いものの原子量を表す。

イオンになりにくい性質をもつ。

一方，横の行は**周期**(period)とよばれ，1から7まで番号が付けられている。第6周期と第7周期のfブロック元素はそれぞれ**ランタノイド**(lanthanoid; $_{57}$La～$_{71}$Lu)，**アクチノイド**(actinoid; $_{89}$Ac～$_{103}$Lr)とよばれる。fブロック元素は14元素と数が多いために，周期表の見やすさの観点から別に表示されるのが一般的である。

周期表中のすべての元素は，金属，非金属，半金属の3つに分類される。**金属**は，電気，熱の伝導体であり，展性や延性，そして通常は金属光沢がある。このような特性を示さない元素は**非金属**とよばれる。一方，金属と非金属の中間の性質をもつものを**半金属**とよぶ。半金属の特徴として，半導体挙動がよく知られている(第5章において詳しく解説する)。

2.2　周期律と原子の大きさ

原子と原子が接近する場合，近づくことのできる距離には限界がある。このことは，原子には他の原子に侵されない「大きさ」があることを示しているが，この原子の大きさを定義するにはいろいろな因子を考慮する必要がある。原子の大きさは，電子雲の広がり，すなわち電子軌道の大きさで決まり，この軌道の大きさは**有効核電荷**(Z^*)や軌道エネルギー，電子分布などのいくつかの要因を考えなければならない。

分子，結晶内などに存在するそれぞれの原子を剛体球とみなして**原子半径**(atomic radius)が定義されている。同じ原子でも，おかれた状況あるいはとりうる状況(分子，結晶内での結合様式など)によって異なった定義があり，複数の値が使い分けられている。**共有結合半径**(covalent radius)，**金属結合半径**(metallic radius)，**ファンデルワールス半径**(van der Waals radius)などがおもに用いられる原子半径である。共有結合を形成する原子に関しては共有結合半径という値を各原子に定義し，様々な組合せの原子間の共有結合の長さを，それらの和として表している。金属原子単体では，球状の金属原子が密に接しているとして金属結合半径を定義している。ファンデルワールス半径は，ファンデルワールス力によって単体の結晶をつくる元素について，隣接する原子どうしの距離を2で割ることで算出されている。

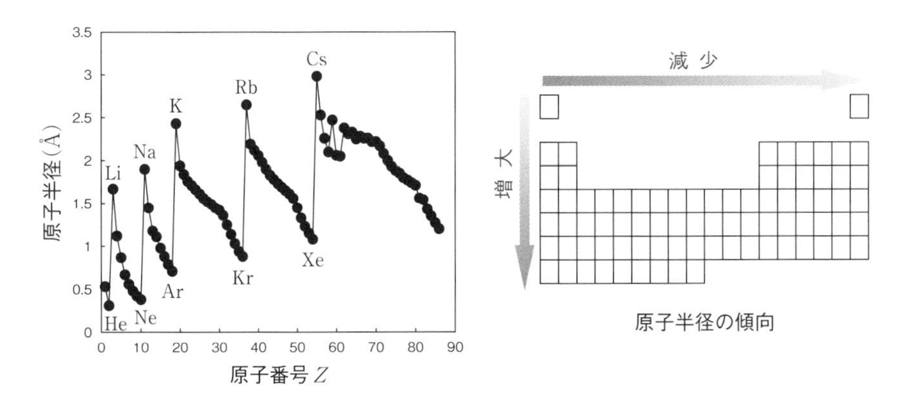

図2.2　原子半径の原子番号依存性と周期表における傾向[*1]

*1 原子半径の値はE. Clementi *et al.*, The Journal of Chemical Physics. 1967, 47, 1300-1307. の値を用いており，最新の共有結合半径，金属結合半径，ファンデルワールス半径は，より近年の論文データを参照されたい。

周期表の第2周期($n=2$)において原子番号を大きくしていくと，原子記号Zが増加することになり，付け加えられた電子は増加する各電荷を遮蔽する効果が小さいので，Z^*も増加する。より大きいZ^*は電子雲に対してより強い静電気力を及ぼし軌道は小さくなる。よって，同一周期では原子番号の増加とともに電子を引き付ける力が強くなり，電子が原子核の側に分布するようになる。このように，原子番号の増加とともに原子半径が小さくなる(図2.2)。

次に，周期表の1族を下に進めていくと，nが大きくなると軌道はエネルギーが増大し，原子半径も大きくなっていく。同族において下に進めていくと**内殻電子**数が増える。例えば，ナトリウムNa($Z=11$)には10個の内殻電子があり，1 個の価電子をもっている。次の周期のカリウム K($Z=19$)には 18 個の内殻電子があり，価電子は 1 個である。カリウムにおける 8 個の内殻電子による遮蔽が，核中の陽子 8 個による効果を大部分相殺できる。その結果，同族において上から下に向かうと価電子の軌道が大きくなり，そのエネルギーも上がる。

このように，原子半径は，同一周期では原子番号の増加とともに小さくなり，同一族では原子番号の増加とともに大きくなる傾向がある(図 2.2)。

2.3　イオンと周期律

2.3.1　イ オ ン

1 つの原子には，負に帯電した電子と正に帯電した陽子が同数存在し，電子の電荷が -1.6×10^{-19} C であり，陽子の電荷が 1.6×10^{-19} C であることから，電気的には中性になっている。この原子にいくつかの電子を加えると，負に帯電した**陰イオン**(anion)が生じ，この原子からいくつかの電子を取り去ると，正に帯電した**陽イオン**(cation)が生成する。このように，電子を中性の原子から取り去る，または加えた粒子を**イオン**(ion)という。

フッ素原子(F)に 1 個の電子を加えると，陰イオンであるフッ化物イオンが生成し，酸素原子(O)に 2 個の電子を加えると，酸化物イオンが生成する。これらの陰イオンはそれぞれ F^-, O^{2-} と，元素記号の上部に負に帯電したことを示す「$^-$」ならびに複数の電子が加わっている場合には「$^{2-}$」のように電子の数を示す数字を付けることで表記される。ナトリウムイオンやアルミニウムイオンなどの陽イオンも同様にそれぞれ Na^+, Al^{3+} と表記し，元素記号の上部に正に帯電したことを示す「$^+$」ならびに複数の電子が取り去られている場合には「$^{3+}$」のように電子の数を示す数字を付ける。これらの数字のことをイオンの**価数**という。単独原子のイオン化によって酸化還元が引き起こされているので，イオンの価数の変化は原子の酸化数変化に関連している。

2.3.2　イオン化エネルギーと周期律

気体状の中性原子から電子を取り去るのに必要な最小のエネルギーを**イオン化エネルギー**(ionization energy)とよぶ。特に 1 つ目の電子を取り去るのに必要なエネルギーを**第一イオン化エネルギー**(first ionization energy)という。一般に，イオン化エネルギーは陽イオンへのなりやすさを示すことなり，イオン化エネルギーが小さいほど陽イオンになりやすいことを示している。

$$\mathrm{A\,(g)} \rightarrow \mathrm{A^+(g)} + \mathrm{e^-} \qquad (2.1)$$

イオン化エネルギーの変化は，軌道エネルギーの変化によく似ている。なぜなら，高いエネルギーの軌道の電子は，より低いエネルギーの電子よりも取り去りやすいからである。

図 2.3 には，気体状態の原子における第一イオン化エネルギーを示している。イオン化エネルギーは，同族の原子を比較すると周期表の下の元素ほど小

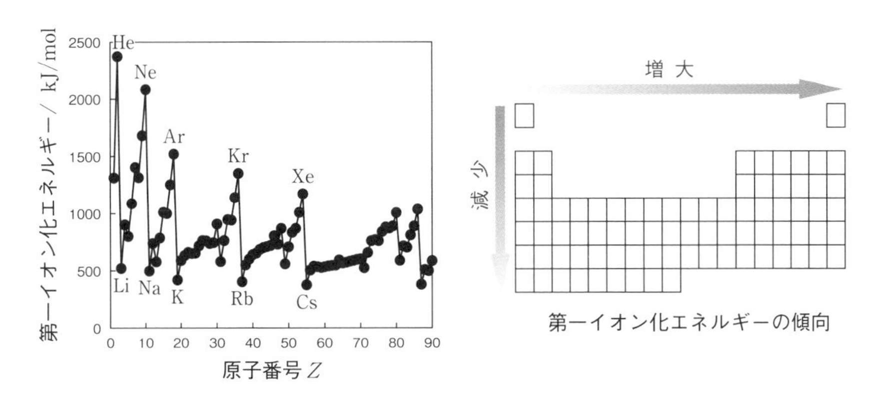

図 2.3　第一イオン化エネルギーの原子番号依存性と周期表における傾向

さくなる傾向にある。これは，原子番号の大きな原子ほど電子は外側の殻に存在し，正電荷をもつ原子核との距離が大きくなり，電子を引き付ける力が弱くなるためであると考えられる。一方，同周期では，原子番号が大きくなるにつれてイオン化エネルギーが大きくなる傾向にある。これは原子番号が大きくなるにつれて原子核内の陽子数が増加し，陽電荷が増大することで電子が強く引き付けられているからと考えられる。

多電子原子になると，1 個以上の電子を失うことができる。しかしながら，イオン化は陽イオンの電荷増大のために，より困難になっていく。気体状態のマグネシウム原子 Mg の 3 つのイオン化とその電子状態におけるイオン化エネルギーは以下のとおりである[*2]。

$Mg(g) \rightarrow Mg^{+}(g) + e^{-}$　　$[Ne](3s)^2 \rightarrow [Ne](3s)^1$　　738 kJ/mol
（第一イオン化エネルギー）

$Mg^{+}(g) \rightarrow Mg^{2+}(g) + e^{-}$　　$[Ne](3s)^1 \rightarrow [Ne]$　　1450 kJ/mol
（第二イオン化エネルギー）

$Mg^{2+}(g) \rightarrow Mg^{3+}(g) + e^{-}$　　$[Ne] \rightarrow [He](2s)^2(2p)^5$　　7730 kJ/mol
（第三イオン化エネルギー）

マグネシウムの第二イオン化エネルギーは，第一イオン化エネルギーに比べて約 2 倍大きい。電子数の減少にともない，Z^* が大きくなるからである。電子数が減ると各電子は電子間引力を最小化するために原子核からより大きい静電引力をもたらし，その結果，イオン化エネルギーは大きくなる。第三イオン化エネルギーは第一イオン化エネルギーに比べると約 10 倍以上である。この大きな増加の理由は，第三イオン化では内殻電子の 2p 電子を離脱しなければならないからである。

*2 Mg 原子の電子配置は，以下のように表すことができる。

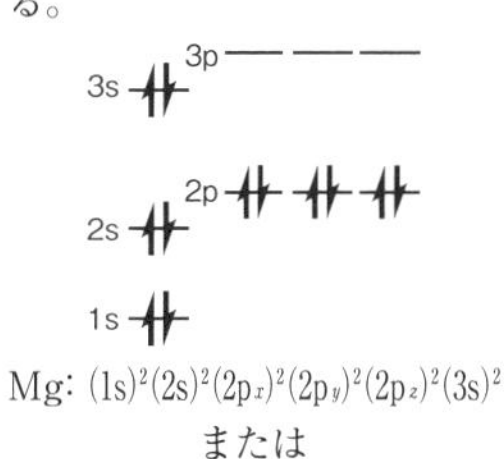

Mg: $(1s)^2(2s)^2(2p_x)^2(2p_y)^2(2p_z)^2(3s)^2$
または
Mg: $[Ne]\ (3s)^2$
貴ガスの電子配置　最外殻電子（価電子）

2.3.3　電子親和力と周期律

基底状態にある気体状の原子に電子が加えられるときに放出されるエネルギーは**電子親和力**(electron affinity)とよばれ，陰イオンへのなりやすさの指標になる。

$$A(g) + e^{-} \rightarrow A^{-}(g) \tag{2.2}$$

イオン化エネルギーと同様に，中性原子に電子 1 個を与えられた場合を**第一電子親和力**(first electron affinity)とよんでいる。多くの原子では，第一電子親和力は発熱反応であるが，第二電子親和力以降は，加えられる電子と陰イオンとの間で静電反発が生じるために吸熱反応となる。

第一電子親和力と原子番号の関係は次のようになっている(図 2.4)。17 族(ハロゲン元素)は非常に大きな正の電子親和力をもっており，すなわち発熱反応により陰イオンになりやすいことを示している。これは，電子 1 個が加わることによって閉殻構造をとり，安定化しやすいためである。18 族(貴(希)ガス元素)は逆に非常に大きな負の電子親和力をもち，吸熱反応を起こす。すでに閉殻構造をとり安定化している原子に電子 1 個を付け加えるためには，大きなエネルギーを要することを示している。

一方，1 族は正の値であるのに対して，2 族は負の値になっている。これは，1 族は s^1 の電子配置であるので，電子を受け取ることで s^2 の電子配置になるのに対して，2 族は初めから s^2 の電子配置を有しており，電子を受け取るためにはエネルギーの高い p 軌道に電子を配置しなければならないためである。その結果，2 族の電子親和力は負の値をとる。2 族と 15 族を除けば，一般に同周期では，原子番号が大きくなるにつれて電子親和力は増加傾向にある(図 2.4)。

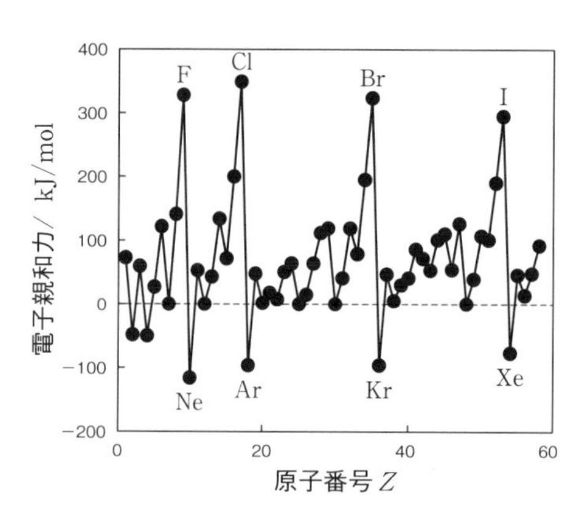

図 2.4　電子親和力の原子番号依存性

2.3.4　イオン半径と周期律

原子半径と同様，陽イオンや陰イオンも固有の半径をもつ剛体のようにふるまうことが知られている。このイオンの半径を**イオン半径**(ionic radius)といい，一般的には単一原子からなる球形のイオンとして取り扱われる。

同じ元素の原子半径とイオン半径とを比較すると，大きく異なることが知られている。同じ元素である場合，陽イオンのイオン半径は原子半径よりも小さくなる。例えば，金属ナトリウム中のナトリウム原子の原子半径は 1.91 Åであるが，ナトリウムイオンのイオン半径は 1.16 Åである。これは，原子核の正電荷は変わらないが，電子が 1 個減ったため，電子が原子核から受ける引力が大きくなり，電子雲が小さくなるためである[*3]。一方，塩素原子の原子半径(共有結合半径)は0.99 Åであるが，塩化物イオンのイオン半径は1.81 Åとなり，陰イオンのイオン半径は原子半径よりも大きくなる。これは，原子核の正電荷は変わらないが，電子が1個増えたため，電子が原子核から受ける引力が小さくなり，電子雲が膨張するためである。

＊3 専門的には，遮蔽効果の低下と有効核電荷の増大がもたらされているためといえる。

代表的なイオンのイオン半径とイオンの価数(酸化数)との関係を図2.5に示す。周期表に従っていくつかの傾向が示される。

	酸化数						
元素	3−	2−	1−	1+	2+	3+	4+
Li				0.90			
Be					0.59		
B						0.41	
C							0.30
N	1.32					0.30	
O		1.26					
F			1.19				
Na				1.16			
Mg					0.86		
Al						0.68	
Si							0.54
P						0.58	
S		1.70					0.51
Cl			1.81				
K				1.52			
Ca					1.14		
Sc						0.89	

	酸化数			
元素	1+	2+	3+	4+
Ti		1.00	0.81	0.75
V		0.93	0.78	0.72
Cr(低スピン)		0.87	0.76	0.69
Cr(高スピン)		0.94		
Mn(低スピン)		0.81	0.72	0.67
Fe(低スピン)		0.75	0.69	0.73
Co(低スピン)		0.79	0.69	
Ni(低スピン)		0.83	0.70	0.62
Cu	0.91	0.87	0.68	
Zn		0.88		

	酸化数
元素	3+
La	1.17
Ce	1.15
Pr	1.13
Nd	1.12
Pm	1.11
Sm	1.10
Eu	1.09
Gd	1.08
Tb	1.06
Dy	1.05
Ho	1.04
Er	1.03
Tm	1.02
Yb	1.01
Lu	1.00

図2.5 おもな典型元素，遷移金属元素，ランタノイド元素におけるイオン半径(MnからNiについては低スピン状態[*4](電子が互いのスピンを打ち消しあうようなエネルギー準位))

典型元素では，同族の元素でイオンがもつ電荷が同じであれば，一般的に周期が下にいくほどイオン半径が大きくなる。これは，周期が下にいくほど，K殻，L殻，M殻，… と原子核から離れた位置に電子が存在することになるからである。一方で，同じ電子配置であれば，負電荷の大きなイオンほど半径が大きく，陽電子の大きなイオンほど半径が小さい。例えば，Neと同様の10個の電子配置をもつイオンでは，次の順にイオン半径は小さくなっていく。

$$N^{3-} > O^{2-} > F^{-} > Na^{+} > Mg^{2+} > Al^{3+} \qquad (2.3)$$

これは，陰イオンでは，原子核中の陽電荷に対する電子の数が多くなるほど，電子が中心へ引き付けられる力が小さくなり，イオン半径が大きくなるためであると考えられる。

＊4 金属錯体の専門書を参考にされたい。(例えば，「基礎無機化学 第3版」F.A. コットン他／中原勝儼訳(培風館，1998))

遷移金属イオンにおいては，典型元素と挙動が異なる点がある。一般的には，同周期で同じ電荷をもつ遷移金属イオンでは，原子番号が大きくなるにつれてイオン半径が小さくなる。これは，遷移金属では最外殻のs軌道，p軌道よりも内側に存在するd軌道に電子が充填していくためである。一方，同族で比較した場合の変化は考慮すべきことがある。例えば，同じ3+の電荷をもつイオンを比較した場合，第一遷移金属イオンと第二遷移金属イオンでは，第二遷移金属イオンのほうがイオン半径が大きくなっている。一方，第二遷移金属イオンと第三遷移金属イオンのイオン半径はほとんど変わらない。さらに第三遷移金属イオンには，ランタノイドが含まれている。3+の電荷をもつランタノイドのイオン半径をみると，イオン半径は電子番号の増加にともない小さくなる。ランタン(La)のイオン半径は 1.17 Å であるのに対し，ルテチウム(Lu)のイオン半径は 1.00 Å である。これは，内核に位置する f 軌道の電子が中心の陽電荷を打ち消す(専門的には遮蔽効果が小さい)ために，原子番号が大きくなるにつれて，最外殻の電子が中心に引き付けられる力が強くなると説明できる。このイオン半径の減少は**ランタノイド収縮**(lanthanoid contraction)とよばれている。よって，原子番号ではランタノイドの次に位置するハフニウムイオン(Hf^{4+})のイオン半径はかなり小さく，第二遷移金属イオンであるジルコニウム(Zr^{4+})とほとんど変わらない。この傾向は周期表におけるアクチノイドにおける f 軌道でも同様の傾向がみられ，**アクチノイド収縮**(actinoid contraction)とよばれている。

コラム：SDGsと元素戦略

我が国の資源制約を克服し産業競争力を強化するため，希少元素を用いない，まったく新しい代替材料を創製することが目指されている。産業競争力に直結する 4 つの材料領域を特定し，トップレベルの研究者集団を形成して，元素の機能の理論的解明から新材料の創製し，特性評価までを一体的に推進する研究拠点が形成されている(文部科学省 元素戦略プロジェクト)。

おもな研究主体は 4 つの「研究拠点」である。産業競争力に直結する①磁石材料，②電子材料，③触媒・電池材料，④構造材料の研究を担う拠点が，研究機関・大学等に設置されている。各拠点はそれぞれ 3 つの研究グループ(解析評価，電子論，材料創製)からなり，互いに連携して研究活動を推進している。この研究体制の下で，専門を異にする研究者が様々な課題に取り組んでおり，化学人材の交流と育成が促進されている。

章末問題

問題 2.1　周期表の原子半径の傾向を用いて，As よりも小さいものを選べ。

P，Ge，Se，Sb

問題 2.2　次の原子について，原子半径の大小を示せ。

(1) Si と Cl　　(2) S と Se

問題 2.3　次のイオンのイオン半径について，大小があれば不等号で，ほぼ同じと考えられる場合は等号で示せ。

(1) Mn^{2+} と Fe^{2+}　　(2) Ti^{4+} と Zr^{4+}　　(3) Mo^{4+} と W^{4+}

(4) S^{2-} と Se^{2-}　　(5) S^{2-} と K^{+}　　(6) Ce^{3+} と Yb^{3+}

問題 2.4　次の元素について，第一イオン化エネルギーの高いほうの元素を示せ。

(1) F と Cl　　(2) Si と S

問題 2.5　次の元素について，第一電子親和力の高いほうの元素を示せ。

(1) Na と K　　(2) Na と Mg

3 化学結合と分子

【この章の到達目標とキーワード】
・化学結合の概念や結合エネルギーを，原子核，電子の引力と斥力を用いて説明できる。
・分子中に存在する原子間の結合(共有電子)と孤立電子対(非共有電子)を示す図でルイス構造式を表すことができる。
・同核二原子分子，異核二原子分子の概念から，極性共有結合を説明できる。

キーワード：電気陰性度，結合エネルギー，ルイス構造式，オクテット則，酸化数，原子価，共鳴

3.1 分子と結合

一部の例外を除き，物質は2つ以上の原子が互いに作用し，集まることで形成される。2つ以上の原子から構成される電荷的に中性な物質としての最小の粒子を**分子**(molecule)といい，原子間にはたらく相互作用のことを**化学結合**(**結合**)(chemical bond または bond)という。この化学結合は原子間にある電子密度の違いにより，いくつかの種類に分類されている。よく知られた結合として，共有結合，配位結合，イオン結合，金属結合，水素結合，ファンデルワールス結合がある。このうち，分子を形成する結合は，共有結合と配位結合の2種類に限られ，そのほかのイオン結合，金属結合，水素結合，ファンデルワールス結合は，原子，イオン，分子の集合体を形成する結合として捉えることができる。以下では化学結合の概念を説明し，特に分子を形成する共有結合について概観する。

3.2 分子を形成する結合の本質と結合エネルギー

分子は，各原子における電子が相互作用し，原子間で共有されることで形成する。原子と原子を結び付ける電子は粒子的ならびに波動的な性質を有するので，化学結合はそれらの双方の視点から相互作用を考慮しなければならない。

2つの荷電粒子間の静電エネルギーは電荷の大きさに比例し，距離に反比例する。逆符号の電荷は引き合い，同符号の電荷どうしは反発する。これはクーロンの法則として次のように書かれる。

$$E_{\text{静電}} = k\frac{q_1q_2}{r} \tag{3.1}$$

ここで，$E_{静電}$：静電ポテンシャルエネルギー，q_1：原子1の電荷，q_2：原子2の電荷，r：2つの電荷間の距離，$k=9.00\times10^9\ \mathrm{Nm^2C^{-2}}$（真空中のクーロン定数）である。このエネルギーは，2つの電荷についてのポテンシャルエネルギーとみなされる。分子内には，複数の原子核と複数の電子が存在している。

分子全体のポテンシャルエネルギーを計算するためには，これらの荷電粒子のすべての対について，エネルギーを計算しなければならない。これらの相互作用は，電子と原子核の引き付けあい，電子どうしの反発，原子核どうしの反発を考慮しなければならない。どのような分子にもこれらの引力と斥力のつり合いによって最も安定な状態が実現されている。電子が原子核の間で共有されるとき，この共有された電子密度による結合を**共有結合**（covalent bond）とよんでいる。共有結合では，原子核と電子間の引力は，原子核どうし，電子どうしの反発を上回っている。

3.3　水素分子における共有結合

最も単純で安定した中性分子である水素分子 H_2 について考えてみる。水素分子は，2個の原子核と2個の電子からなっている。2個の水素原子が接近して共有結合を形成するとき，原子核は他方の原子の電子を引き付けて，さらに原子どうしは近づいていく。同時に2個の原子核どうし，電子どうしは反発する。この反発する相互作用が原子を引き離そうとする。水素分子 H_2 が安定であるためには，引力のエネルギーの総計が斥力のエネルギーの総計を上回っている必要がある。電子と原子核が静止しているとして示すと，電子どうしや原子どうしの距離よりも電子と原子核どうしのほうが短い。水素の原子核と電子の電荷はそれぞれ +1 と −1 であるので，粒子間の距離によって配置のエネルギーが決定される。図3.1では，引力よりも斥力のほうが大きいので，安定な分子が形成される。2個の電子が2個の原子核の間に存在することにより，同時に2個の原子核と相互作用している。すなわち，2個の原子は共有結合によって，2個の電子を共有している状態で安定化している。なお，実際の分子は静的でなく動的であるので（第4章参照），電子や原子核は動き続けている。共有結合では，電子密度が最大になるのは原子核の中間である。よって，2個の別々の水素原子の状態から原子が近づいて分子になるとき，原子核と電子の間の引力が水素分子を安定化している。

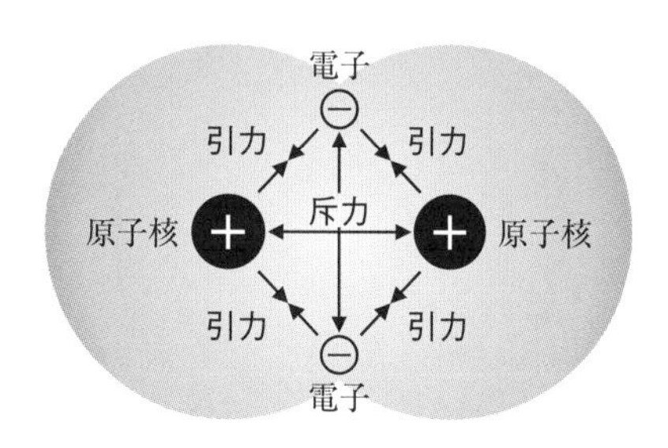

図3.1　水素分子 H_2 の形成時における引力と斥力（反発力）

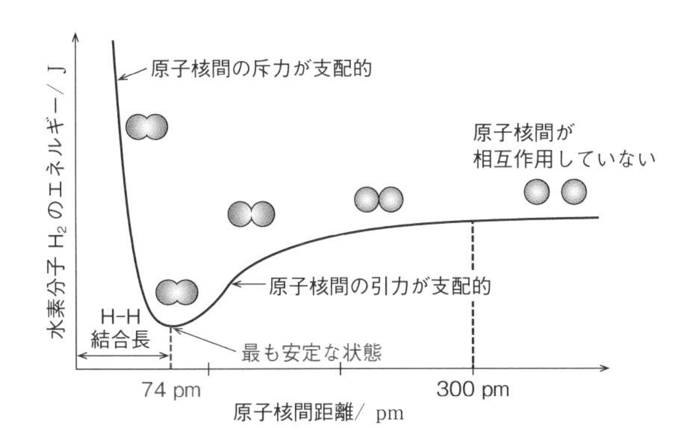

図 3.2　2 個の水素原子からなる水素分子 H_2 のエネルギーにおける原子核間距離依存性

安定化によるエネルギーは原子核間距離に依存する(図 3.2)。300 pm よりも離れていると，2 個の原子にはほとんど相互作用ははたらいていない。そこから少しだけ近づくと，一方の原子の電子と他方の原子核間の引力が大きくなり，結合した 2 個の原子の状態がより安定になる。さらに近づけることにより安定化していき，距離が 74 pm になると引力と斥力がつり合った状態になる。これ以上に近づくと，原子核どうしの斥力が支配的になり，エネルギーは急激に増大する。分子内の原子核はたえず動いていることがわかっており，バネの両端に付けられた 2 つの球のように振動していると考えることができる。

共有結合の特徴として，エネルギーが最も低くなっている原子核間距離を**結合長**(bond length)または**結合距離**(bond distance)という。離れた 2 個の水素原子の状態と結合した分子の状態のエネルギー差を**結合エネルギー**(bond energy)とよぶ。結合エネルギーは，共有結合を切るのに必要なエネルギーとして定義されており，正の値をとる。結合エネルギーの単位は kJ/mol が用いられており，H-H 結合のエネルギーは，435 kJ/mol と見積もられている。結合長と結合エネルギーは，化学結合固有の値を示す。

3.4　より複雑な分子の結合――ルイス構造式

水素分子は量子化学として正確に電子の挙動についての解が得られる唯一の分子であるが(4.3 節参照)，その他の分子は量子化学として現在でもきちんと解が得られていない。したがって，分子の結合について理解するために，結合を記述できるいくつかの理論が考案されてきた。ルイス(Lewis, G.N., 1875-1946)は，1916 年，後に共有結合とよばれることになる電子の対を原子間で共有する化学結合の考え方を定式化した。これを**ルイス構造式**(Lewis structural formula)とよぶ。これは，電子を点の形で表して，共有電子対，非共有電子対，不対電子を図示する方法である。具体的には，以下の規則に従って書く(図 3.3)。

(1) 各原子は元素記号で表される。

(2) ルイス構造式では，価電子だけが記載される。共有結合に用いられる電子は，一般的に s 軌道と p 軌道の電子，すなわち価電子(最外殻電子)である。価電子が原子の周りに 8 個存在すると，安定な貴ガスと同じ電子配置になる。逆にいえば，原子の周りが 8 電子になるように，隣り合う原子との間で電子を共有する傾向がある。これを**オクテット則**(octet rule)とよぶ。なお，最外殻の軌道が s 軌道しかない水素結合については，2 電子で貴ガス(ヘリウム)と同じ電子配置になるので，これもオクテット則と同等に扱う。

(3) 2 つの元素記号を結ぶ線は，2 個の原子に共有される電子対を表す。一般的に共有結合による共有電子対は，結合を生じる原子の間に書く。この電子対が 1 つであれば単結合，2 つ，3 つであればそれぞれ二重結合，三重結合を表す。非共有電子対や不対電子は，主に属している原子の周囲に書く。

(4) すべての電子が共有電子対，非共有電子対のいずれかに属し，かつ原子の周りの電子数が 8 個になるように(水素原子の場合は 2 個になるように)，適宜，電子対を配置する。

例えば，H_2O の場合，中心の酸素原子の価電子数は 6 であるので，隣の 2 個の水素原子と 1 電子ずつ共有すれば酸素の周りの電子数は 8 となる。同時に，水素原子も酸素原子から 1 個の電子を共有すれば，電子数は 2 となる。

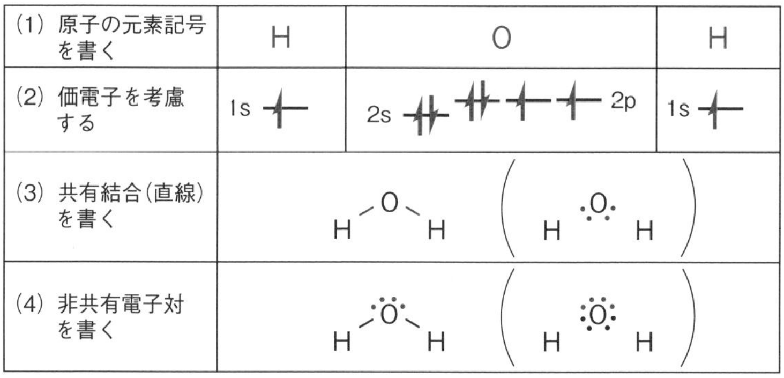

(1) 原子の元素記号を書く	H	O	H
(2) 価電子を考慮する	1s	2s　2p	1s
(3) 共有結合(直線)を書く	H–O–H　(H :O: H)		
(4) 非共有電子対を書く	H–:Ö:–H　(H :Ö: H)		

図 3.3　H_2O におけるルイス構造式の書き方

なお，すべての原子の**形式電荷**(formal charge)を最小にするようにルイス構造式は書かれる。形式電荷は，もともと所有していた価電子数から，ルイス構造式において，その原子に帰属している非共有電子(孤立電子対)と結合に用いられている電子数を引いたものである。

$$\text{形式電荷} = (\text{価電子数}) - \left(\text{孤立電子対の電子数} + \text{結合電子数} \times \frac{1}{2}\right) \quad (3.2)$$

例えば H_2O の場合，束縛を受けていない孤立した水素，酸素は価電子をそれぞれ 1 個，6 個有しており，分子内で割り当てられている電子数と差がなく，形式電荷はともに 0 となる(図 3.4 左)。

	形式電荷の考え方		酸化数の考え方
	O H H 共有結合では互いの原子が分け合う		O H H 電気陰性度の高い原子に総取りされる
H	自由原子の価電子	1	非金属との組合せ +1 金属との組合せ −1 水素分子 H_2 0
	非共有電子	0	
	共有電子	2	
	形式電荷	$1-\left(0+2\times\frac{1}{2}\right)=\mathbf{0}$	**+1**
O	自由原子の価電子	6	相手がフッ素 F 以外 −2 過酸化物 O_2^{2-} −1 超酸化物 O_2^- $-\frac{1}{2}$ オゾン化物 O_3^- $-\frac{1}{3}$ 酸素分子 O_2 0
	非共有電子	4	
	共有電子	4	
	形式電荷	$6-\left(4+4\times\frac{1}{2}\right)=\mathbf{0}$	**−2**

図 3.4 H_2O における形式電荷と酸化数の考え方の比較

一方，分子の中に共有結合が存在する場合，電気陰性度の高い原子のほうが，共有電子対を総取りしたときの原子上の電荷とみなすことができる。この電荷のことを**酸化数**(oxidation number)とよぶ。例えば，H_2O の場合は，酸素の電気陰性度が水素のそれよりも高いので，共有電子対中の電子も酸素がすべて所有していると考えることができる(図 3.4 右)。すると，酸素の酸化数は −2 である。一方，水素上の所有電子は 0 となるため，水素の酸化数は +1 と考えることができる。あくまでも上記で記載した形式電荷とは異なる考え方であるので，注意が必要である。この酸化数は，一般的に，電気陰性度の高いほうが電子対を所有しているので，結合する相手の原子によって変化する。前述した水素も，結合する原子が水素よりも電気陰性度の高い酸素やフッ素 F の場合は +1 となるが，電気陰性度の低いナトリウム Na などとの結合する場合は，水素原子のほうが電子対を所有すると考えると，酸化数は −1 となる。その他の酸化数の決定方法は，おおよそ図 3.4 中の表のように考えることができる。さらに酸化数は，実際の原子上の電荷を必ずしも反映しない。しかしながら，酸化還元反応における電子のやり取りを議論するうえでは便利な考え方であり，特に遷移金属化合物の性質を考える際には重要である。酸化数を利用した酸化還元反応については，第 5 章で詳しく述べる。

3.5 共鳴構造

ルイス構造式を完遂するにあたり，原子の形式電荷を最小化するやり方が複数存在する場合がある。つまり，ある分子やイオンに対して，複数のルイス構造式が存在しうる場合である。炭酸イオン CO_3^{2-} をルイス構造式で表すことを考えてみる。この陰イオンは，24 個の価電子を有していて，炭素が中心原子である。3 つの C-O 結合は 6 個の価電子を利用する。外側の 3 個の酸素原子にそれぞれ6個ずつの電子が割り当てられると，残り18個の電子がすべて使われる。このルイス構造式では，3個の酸素原子の形式電荷が−1であり，中心の炭素原子の形式電荷は+1になってしまう(図3.5左上)。そこで，1つの酸素原子の非共有電子対を共有電子対に転換することによって，形式電荷を最小にすることができる(図3.5右上)。

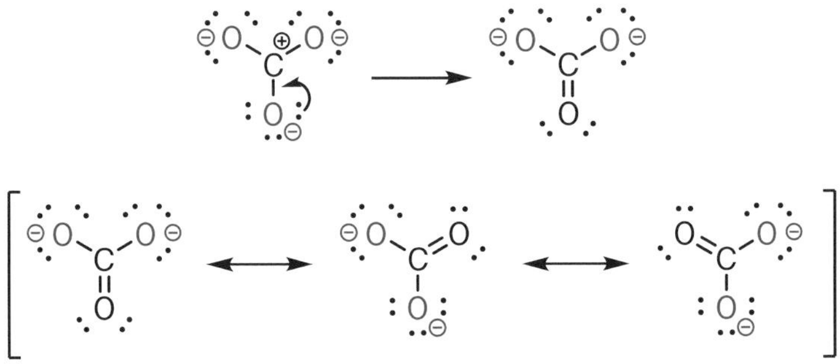

図3.5　炭酸イオン CO_3^{2-} のルイス構造式と共鳴構造

3つのうちどの酸素原子からも非共有電子対を二重結合に移すことができる。これらの3つは等価なルイス構造とみなされる(図3.5下)。しかも，実際の炭酸イオンの構造は正三角形であり，炭素-酸素間の結合距離に差がなく，CO_3^{2-} 中の炭素-酸素結合距離は1.29 Åである。これは単結合(1.43 Å)と考えると短すぎ，二重結合(1.23 Å)であると考えると長すぎる距離となっている。よって，C=O二重結合が1箇所に固定されているのではなく，実際には，3つの構造を平均化したものであることを示している。すなわち，二重結合は1箇所にとどまっていない。これらのことは，電子が局在化しているのではなく，**非局在化**(delocalization)していると説明される。これらの平均化された現象を**共鳴構造**(resonance structure)とよび，これらの構造は両矢印(⟷)でつないで表現する(図3.5下)。この共鳴という現象は，有機化学のベンゼンなどの共鳴構造式でも同様に説明できる(p.98：第Ⅱ部 2.3節参照)。また，この局在化された構造をとるよりも，エネルギーが小さくなり構造の安定化が見込まれるので，その分子は共鳴構造をとるという見方も可能である。

3.6 電子に偏りがある共有結合

3.6.1 電気陰性度

水素分子 H_2 のような対称的な相互作用に対して，分子内に異なる2種類の原子が存在する場合，元素によって有効核電荷の大きさは違うので，原子が結合に関与する電子を引き付ける強さに違いが生じる。分子内で原子が電子を引き付けようとする傾向の経験的尺度を**電気陰性度**(electronegativity)とよんでいる。

単位のない量である電気陰性度は，原子や分子の様々な性質から推定されている。ポーリング(Pauling, L.C., 1901-1994)は，電気陰性度の異なる原子 A,

周期＼族	1	2	3	4	5	6	7	8	9	10	11	12	13	14	15	16	17
1	H 2.2																
2	Li 0.98	Be 1.57											B 2.04	C 2.55	N 3.04	O 3.44	F 3.98
3	Na 0.93	Mg 1.31											Al 1.61	Si 1.9	P 2.19	S 2.58	Cl 3.16
4	K 0.82	Ca 1	Sc 1.36	Ti 1.54	V 1.63	Cr 1.66	Mn 1.55	Fe 1.83	Co 1.88	Ni 1.91	Cu 1.9	Zn 1.65	Ga 1.81	Ge 2.01	As 2.18	Se 2.55	Br 2.96
5	Rb 0.82	Sr 0.95	Y 1.22	Zr 1.33	Nb 1.6	Mo 2.16	Tc 1.9	Ru 2.2	Rh 2.28	Pd 2.2	Ag 1.93	Cd 1.69	In 1.78	Sn 1.96	Sb 2.05	Te 2.1	I 2.66
6	Cs 0.79	Ba 0.89	*	Hf 1.3	Ta 1.5	W 2.36	Re 1.9	Os 2.2	Ir 2.2	Pt 2.28	Au 2.54	Hg 2	Tl 1.62	Pb 2.33	Bi 2.02	Po 2	At 2.2
7	Fr 0.7	Ra 0.9	**														

周期																
6	ランタノイド	*	La 1.1	Ce 1.12	Pr 1.13	Nd 1.14	Pm 1.13	Sm 1.17	Eu 1.2	Gd 1.2	Tb 1.1	Dy 1.22	Ho 1.23	Er 1.24	Tm 1.25	Yb 1.1	Lu 1.27
7	アクチノイド	**	Ac 1.1	Th 1.3	Pa 1.5	U 1.38	Np 1.36	Pu 1.28	Am 1.13	Cm 1.28	Bk 1.3	Cf 1.3	Es 1.3	Fm 1.3	Md 1.3	No 1.3	

図 3.6　各元素の電気陰性度(ポーリングの電気陰性度)

B が結合した分子 AB において，それぞれの二原子分子(AA と BB)の結合エネルギーを平均したものに比べて，AB の結合エネルギーが共有結合に加えて電子を引き付ける力がはたらいており，結合エネルギーが増大すると考えた。すなわち，同核二原子分子 AA と BB，および異核二原子分子 AB の結合エネルギーをそれぞれ $E(\mathrm{AA})$，$E(\mathrm{BB})$，$E(\mathrm{AB})$としたときの，A と B の電気陰性度の差 $\Delta\chi$ を以下のように定義した。

$$|\Delta\chi| = 0.102\sqrt{E(\mathrm{AB}) - \frac{1}{2}\{E(\mathrm{AA}) + E(\mathrm{BB})\}} \tag{3.3}$$

この式は電気陰性度の差を表す式である。よって，ポーリングの電気陰性度の値 χ は，水素原子の電気陰性度を基準とした相対値として定義されている(図 3.6)。[*1]

元素の電気陰性度の周期的変化は図 3.6 のようになる。電気陰性度は，一般的に周期表の左下から右上になるにつれて増大する。フランシウム Fr 元素は最小値($\chi = 0.7$)をとり，フッ素 F が最大値($\chi = 3.98$)をとる。さらに，電気陰性度は，一般的にほとんどの同族では上から下にいくにつれて減少し，同周期では原子量が大きくなるにつれて増加する。イオン化エネルギーや電子親和力の場合と同様に，主量子数と有効核電荷の変化によって電気陰性度の変化傾向が見積もられる。金属原子は通常 電気陰性度が低く($\chi = 0.7 \sim 2.4$)，非金属は高い電気陰性度を示している($\chi = 2.1 \sim 4.0$)。

結合する 2 つの原子の電気陰性度の差($\Delta\chi$)は，その結合がどのような極性的な度合いを示すかを表している。フッ素を含む HF と CsF を F_2 と比較すると，それぞれ 1.9, 3.3, 0 となる。F_2 では 2 つのフッ素に電子が均等に共有されているのに対して，HF では極性的な共有結合を示していることを示している。一方 CsF では大きな極性差となっており，電子が完全に移動して Cs^+ と F^- を形成しているイオン化合物になっている。

＊1 電気陰性度 χ は，ポーリングのほかにも多くの化学者により定義されている。例えば，マリケン(Mulliken, R.S., 1896-1986)は，イオン化エネルギー E_{ie} と電子親和力 E_{ea} の平均値で表すことができるとして，次のように定義した。

$$\chi = \frac{E_{\mathrm{ie}} + E_{\mathrm{ea}}}{2}$$

この値はポーリングの値とはかなり異なるが，良い相関関係を示している。

また，オールレッド(Allred, A.L., 1931-)とロッコウ(Rochow, E.G., 1909-)は，電気陰性度は原子表面の電場の強さに比例すると考え，有効核電荷 Z^* を導入し，原子表面の電場の強さは Z^* と中心からの距離 r に依存することから，以下のように表した。

$$\chi = 0.744 + \frac{35.90Z^*}{r^2}$$

式中の係数は，ポーリングの電気陰性度と同程度の大きさになるように決められた経験則である。

3.6.2 結合の極性と双極子モーメント

水素分子 H_2 のような対称的な相互作用の場合，共有された電子対は，どちらの原子からも同じ強さで引き付けられているために2原子間の中央に存在する。このような分子は電気的な偏りがない。すなわち**分極**(polarization)していないので**無極性分子**(nonpolar molecule)とよばれる。一方，水素分子と異なり，塩化水素 HCl のような結合電子は非対称な引力を受ける。水素原子核の有効核電荷に比べて，塩素原子核には含まれる陽子が多いために有効核電荷は大きい。そして，H と Cl の間で共有される電子は，塩素原子から強い引力を受ける。この均等でない引力は，結合に非対称性をもたらす。HCl 分子では，結合電子が水素原子よりも塩素原子の近くに集中することによって，最も安定になる(図 3.7)。この不均等な電子密度分布が，わずかに負に分子の塩素原子側に分極させており，対して正に水素原子側に分極させている。しかし，分子全体では電気的中性が保たれる。このような分子を**極性分子**(polar molecule)という。これらの微小な分極電荷は $\delta+$ と $\delta-$ を使って表され，分子の負から正の方に向かう矢印として示される。このような分極した原子間の相互作用を**電気双極子**(electric dipole，あるいは単に双極子)とよんでいる。ここで，原子間距離 r と電荷 q を用いたベクトル(⟸)で表した qr を**双極子モーメント**(dipole moment，μ)という。さらには，静電ポテンシャルの図で図示したりする(図 3.7 上)。このような不均等な電子の共有は**極性共有結合**(polar covalent bond)とよばれている。

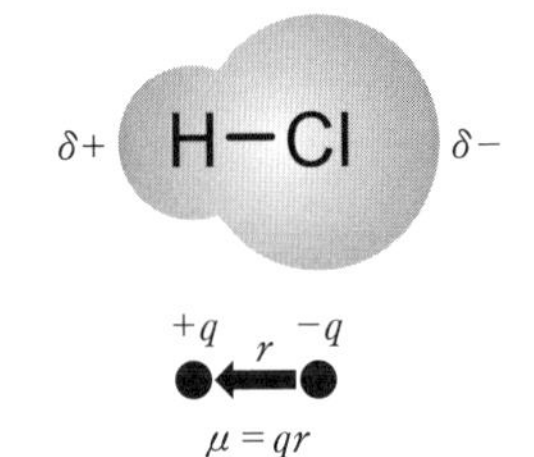

図 3.7 電気陰性度の異なる H と Cl の結合からなる極性結合と双極子モーメント

3.6.3 結合のイオン性

極性分子である HCl 分子の双極子モーメントについて調べてみる。H と Cl の電気陰性度 χ_H と χ_{Cl} はそれぞれ 2.20 と 3.16 であるので，共有電子対は Cl 側に引き付けられている。実測された HCl の双極子モーメント μ_{obs} は 1.03 D である[*2]。一方，HCl が完全に H^+ と Cl^- にイオン化されているとすると，双極子モーメント μ_{ion} は 6.12 D と計算される。両者の比 μ_{obs}/μ_{ion} は 0.17 となる。この値は，電子対が Cl 原子側に引き付けられた程度を表しており，H-Cl 結合の**イオン性**(ionic character)という。すなわち，$\mu_{obs}/\mu_{ion} = 0.17$ は結合の 17％がイオン性であり，残る 83％が共有結合性であることを意味している。

一方，原子間結合と原子の電気陰性度の関係からも，共有結合のイオン性が定量的にわかることになる。ポーリングは，原子 A と B 間の結合のイオン性を電気陰性度の差と関連づけた経験則を以下のように示した。

$$(\text{イオン性の量}) = 1 - \exp\left[-0.25\,(\chi_A - \chi_B)^2\right] \qquad (3.4)$$

*2 双極子モーメントの大きさを表す D (デバイ)は，1 D $= 3.336 \times 10^{-30}$ Cm である。例えば，HCl が H^+ と Cl^- に完全にイオン化している場合，双極子モーメントは，電子の電荷量 e ($= 1.602 \times 10^{-19}$ C) と原子間距離 r_{HCl} ($= 0.1275 \times 10^{-9}$ m をかけ合わせることによって，$\mu_{ion} = 2.04 \times 10^{-29}$ Cm となり，換算すると 6.12 D となる。

電気陰性度の差$\Delta\chi_{A-B}$が約1.7のときにイオン性(%)が50%の結合となるので，1.7よりも小さいときには共有結合性が，1.7よりも大きいときはイオン結合性が大きいといえる。例えば，このポーリングの式(3.4)を用いるとHClのイオン性は21%であり，双極子モーメントで求めた数値(17%)と比較的近い値を示す。一方で，NaClのイオン性は71%と計算され，前者は共有結合性が高く，後者はイオン結合性が高いことを，電気陰性度を用いた定量的な式によって簡単に見積もることができる。

コラム：ナノテクノロジーと電気陰性度との関連

固体表面上の個々の原子の電気陰性度を測定する手法は，日々革新を遂げている。現在では，原子を1個ずつ観察できる原子間力顕微鏡(AFM)を用いることで，個々の原子の電気陰性度を定量化することに我が国の研究者が成功している(J. Onoda *et al.*, Nature Communications, 2017, 8, 15155)。例えば同一のシリコンSi原子であっても，そのシリコン原子が周囲とどのように結合しているか，どの元素と結合しているかによって電気陰性度が変化することが知られている。触媒研究では遷移金属(チタンや鉄など)のセラミックス(酸化物や窒化物など)での電気陰性度もよく調べられており，このような材料表面上では同一の元素であっても表面の場所(原子サイト)ごとに異なる化学活性度をもつことが知られている。このように，様々な材料の表面の局所的な電気陰性度が測定できれば，原子サイトごとに反応物とどのような電子のやり取りをするのかの予測ができるようになるだろう。また，量子化学計算では取り扱いが難しい複雑で分子量の大きな有機分子に対しても，特定の官能基の化学活性度を調べられる可能性がある。このようなことを利用できるようになれば，超省エネルギーの触媒材料やエネルギー材料が開発可能となり，ナノテクノロジーのSDGsへの貢献はますます顕著になっていくだろう。

章末問題

問題 3.1 NH_3，CO_2，$CHCl_3$，NO，SO_2，IF_7，SO_4^{2-}の構造をルイス構造式で書け。

問題 3.2 硝酸イオン(NO_3^-)，三フッ化ホウ素(BF_3)，過塩素酸イオン(ClO_3^-)の共鳴構造を考えよ。

問題 3.3 次の元素について，電気陰性度の高いほうの元素をそれぞれ示せ。

(1) NaとK　(2) NaとMg

問題 3.4 H-O結合はH-S結合よりも短い。これはどのような要因が考えられるか，説明せよ。

問題 3.5 ポーリングの式ならびにフッ素原子Fの電気陰性度$\chi_F = 3.98$を用いて，水素原子Hの電気陰性度χ_Hを求めよ。ただし，H-F, H_2, F_2の結合エネルギーE (kJ/mol)はそれぞれ566, 432, 155とする。

問題 3.6 H-H, Cl-Cl, H-Clの結合エネルギーがそれぞれ440, 240, 430 (kJ/mol)とすると，ポーリングの式(3.4)に従うと，水素H_2と塩素Cl_2の電気陰性度の差はどのようになるか計算せよ。

問題 3.7 ポーリングの式(3.4)を用いて，以下の2原子分子のイオン性を求めよ。なお，電気陰性度は図3.6の数値を用いよ。また，これらの共有結合性とイオン結合性を議論せよ。

(1) HF　(2) HCl　(3) HBr　(4) NaF　(5) KBr

4　化学結合の基本則

【この章の到達目標とキーワード】
- 分子の幾何構造と価電子の数(共有および非共有)とのあいだの相関関係を原子価殻電子対反発(VSEPR)則で理解する。
- 化学結合を，各原子の原子軌道に属する電子の相互作用(原子価結合法)によって説明することができる。
- 分子の電子配置について，1電子，あるいは電子の対の空間的分布ならびにエネルギーを用いて，分子軌道を詳細に記述できる。

キーワード：原子価殻電子対反発(VSEPR)則，原子価結合理論，分子軌道法，共有結合，配位結合，配位子場理論

4.1　原子価殻電子対反発(VSEPR)則

分子のルイス構造式は，原子の間に価電子がどのように分布しているかを示すことができる。一方，分子はそれぞれ固有の分子構造を有しているが，ルイス構造式だけでは，分子の化学反応や物性を決定づける3次元構造について考えることは難しい。そこで，電子対どうしは静電反発のため空間的にはなるべく離れるように位置する傾向があることに着目し，これに基づいて立体構造を予測するのが**原子価殻電子対反発**(Valene Shell Electron Pair Repulsion: VSEPR)則である。VSEPR則は，ルイス構造式の考え方をもとにジレスピー(Gillespie, R., 1924-2021)らによって提唱されたもので，典型元素の分子構造を予測するうえで非常に形式的なモデルである。VSEPR理論を用いて分子の形を予想するためには次のようにする。

(1) 分子のルイス構造式を書く。
(2) 中心に置かれた原子の周りの電子対を，最も反発が少なくなるように空間的に配置する。
(3) 中心となる原子の周囲の共有電子対と非共有電子対の組を数えて，これらの組に最適な幾何構造を求める。2つの場合は直線形，3つの場合は平面三角形，4つの場合は四面体形である。
(4) 電子対どうしの反発には差があり，次の順で反発が大きくなる。
(非共有電子対間)＞(非共有電子対と共有電子対間)＞(共有電子対間)

例えば，二酸化炭素CO_2の構造では，中心の炭素(C)原子に周辺の2つの酸素O原子が結合しており，共有電子対間の反発を最大に考慮すると直線形で

あることはルイス構造式で簡単に示すことができる(図4.1左)。では，亜硝酸イオンNO_2^-はどのような構造になるだろうか。窒素(N)原子の価電子は5個であるが，NO_2^-の－電荷がO原子上を非局在化している。中心となるN原子の周囲には，共有電子対が3つ，非共有電子対が1つ存在している。理想的な幾何構造は平面三角形であるが，共有結合どうしの反発と，非共有電子対と共有電子対の反発が混在する。共有電子対と非共有電子対の反発のほうがより大きいため，厳密な正三角形の場合(120°)よりも共有電子対間の角度がわずかに狭くなり，O–N–O結合角は約115°となる。したがって，ルイス構造式はCO_2に似たようなものになるが，3次元構造はまったく異なる(図4.1)。

図4.1　二酸化炭素CO_2(左)と亜硝酸イオンNO_2^-(右)の共鳴構造におけるVSEPR則

電子対が四組ある場合はその構造がより複雑になってくる。例えば，メタンCH_4のように中心の炭素原子Cの周りに共有結合対が4つある場合は，その4つの電子対が最も離れた構造，すなわち正四面体構造をとる。一方で，アンモニアNH_3や水H_2O分子は，共有電子対間よりも，共有電子対と非共有電子対間，あるいは非共有電子対間どうしの反発が大きくなる。よって，H–N–HやH–O–H結合角はそれぞれ約107°，約104.5°の歪んだ四面体構造をとることになる(図4.2)。

正四面体形	三角錐形	折れ線形
CH_4	NH_3	H_2O
非共有電子対＝0 共有電子対＝4	非共有電子対＝1 共有電子対＝3	非共有電子対＝2 共有電子対＝2

図4.2　CH_4, NH_3, H_2Oの立体構造と電子対の関係[*1]

考慮すべき電子数が多くなってくると，さらに考える項目が増えてくる[*2]。例えば，SF_4分子のような場合，硫黄(S)原子は価電子を6個もっており，フッ素(F)原子が4つの硫黄と結合するためにそれぞれ1個の電子を供給するので，硫黄原子の周りには共有電子対が4対，非共有電子対が1対の合計5対が存在する。混在する電子対のうち，非共有電子対をどこに配置するかによっ

＊1　については p.105：第Ⅱ部3.0節参照。

＊2 結合角や結合距離の正確な予測に加え，誘起効果(第Ⅱ部第6章)などはこれまでVSEPR則で不可能なところがあったが，軌道のs性とp性を定量化することによって，近年では次節で述べる原子価結合理論を補強して用いられるようになった。この法則はベント則(Bent's rule)とよばれる。分子内において複数の基と結合した中心原子は，よりs性の高い軌道が電気陽性基との結合に向けられ，p性のより高い軌道が電気陰性基との結合に向けられるように混成するとされる。このことにより，VSEPR則にとって代わって説明を補完できるようになっている。

て，考え方が変わってくる(図 4.3)。すなわち，三角形面の 1 つなのか，三方両錐の上下のどちらかなのかである。三角両錐形構造の場合，非共有電子対が上下のいずれかに位置し，三角形の頂点に位置する 3 つの共有電子対との角度は 90° となる。一方，バタフライ形(シーソー形ともよばれる)構造の場合，非共有電子対は三角形の頂点の 1 つに位置する。このとき，90° の角度で位置する上下の共有電子対は 2 つしかなく，三角形の他の頂点の共有電子対は 120° 離れるので，最も反発が小さくなる。すなわち，SF_4 はバタフライ形構造をとる。なお，三方両錐形構造に非共有電子が入るときは，水平面内の位置に入ったほうが有利であると考えてよい。

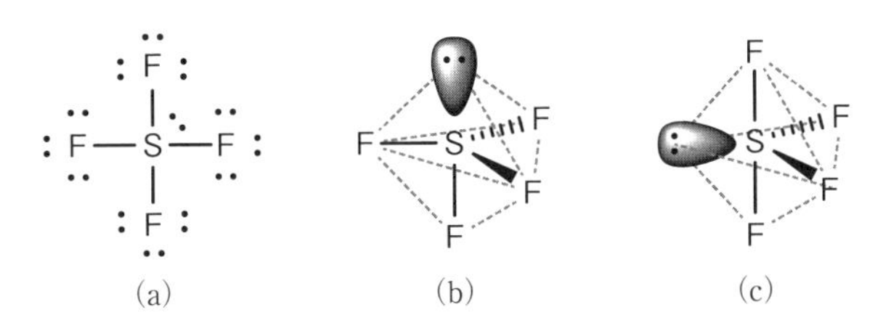

図 4.3　SF_4 のルイス構造式(a)と立体構造(三角両錐形構造(b)とバタフライ形(シーソー)構造(c))の比較

4.2　原子価結合理論と混成軌道

ルイス構造式では，共有結合や非共有電子対の情報が示される。しかしながら，結合がどのようにして形成されているかや，分子がどのような物理化学的な性質を示すのか，分子がどのように反応していくかなど，予測するのは難しい。そこで，原子軌道について，電子がどのようなふるまいをしているのかを知る必要がある。分子の中の共有結合は，そもそも電子軌道の重なりに存在する 2 個の電子とみなすことができる。しかし，パウリの排他則から，同じ軌道に同じ向きの電子スピンは存在できないため，その重なった軌道にはそれぞれ反対向きのスピンをもつ 2 個の電子が入る。この重なった軌道は，ルイス構造式においてスピンの向きまで考慮すると，以下のように模式的な図で表すことができる(図 4.4)。

2 個の原子に個々に所属していた電子は，自身の原子に所属するだけよりも，お互いに共有した電子(あるいは交換しあった電子)の状態が安定になる。これ

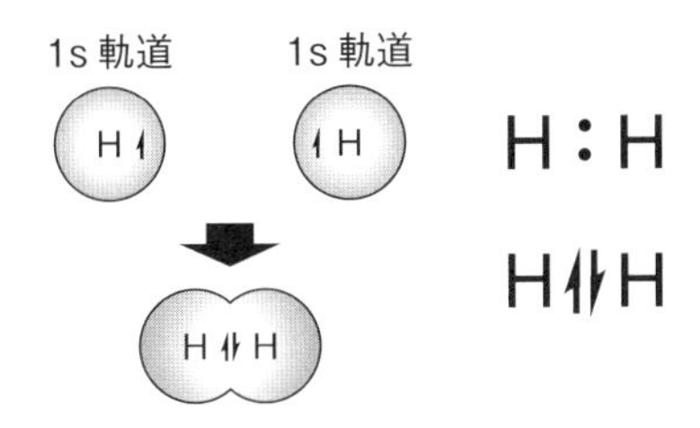

図 4.4　H_2 分子の電子軌道の重なりについての様々な表現方法

が，**原子価結合**(Valence Bond : VB)**理論**の考え方である。つまり，VB 理論では，結合に関連する原子軌道が重なり，重なった軌道で電子スピン対を形成することにより共有結合を形成していると説明することができる。

4.2.1 sp^3 混成軌道

水 H_2O 分子は，ルイス構造式で書くと 2 つの共有結合をもつ分子であることがわかる。酸素の電子配置は $(1s)^2(2s)^2(2p)^4$ であり，2s 軌道と 2p 軌道にすでにスピンの対が 2 つ形成されている。残りの 2p 軌道に 1 個ずつ電子が入っているので，これが水素(H)原子の 1s 軌道と重なることにより，新しい軌道を形成すると考えることができる。2p 軌道は x, y, z 軸の方向にあるため，そのまま H 原子と重なろうとすると，それぞれの結合角が 90° でなければならなくなる(図 4.5 左)。しかしながら，実際の H_2O 分子の H-O-H 角は 104.5° である。しかも，H_2O 分子の非共有電子対や，共有電子対はそれぞれ等価なので，その結合様式は同じはずである。そこで，電子軌道が互いに混合して混成軌道という電子状態を形成しているという考え方を導入する。

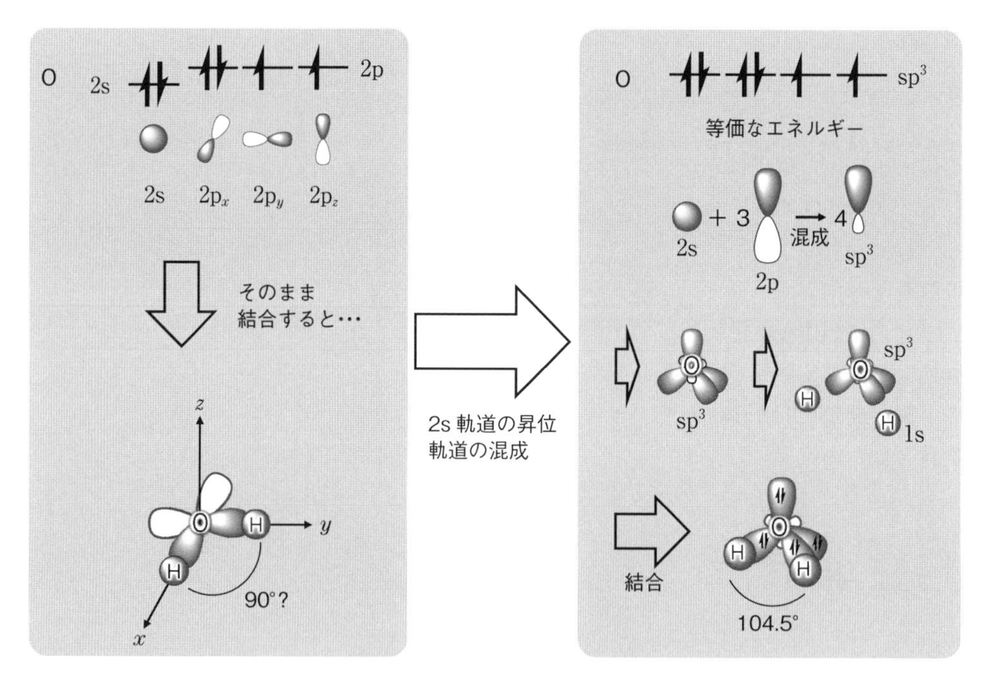

図 4.5 水 H_2O 分子の共有結合を 2s 軌道と 2p 軌道で考える。1 つの s 軌道と 3 つの p 軌道から 4 つの sp^3 混成軌道が形成され，H_2O 分子ができる。

混成軌道を利用すると，VB 理論による O-H 結合の立体的な構造をうまく説明することができる。H_2O の場合，酸素(O)原子の 2s 軌道と 2p 軌道に関して考えることになる。2p 軌道にはダンベル形の両側に，位相が逆の 2 つの振幅があることは第 1 章の量子数と軌道(1.2 節)で述べた。1 つの s 軌道と 1 つの p 軌道の中心が一致するように配置されるとすると，振幅のうち 1 つは s 軌道と足し合わせる方向に相互作用して増大する。もう一方の振幅は相互作用の結果，打ち消しあって収縮する。こうしてできた1つのs軌道と3つのp軌道から4つの混成軌道が形成されることから，**sp^3 混成軌道**(sp^3 hybrid orbital)と名づけられている(図4.5右上)。生成された4つのsp^3混成軌道の配置は，電子間の反発が最小になっており，正四面体形の配置となる(図4.5右下)。すなわち，4つのsp^3軌道は方向が異なるだけで形はまったく同じであり等価であるとみなせるので，4つの方向に等価に配置されている。非共有電子対，共有電子対はそれぞれ等価であり，4つのsp^3混成軌道は正四面体形に配置される。これらのうち2つのsp^3混成軌道を使って，水素(H)原子の1s軌道との重なりが水H_2Oを形成している。残りの2つのsp^3混成軌道には電子が非共有電子対として入っている。こうして形成されたH-O-Hのなす角は104.5°であり，非共有電子対による反発が大きいというVSEPR則をうまく表現できている。

4.2.2　sp^2 混成軌道

では，CO_3^{2-}の結合は，VB理論ではどのように説明されるだろうか。CO_3^{2-}の構造は平面三角形であるので，xy平面上にある軌道が結合に関与すると予想される。そこで，z軸上にある$2p_z$軌道を除いた，2s, $2p_x$, $2p_y$を組み合わせた**sp^2 混成軌道**(sp^2 hybrid orbital)が考えられる。2s軌道から2p軌道へ電子が昇位するところまではsp^3混成軌道と同じである。2s, $2p_x$, $2p_y$の3つの軌道に入っていた電子は，3つのsp^2軌道に1つずつ入る(図4.6上)。それぞれのsp^2軌道がO原子の2p軌道と重なり，3つの共有結合を生じる。その結果，sp^2混成軌道は三角形を形作る。それでは，残った$2p_z$軌道の電子はどうなるのだろうか。

CO_3^{2-}の極限構造をみると，単結合で結合しているO原子上の形式電荷は，−1の負電荷となっている。その負電荷を含めてO原子の価電子7個のうちの1個が炭素(C)原子のsp^2混成軌道との共有結合に使われている。一方，二重結合で結合しているO原子は価電子が6個であり，そのうち1個の電子が

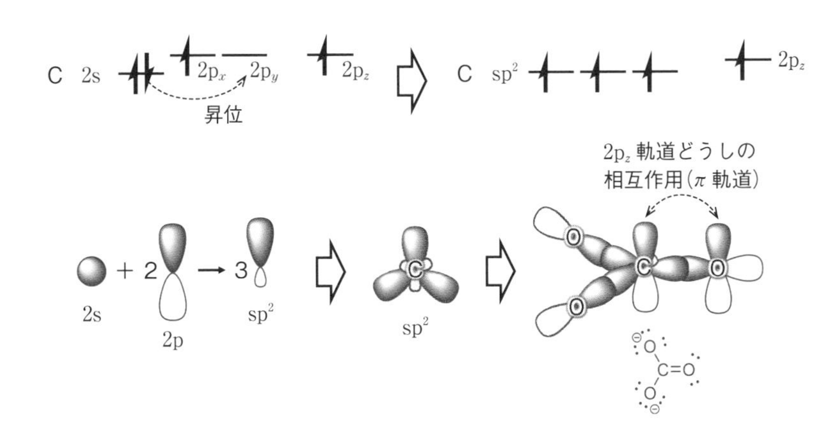

図4.6　1つのs軌道と2つのp軌道から3つのsp^2混成軌道が形成され，炭酸イオンCO_3^{2-}が形成される(π軌道については4.3節で説明する)

sp^2 混成軌道との重なりで共有結合に使われている。また，4 個の電子は二組の非共有電子対となるので，残り 1 個の不対電子が余ることになる。この電子が C 原子上の $2p_z$ 軌道の電子と 2 つ目の共有結合を形成し，この結合が二重結合の 2 本目の結合となる(図 4.6 下)。

二重結合は，ルイス構造式で書くと「::」あるいは「＝」で表されるが，単純に結合が 2 倍になっているわけではなく，2 つの結合における軌道の重なり方は大きく異なっている。2 つ目の結合力は 1 つ目よりも弱くなることになる。

4.2.3　sp 混成軌道やその他の多重結合

混成軌道の考え方を用いれば，多様な多重結合の構造を説明できるようになる。**sp 混成軌道**(sp hybrid orbital)は，例えばシアン化水素(青酸) HCN の構造を説明するために用いられる。まず，炭素原子の 2s 軌道と $2p_y$ 軌道を組み合わせた sp 混成軌道を考える(図 4.7 上)。2 つの sp 混成軌道の一方には H 原子の 1s 軌道が，もう一方には相手の N 原子の sp 混成軌道が重なり，H−C≡N が直線構造をつくることができる。また C 原子にある残りの p_x, p_z 軌道は，N 原子の p_x, p_z 軌道と 2 つの π 結合を形成し，三重結合が形成される(図 4.7 下)。

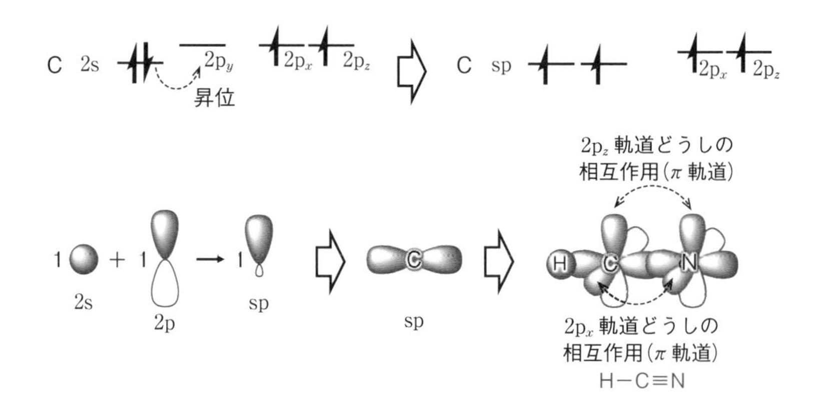

図 4.7　1 つの s 軌道と 1 つの p 軌道から 2 つの sp 混成軌道が形成され，シアン化水素 HCN 分子が形成される(π 軌道については 4.3 節で詳細に説明する)

このように，二重結合や三重結合はただ単に単結合の 2 倍，3 倍になっているわけではない。結合エネルギーの値をみてみると，C−C，C＝C，C≡C の結合エネルギーはそれぞれ 350, 610, 840 kJ/mol である。さらに，一般に炭素の共有結合の長さは，C−C，C＝C，C≡C の結合距離がそれぞれ約 1.54, 1.34, 1.20 Å である。同じ原子の組合せであれば，単結合＞二重結合＞三重結合 の順に短くなっていく。

4.3　分子軌道法

4.3.1　分子軌道がつくられるまで

分子の結合には，ルイス構造式だけで説明できないものがある。例えば，酸素分子 O_2 の結合は，実験結果から，二重結合を形成しているとともに対称的な構造であることがわかっている。よって，そのままルイス構造式で書くと図4.8左のようになる。

図 4.8　酸素分子 O_2 のルイス構造式の予測

しかしながら，実際の酸素分子は，電子の総数が偶数であるにもかかわらず不対電子を2個もっていることが明らかになっている。これを満たすようにルイス構造式を書こうとすると，図4.8右のようになり，左右非対称になってしまう。いずれにしても，実際の酸素分子の電子配置を反映させるように酸素分子のルイス構造式を書くことはできない。このような分子の性質を反映させた分子の構造は，**分子軌道法**(molecular orbital method)で説明することができる。

分子軌道法は，それぞれの原子の原子核の周りに電子の軌道(s 軌道，p 軌道，d 軌道など)があると考えたのと同様に，それぞれの分子を構成する原子核の周りには電子の軌道があると考える方法である。4.2節で，原子の周りの電子の軌道(原子軌道)の重ね合わせから共有結合が成立する過程を示した。一方で，原子核が2個あり，それぞれの原子がもともともっていた電子が空間的に存在していると考えれば，原子軌道の形や重なりではなく，分子中の電子の挙動だけで電子状態を表すことができるようになる。

2個の原子が近接したときに最も安定になるのは，相互の原子軌道がある程度重なった場合である。これは，原子核と電子の間の引力が水素分子を安定にしており，水素原子核間距離が74 pmのときに引力と斥力がつり合って相互作用して安定化している。この相互作用が分子軌道論で表現されるとどのようなことがいえるであろうか。水素Hの原子軌道と H_2 分子の分子軌道のエネルギーを示すと図4.9左のようになる。このような図を**エネルギー準位**(energy level)図とよぶ。それぞれの軌道の波動がもつエネルギー位置を**準位**とよび，その位置を太い線で表している。両側の線(H_1(1s), H_2(1s))は水素原子が結合を作らずに，単独でそれぞれ独立して存在するときの1s軌道を示しており，価電子が1個だけ入っている。中央の線は分子軌道のエネルギーを示している。H_2 分子の場合，もとの1s原子軌道よりもエネルギーが低い分子軌道と高い分子軌道ができる。ここで形成された2つの分子軌道はそれぞれ **σ 結合性軌道**(σ 軌道)，**σ 反結合性軌道**(σ^* 軌道)とよぶ(σ 結合については4.3.2項で後述する)。

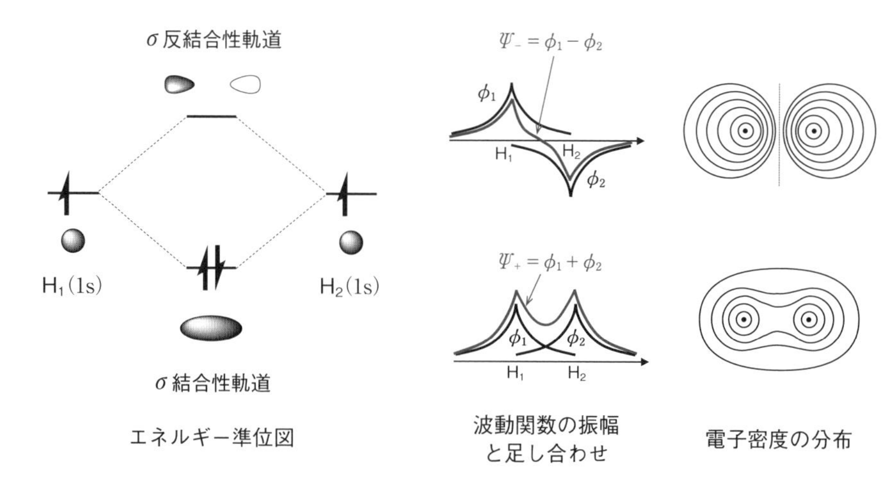

図 4.9　H_2 分子の形成における分子軌道のエネルギー準位図，ならびに水素$_1$，水素$_2$ (H_1, H_2) 原子間における波動関数の振幅と電子密度の空間分布の概念図

このような結合性は，電子軌道に波動的な性質があることに起因している。2つの原子軌道における波動が相互作用すると，振幅が足し合わされることになる。より専門的にいえば，分子中の電子の挙動が**波動関数**(wave function)を用いて表され，シュレーディンガー(Schrödinger, E.R.J.A., 1887-1961)によって提案された**シュレーディンガー方程式**(Schrödinger equation)を解くことによって，分子の形が表される。しかしながら，複雑な電子間相互作用がはたらいているために，シュレーディンガー方程式を解くことは簡単ではない。そこで，分子軌道の形はもとの原子軌道の形をある程度反映しており，もとの原子の軌道の足し合わせで表すことができると仮定する。そして，分子軌道に関与する原子軌道の数は，それらによって生じる分子軌道の数と同数になる。

例えば，水素原子の 1s 軌道を ϕ とすると，水素分子の分子軌道を表す波動関数 Ψ は，2つの式で近似することができ，結果2つの分子軌道が生じる。

$$\Psi_{\pm} = C_1\phi_1 \pm C_2\phi_2 \tag{4.1}$$

ここで C_1, C_2 は固有の定数である。

この2つの分子軌道のうち，振幅の位相が揃って足し合わせた波動関数に相当する軌道では，原子間の電子密度が高くなり，原子間をつなごうとする力がはたらいている。すなわち，それぞれの原子軌道が単独で存在するよりも，原子軌道が重なり合って生成したほうが，よりエネルギーが小さくなり安定化する。この安定化した状態が**結合性軌道**(bonding orbital)である(図 4.9 下段)。一方，振幅の位相が逆になる場合では，波動の和は相殺されるようになり，もとの波動よりも振幅が小さくなる。この場合，波動に節が存在し，その原子どうしを引き離そうとする力が生じる。このエネルギーが不安定化した状態が**反結合性軌道**(antibonding orbital)である(図 4.9 上段)。すなわち，軌道の重なりモデルを示す波動関数では，結合性軌道の場合は電子密度が増加しているが，反結合性軌道では結合部分の電子密度がほぼ0となっていることを示している。このような波動関数の予測に基づき，結合状態を考察することができる。なお，この安定化の程度と不安定化の程度は，厳密にいえば同じではないことが計算結果から明らかになっている。

4.3.2 分子軌道から形成される軌道の形

分子軌道は，原子軌道の足し合わせで生じると考えることができるが，どんな原子軌道でも足し合わせることができるわけではない。原子軌道を足し合わせる場合，その対称性は変わらないように足し合わされる。例えば，1s 軌道どうしが接近して分子軌道ができる場合，図 4.10 のように，原子軌道，分子軌道ともに中心破線（結合軸）を軸としていくら回転しても形が変わらないことがわかる（図 4.10(1)）。このような結合軸に沿った対称性をもつ分子軌道を **σ 結合**（σ bond）とよぶ。波動関数をそのまま足し合わせているものは **σ 結合性軌道**（σ bonding orbital）であり，波動関数の符号を逆にして足し合わせているものは **σ 反結合性軌道**（σ antibonding orbital）である。σ 反結合性軌道の場合は，結合する 2 原子の中間地点での波動関数の値は正の振幅と負の振幅を足し合わせたものになり 0 となる。両原子の中間地点をとおり原子間を結ぶ直線に垂直な平面上では，どの位置でも波動関数の値は 0 になる。このような面を**節面**（nodal plane）という。節面上には電子は存在していない。

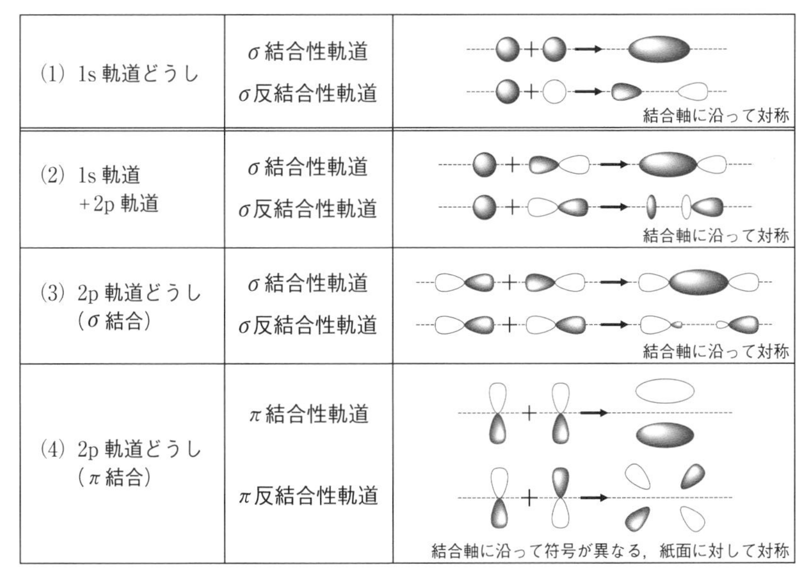

図 4.10　各電子軌道どうしの足し合わせによる σ 結合，π 結合の形成

2p 軌道には，x, y, z の方向性があるため，1s 軌道と分子軌道を形成する場合はいくつかの状況が起こりうる。例えば，足し合わせ可能な軌道としては，両方の軌道の形が中心破線を軸として回転しても形が変わらないものである。1s 軌道どうしの結合と同じように 1s 軌道と 2p 軌道では σ 結合を形成することができる（図 4.10(2)）。一方，縦向きの 2p 軌道と 1s 軌道が相互作用しよう

とした場合，中心破線を中心に回転すると1s軌道は形が変わらないが，2p軌道は180°回転するごとに波動関数の符号が変わってしまう。このような1s軌道と2p軌道の対称性が異なる場合は足し合わせが不可能となる(図4.10(2′))。

2p軌道どうしで分子軌道を形成する場合も，対称性が一致する原子軌道の組合せを考えると，4種類の軌道が考えられる。このうち，結合軸に沿って軌道を回転させても形が変わらないものは，σ軌道を形成しているとみなせる(図4.10(3))。

一方，結合軸に対して垂直の2p軌道どうしが相互作用すると，2個の原子間を結ぶ直線から離れたところ2箇所で原子軌道が重なり，マカロンのような形の分子軌道ができる。このとき分子軌道の形は，σ軌道とは異なり中心破線を中心に回転させると軌道の形は変わってしまう。しかしながら，原子軌道，分子軌道ともに，破線に沿って180°回転させると軌道の波動関数の符号がちょうど逆転することがわかる。すなわち，原子軌道，分子軌道ともに上下の軌道の形は同じであるが，符号が異なる軌道とみなすことができる(図4.10(4))。このような対称性をもつ結合を**π結合**(π bond)，特に**π結合性軌道**(π bonding orbital)とよぶ。一方，2つの原子軌道の符号を逆にして足し合わせると，破線に沿って180°回転させても，また破線をとおり紙面に垂直な面に対して反射させても分子軌道の符号が逆になる。このような場合は，原子間を結ぶ直線に垂直で2個の原子間の中点をとおる面が節面となっており，両原子の中点には電子は存在していない。このような相互作用を**π反結合性軌道**(π antibonding orbital)とよぶ(**π^*軌道**ともいう)。π軌道においても，結合性軌道と反結合性軌道が存在することになる。

4.3.3 二原子分子を形成するときの分子軌道

分子軌道に入る電子は，原子の場合と同様に，構成原理とフントの規則，パウリの排他則に支配されている。4.3.1項で述べたように，水素分子(H_2)が形成されるとき，2個の水素(H)原子上にある計2個の電子は，最もエネルギーの小さい軌道である結合性軌道に電子対をつくって入っている。このことから，2個のH原子が結合し分子をつくると電子のエネルギーの総和が小さくなり安定化していることを示した。逆にいうと，この安定化されたエネルギーが結合力の源といえる。つまり，エネルギーの低い結合性軌道で電子対を共有し，単結合を形成していることを示している。一方，反結合性軌道に電子が存在する場合は，原子間の結合が切断されることを意味している。

第2周期以降の二原子分子では，2p軌道の相互作用による分子軌道も考えることになる。2s軌道どうしからなる分子軌道は，水素分子と同様に考えればよい。一方，2p軌道どうしからなる分子軌道の場合は，1つの軌道どうし(p_x軌道)はσ軌道を形成し，残り2種類の軌道どうし(p_y軌道どうし，p_z軌道どうし)はπ軌道を形成する。第2周期元素である酸素(O)原子について二原子分子を考えた場合，エネルギー準位図とその電子配置は以下のようになる(図4.11)。すなわち，

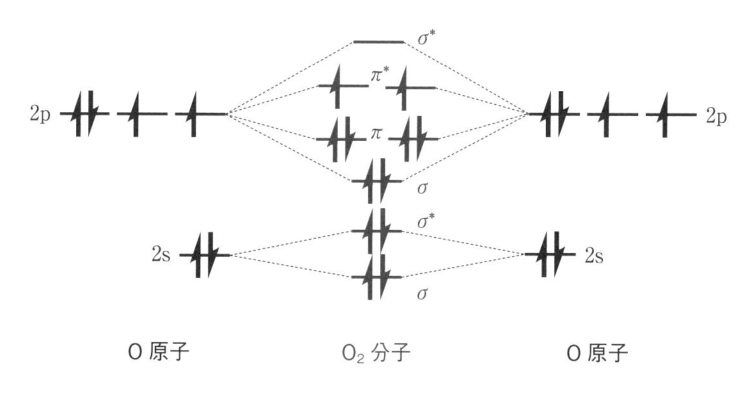

図 4.11　O_2 分子の形成における分子軌道のエネルギー準位図

(1) 2つの原子の 2s 軌道から σ 結合性軌道と σ 反結合性軌道が生成される。

(2) 2つの原子の $2p_x$ 軌道から結合性の σ 軌道と反結合性の σ^* 軌道が生成される。

(3) $2p_y$, $2p_z$ 原子軌道から結合性の π 軌道と反結合性の π^* 軌道が生成される

この3つの過程から，2s, 2p 軌道が関与した合計8つの分子軌道が生成する。

8つの分子軌道のエネルギーを計算した結果，$2p_y$ と $2p_z$ 原子軌道からできる π 結合性軌道(π 軌道)と π 反結合性軌道(π^*軌道)は，それぞれ同じエネルギー順位にあり，それぞれ2つずつある。O_2 分子の場合，2p 軌道に関連する1つの σ 結合性軌道と2つの π 結合性軌道に，計3つの電子対が存在している。これは，1つの σ 結合と2つの π 結合が分子結合形成に関与していることを示している。また，π 結合性軌道に加えて，2つの π 反結合性軌道に不対電子が1つずつ存在している。ルイス構造式では表現が困難であったが，分子軌道を用いると O_2 分子中に不対電子が2個存在していることが表現できる。

ここで，二原子分子における結合性を示す尺度として**結合次数**(bond order)が定義されている。これは，

$$(\text{結合次数}) = \frac{1}{2}[(\text{結合性軌道の電子数}) - (\text{反結合性軌道の電子数})] \qquad (4.2)$$

で与えられる。結合次数が 1, 2, 3 であればそれぞれ単結合，二重結合，三重結合であり，結合次数が0であれば，分子の形成は期待できない。O=O 結合の場合，結合次数が2と見積もられ，1つの σ 結合と1つの π 結合の二重結合であることを示唆している。

4.3.4　多数個の原子からなる分子軌道の形成

3個以上の原子からなる分子軌道の考え方も同様に考えることができる。例えば，H_2O 分子を考えてみよう。酸素(O)原子に結合した2個の水素(H)原子は σ 結合性軌道と σ 反結合性軌道を形成すると考えられる。またそれらの H 原子は，O 原子の 2s 軌道，2p 軌道が相互作用して分子軌道を形成する。分子軌道はその x, y, z 方向の重なりによって相互作用が変化するので，それぞれの方向に沿った軌道の相互作用が行われる。実際には，2つの結合性軌道($2a_1$ と

$1b_2$)，非共有結合性に近い軌道 $3a_1$，非共有結合性軌道の $1b_1$，反結合性軌道の($4a_1$ と $2b_2$)が形成される(図 4.12)。結合性軌道と非共有結合性軌道に電子が格納されていることから，2 つの O-H 結合と，2 つの非共有電子対が形成できることを説明できる*3。

＊3 ただし，実際のエネルギー準位図を化学立体構造と直接相関させるには，物理化学における群論を十分に学習する必要がある(a や b といった軌道の名称は群論による)。また，実際に表されているルイス構造式による共有電子対とはまったく同じものではないことには注意する必要がある。

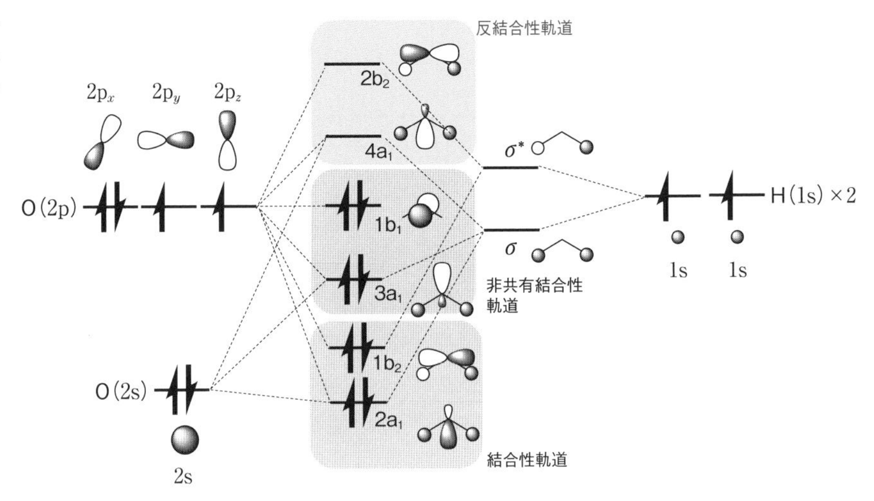

図 4.12 H_2O 分子の形成における分子軌道のエネルギー準位図

4.4 分子を形成するもう一つの化学結合：配位結合

4.4.1 配 位 結 合

炭素-酸素結合や，酸素-水素結合のような典型元素の結合で構成される共有結合は，混成軌道を用いて説明されてきた。なかでもアンモニア分子 NH_3 においては，分子中の N 原子が 2s, 2p 軌道からなる 4 つの sp^3 混成軌道を形成している。3 つの sp^3 混成軌道には不対電子があり，H 原子の 1s 軌道の不対電子とそれぞれ共有結合対を形成する。残りの sp^3 混成軌道には一組の非共有電子対があり，NH_3 はオクテット則を満たしている。これに H^+ を反応させると，NH_3 の N 原子上にある非共有電子対が H^+ と共有することによって，アンモニウムイオン NH_4^+ が形成される(図 4.13 上)。こうしてできた N-H 結合は，他の 3 つの N-H 結合と区別がつかなくなり，等価な共有結合になってい

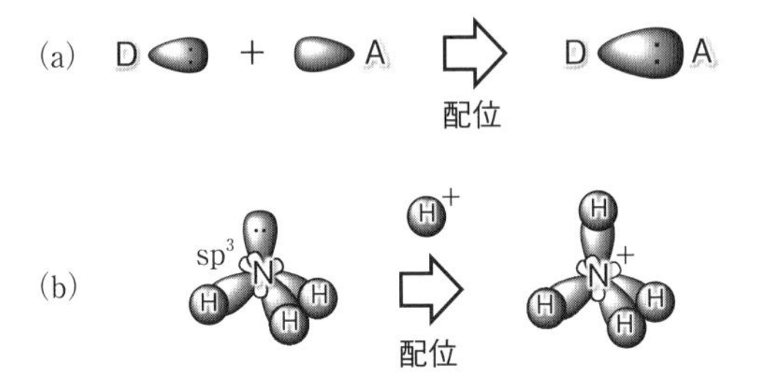

図 4.13 (a) 配位結合の概念(電子対供与体(D)と電子対受容体(A)の相互作用)と，(b) アンモニア NH_3 からアンモニウムイオン NH_4^+ の形成

る。このように，一方の原子のみから電子対が供与されて生じた共有結合を特に**配位結合**(coordinate bond)とよんでいる(図 4.13 下)。

第 4 周期以降の元素，特に遷移金属イオンは，非共有電子対を受け入れることができる軌道をもつため，非共有電子対をもつ化合物，例えば単純な無機分子(H_2O, NH_3, CO)や無機イオン(CN^-, Cl^-, Br^-)などと配位結合を形成することができる。このようにして形成された化合物を**金属錯体**(metal complex)とよぶ。また，金属イオンに配位結合している原子，分子，またはイオンを**配位子**(ligand)とよぶ。このため，金属錯体のことは**配位化合物**(coordination compound)ともよばれる [*4]。

＊4 金属錯体を研究する分野を**配位化学**(coordination chemistry)という。

金属錯体はそれぞれの錯体固有の形を示し，1 つの金属イオンに配位子が 1 個だけ結合したものから，12 個の配位子が結合したものまで報告されている。このように，金属錯体が様々な構造になることは，分子に特徴的な性質の一つである結合に方向性があることを示している。しかし，金属イオンと配位子との結合に d 軌道が関与することが多いためオクテット則を満たさないことや，結合の数が 5 を超えるような場合がでてくる。この構造を説明するためには，d 軌道を考慮した混成軌道の考え方を導入する必要がある。

図 4.14　d 軌道が関与する様々な混成軌道の例

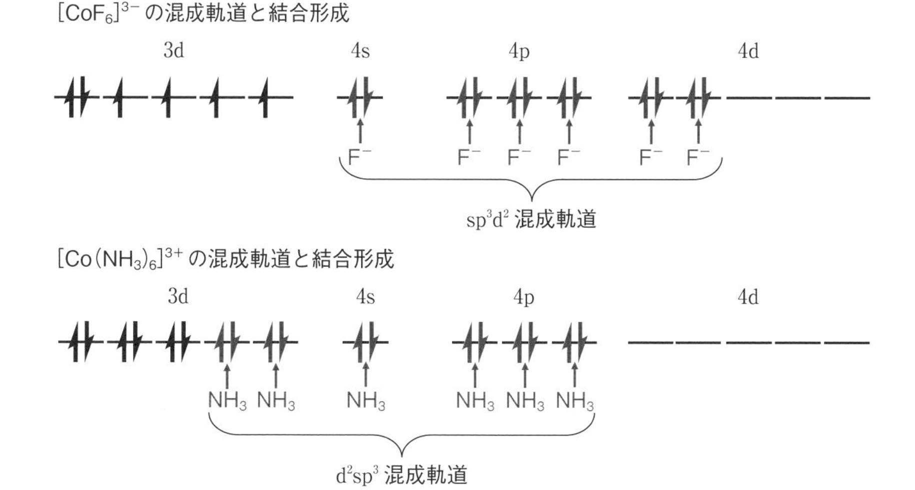

図 4.15　原子価結合理論で表した Co 錯体の混成軌道形成と電子配置。空の電子軌道が混成され，非共有電子対が格納されるモデル

例えば，6配位の金属錯体は，1つの4s，3つの4p，2つの3dから6つのsp^3d^2混成軌道，あるいは，2つの3d軌道，1つの4s軌道，3つの4p軌道からd^2sp^3混成軌道を構成していることになる(図4.14左)。また，4配位錯体のdsp^2混成軌道や，5配位錯体のdsp^3混成軌道のような軌道の形成が可能である。これらは，三方両錐形(バタフライ形)を形成する5つの混成軌道や(図4.14中)，平面四角形型を形成する4つの混成軌道を形成する(図4.14右)。6配位の金属錯体である$[CoF_6]^{3-}$や$[Co(NH_3)_6]^{3+}$の電子配置を示すと，混成軌道では具体的に図4.15のような軌道を用いて混成されている。

4.4.2 金属錯体における金属-配位子の結合

上述してきた原子価結合理論では，金属錯体に見られる色や，不対電子数など，実際の電子状態を十分に表しきれているとはいい難い。これを解消するために，分子軌道法を取り込んだのが**配位子場理論**(ligand field theory)である。例えば，6配位の金属錯体では，図4.16のような分子軌道を書くことができる。一般に配位子の軌道のエネルギーよりも中心金属の軌道のエネルギーのほうが高いため，結合性分子軌道はおもに配位子の軌道成分から構成される。また，反結合性分子軌道はおもに金属の軌道成分から構成され，中心金属の5つのd軌道は非結合性t_{2g}と反結合性e_gに分裂する。配位子との分子軌道形成によって起こるこの分裂は，**配位子場分裂**(ligand field splitting)とよばれている。σ供与性の強い配位子の場合，その配位子の軌道は金属の軌道と大きな重なりを生じるためにe_g軌道のエネルギーはより高くなり，それにともなって3d軌道がかかわる配位子場分裂の大きさΔ_o(図4.16中のエネルギー差)もまた

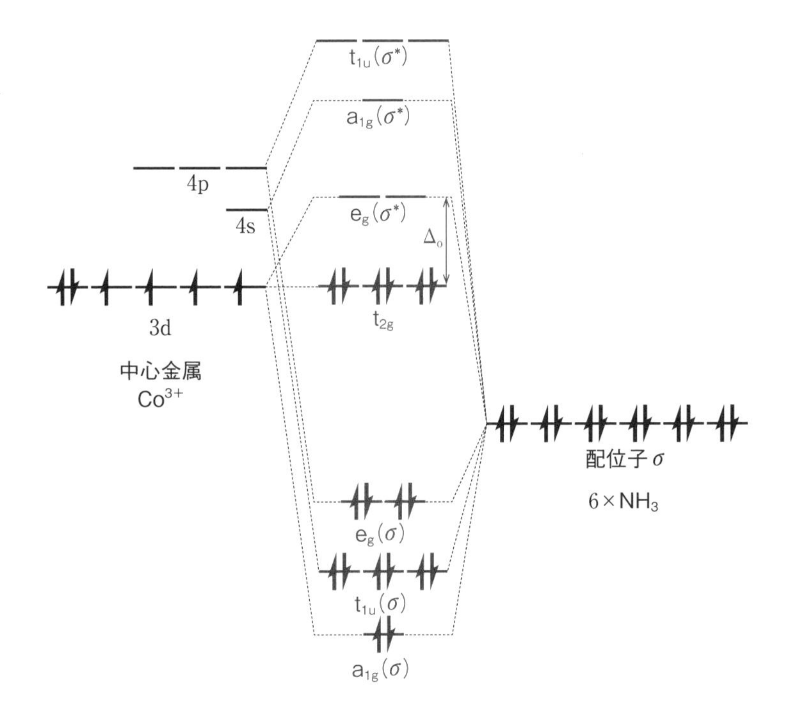

図4.16　$[Co(NH_3)_6]^{3+}$錯体におけるσ結合性分子軌道のエネルギー準位図

大きくなっていると解釈できる。この配位子場分裂の大きさの違いが同じ金属イオンでも異なる色を示す原因の一つになっている。これらの理論を用いれば，より複雑な金属錯体の電子状態や，反応性を予測することが可能である。

コラム：SDGsとガステクノロジー

地域社会の発展に貢献すること，人と地球にやさしい産業を創生することがSDGsの理念に掲げられている。安定なオクテット則を満たす貴ガス(He, Ne, Arなど)や，安定な分子軌道を形成している二原子分子(H_2, N_2, O_2 など)，二酸化炭素(CO_2)やアセチレン(C_2H_2)などのガスは，その取扱いが非常に重要である。その供給はSDGs事業の柱となっており，持続可能な社会の実現に向け，ガスの取り扱いと地球環境保全への取り組みは不可欠なものであると考えられる。

炭素が酸化されて安定した状態にある二酸化炭素(CO_2)は，その排出抑制や削減がカーボンニュートラルとして大きな目標となっている。その解決策としては，「①熱源転換」「②原料循環」「③原料転換」が大きく掲げられている。

熱源転換では，炭素化合物の燃焼に頼るのでなく，水素(H_2)やアンモニア(NH_3)などの燃焼が検討されている。また原料循環では，マテリアルリサイクルやケミカルリサイクルを利用して，化成品を循環させる試みがなされている。さらに原料転換としては，CO_2 自体を原料とした化成品の生成方法が開発されつつある。上記のようなガスの生成やガスの利用においては，金属錯体を用いた触媒反応が用いられるケースが多くなってきた。これは，金属錯体の多様な構造や配位性，電子状態によるものである。

さらに，酸素(O_2)や窒素(N_2)，アルゴン(Ar)，アセチレン(H-C≡C-H)などの分子からなる高圧ガスは，鉄鋼，化学，自動車，建設，造船，食品，医療などのあらゆる産業分野において欠かせない役割を果たしている。高圧ガスの供給は，多くの分野で使用されるエネルギーの安定を担っており，山間・離島などの遠隔地の産業維持・活性化に貢献している。そして，非常時の安定供給を担保するため拠点を複数化するなどのBCP対策(事業継続計画)が徹底されている。このようにガス化合物の反応，供給，そして保安は，官民一体となって取り組まれている。

章末問題

問題 4.1 VSEPR則から，次の分子の構造を予想して示せ。

(1) H_2O　(2) PF_5

問題 4.2 窒素分子 N_2 は窒素原子の3つのp軌道どうしが重なることで三重結合が形成される。このことを原子価結合理論と分子軌道法の両者で説明し，同義であることを確かめよ。

問題 4.3 ヘリウムは He_2 として存在しない理由を，分子軌道法を用いて説明せよ。

問題 4.4 フッ化水素HFの結合について分子軌道法を用いて示せ。

問題 4.5 次の分子の結合について，エネルギー準位図を書き，結合様式を説明せよ。

(1) Be_2　(2) Cl_2

問題 4.6 $[Co(NH_3)_6]^{3+}$ 錯体における分子軌道を，原子価結合理論と配位子場理論の両者で説明し，その違いについて説明せよ。

5 固体・結晶にみられる結合と性質

【この章の到達目標とキーワード】
- 分子を構築する結合と集合体を構築する結合の違いを説明できる。
- イオンの集合体であるイオン結合を理解し，結晶格子と格子エネルギーについて説明できる。
- 金属原子の集合体である金属結合を理解し，自由電子や伝導性などの金属結合特有の性質について説明できる。
- 分子の集合体を構築する水素結合などの弱い相互作用について説明できる。

キーワード：金属結合，イオン結合，結晶，自由電子，格子エネルギー，水和イオン，水素結合，ファンデルワールス力

5.1 分子を構築する結合と集合体を構築する結合

2個以上の原子が集まり，共有結合や配位結合により各原子が結びつくことで分子が形成される。こうしてできた分子は，化学結合するまえにはみられない分子固有の性質を示す。この分子固有の性質は，固体から液体，あるいは液体から気体へと状態が変化しても，結合が切れない限り基本的な性質は変わらない。

これとは対照的に，固体でのみみられる結合が存在する。食塩の主成分である塩化ナトリウム（NaCl）は水溶液中ではナトリウムイオン（Na^+）と塩化物イオン（Cl^-）の周りに水分子が相互作用することで解離するため，ナトリウムイオンと塩化物イオンのあいだには明確な結合は認められない。ナトリウムイオンのこの溶液をゆっくり濃縮すると，**イオン結合**（ionic bond）し，塩化ナトリウムが**結晶**（crystal）として析出する。イオン結合とは，**静電引力**（**クーロン力**）（electrostatic attraction; coulombic attraction）による陽イオンと陰イオンの結びつきのことであり，塩化ナトリウムの結晶中ではナトリウムイオンと塩化物イオンがクーロン力で結びついている。塩化ナトリウムの結晶中では，ナトリウムイオンの周りに6個の塩化物イオンが配置され，塩化物イオンの周りにも6個のナトリウムイオンが配置された規則正しい構造が繰り返されており，結果として$(NaCl)_n$と記述できる集合体になっている。ここで，nは任意の数であるが，結晶として認知できるような大きな数字である。この集合体は固体状態では絶縁体であるが，これを溶融し液体にすると電気をとおすようになる。この性質の変化は，ナトリウムイオンと塩化物イオンが動けるようになったためであり，イオン結合による集合体としての規則的な配置ではなくなっている

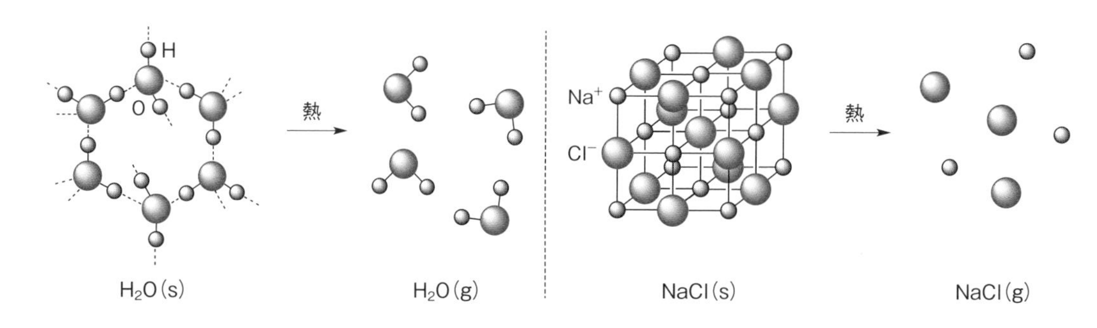

図 5.1　固体と気体のときの水分子と塩化ナトリウム

ためである。また，気体中ではナトリウムイオンと塩化物イオンのあいだには明確な相互作用はなく，バラバラになる(図 5.1)。このように，イオン結合は固体中のみにみられ，塩化ナトリウムの結晶のような陽イオンと陰イオンの集合体を構築する結合として捉えることができる。

同様に，**金属結合**(metallic bond)も金属原子の集合体を構築する固体状態でのみみられる結合として考えることができる。金属の単体では，金属原子が規則正しく配置されている。この集合体を自由に動きまわり，集合体中のすべての原子に共有されている**自由電子**(free electron)による結合を金属結合という。電線など広く社会で用いられている銅(Cu)の単体は，金属結合により銅原子が互いに結びつくことで Cu_n として表される形で存在している。この銅の単体を「分子」として認識しないことが多く，炭素原子のみが共有結合によりできる結晶，ダイヤモンドを「巨大分子」C_n として記述できることとは対照的である。これら銅とダイヤモンドを比較すると，銅は延性や展性を示すが，ダイヤモンドは硬く延性や展性を示さない。銅が延性や展性を示す理由は，結晶中の金属原子の位置が少し変化しても，結合に関与している自由電子が対応できるからであり，この点が共有結合と大きく異なっている。

5.2　結　　晶

これら集合体としての固体を構築するイオン結合と金属結合は，構成する原子，イオンが規則正しく配置された結晶を形成しやすい点が共通している。結晶とは原子やイオンが規則正しく配列している固体のことであり，身のまわりの金属製品の多くが該当する。結晶中での原子の配置のことを**結晶構造**(crystal structure)とよび，様々な結晶構造が知られている。一方，ガラスなどに代表されるような，原子が不規則に配列している固体は**非晶質**(amorphous)とよばれる。同じ組成式で表される化合物であっても，結晶であったり，非晶質であったりすることがある。SiO_2 で表される化合物のうち，石英は結晶であるが，石英ガラスは非晶質である(図 5.2)。

結晶は結晶を構成する化学結合の違いにより，共有結合結晶，イオン結晶，金属結晶，分子結晶に分類される。原子が共有結合により規則正しく配列して

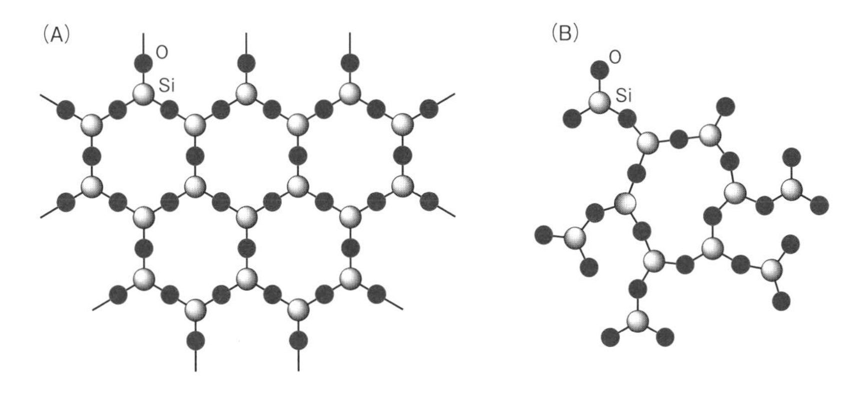

図 5.2 SiO_2 の結晶(A)と非晶質(B)の構造

できる結晶を**共有結合結晶**(covalent crystal)とよび，ダイヤモンドがこれに相当する(図 5.3)。**イオン結晶**(ionic crystal)はイオン結合により規則的に配列してできる結晶であり，**金属結晶**(metallic crystal)は金属結合により原子が規則的に配列してできる結晶である。**分子結晶**(molecular crystal)は共有結合や配位結合により構築されている分子が，ファンデルワールス力や水素結合などにより，規則的に配列することで生成する結晶である。

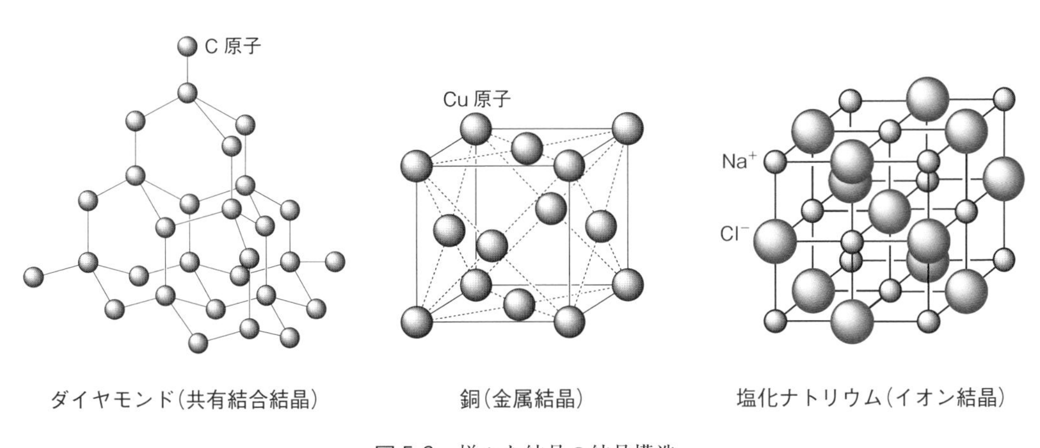

図 5.3 様々な結晶の結晶構造

5.3 イオン結合

イオン結合は，結晶中において，正電荷を有する陽イオンと負電荷を有する陰イオンが**静電引力**(**クーロン力**)により引き合うことで形成される化学結合であり，イオンの集合体を形成する結合の一つである。したがって，イオンとイオンとの間にはたらく引力の大きさは，**クーロンの法則**(Coulomb's law)に従う。

5.3.1 陽イオンと陰イオンとの静電引力

正電荷 q_1 を有する陽イオンと負電荷 q_2 を有する陰イオンが距離 r だけ離れて存在するとき，陽イオンと陰イオンの間には力 F がはたらく(式(5.1))。

$$F = \frac{1}{4\pi\varepsilon_0}\frac{q_1 q_2}{r^2} \tag{5.1}$$

ここで，ε_0 は真空中の誘電率($\varepsilon_0 = 8.854 \times 10^{-12}$ F/m)である。電荷 q_1 は正の値であり，電荷 q_2 は負の値であるとすると，図 5.4 に示すように，q_1 と q_2 の積は負($q_1 q_2 < 0$)となり，このときはたらく力が静電引力である。一方，2つの陽イオン，または2つの陰イオン間では，q_1 と q_2 の積は正($q_1 q_2 > 0$)となり，静電的に反発する。また，引力または斥力の大きさは q_1 と q_2 の積の絶対値が大きいほど大きく，距離 r の2乗に反比例する。つまり，距離が等しい場合，静電引力の大きさは電荷の大きさ，つまり，価数に依存する。例えば，アルミニウムイオン(Al^{3+})と水酸化物イオン(OH^-)と，等距離にあるナトリウムイオン(Na^+)と水酸化物イオン(OH^-)の引力の大きさを比較すると，アルミニウムイオンと水酸化物イオンのほうがナトリウムイオンと水酸化物イオンに比べ，3倍大きな引力を示すことがわかる。また，電荷が等しい場合，距離 r とその半分の距離($r/2$)との比較すると，$r/2$ のほうが4倍大きな引力を受けることになる。

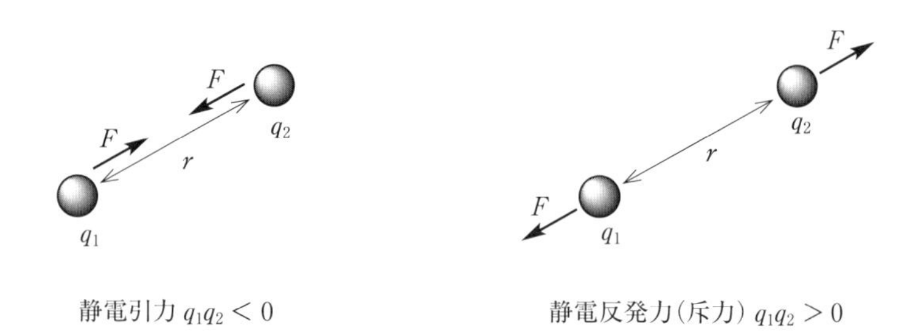

図 5.4 クーロンの法則の模式図

このことは，共有結合や配位結合で形成される分子が，結合性軌道の偏在性を反映した「方向性」を示すこととは大きく異なる。固体状態の集合体を構築するイオン結合では，電荷の大きさとイオン間の距離に依存し，分子にみられる結合に依存した「方向性」を示さないことを意味している。つまり，イオン結合により生成するイオン結晶では，陽イオンと陰イオンとが静電引力によりなるべく近接するように配置され，2つの陽イオンまたは2つの陰イオン間では，斥力によりなるべく離れるように配置される。例えば，同じアルカリ金属の塩化物である塩化ナトリウム型構造と塩化セシウム型構造との違い(図 5.5)は，単にセシウムイオンがナトリウムイオンに比べて大きく，より多くの塩化物イオンと接しているほうが安定であるため，分子固有の「方向性」によるのではなく，イオン半径に依存した構造の違いによる。

塩化ナトリウム型構造と塩化セシウム型構造のイオン半径に依存した構造の違いは陽イオン(r^+)と陰イオン(r^-)の半径の比に依存し，$r^+/r^- > 0.732$ のとき

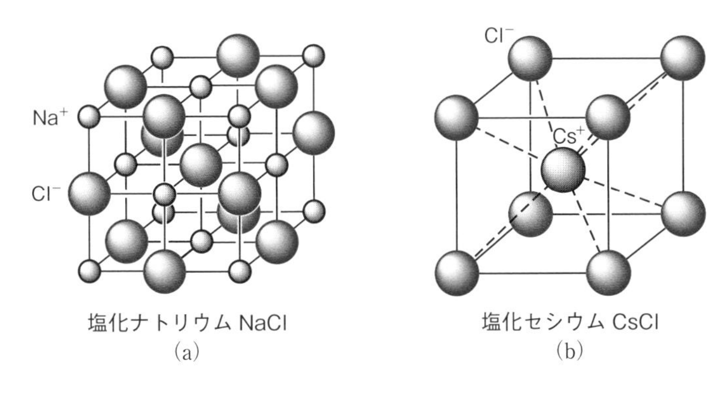

図 5.5 塩化ナトリウム型構造(a)と塩化セシウム型構造(b)

に塩化セシウム型構造になるほうが有利になることが知られている。Cs^+のイオン半径は 1.84 Åであり，陽イオン/陰イオンの比は 1.84/1.67 = 1.10 であるため塩化セシウム型構造になるが，Na^+のイオン半径は 1.16 Å，Cl^-のイオン半径は 1.67 Åであるので，陽イオン/陰イオンの比は 1.16/1.67 = 0.69 であることから，塩化セシウム型構造よりも塩化ナトリウム型構造のほうが有利になる。

5.3.2 イオン結晶の融点とイオン結合

イオン結合は分子を形成する共有結合に比べても遜色ない結合エネルギーを示すことが知られている。この強い結合であることは融点が高いことにも反映されている。加熱によって結晶が液体になることを**融解**(melting)という。前にも述べたとおり，融解するとイオン結合による規則的な配置ではなくなり，各イオンが自由に動けるようになることから，融点は固体でしかみられないイオン結合の結合力の大きさの一つの指標になる。

結合力の大きさは，距離と電荷の大きさに依存することをすでに述べた。ハロゲン化ナトリウムとアルカリ土類金属の酸化物の融点を表 5.1 に示す。ハロゲン化ナトリウムとアルカリ土類金属の酸化物はすべて塩化ナトリウム型構造であることから，イオン間の距離を除き，陽イオンも陰イオンの配位数や配置は同一である。陽イオンも陰イオンも同じ電荷を有するハロゲン化ナトリウムの融点はフッ化ナトリウム(NaF)が最も大きく，周期表の周期が大きくなるにつれて小さくなり，ヨウ化ナトリウム(NaI)が最も小さくなっている。この序列は電荷が等しいため，距離，すなわちイオン半径の大きさに関係している。

表 5.1 ハロゲン化ナトリウムとアルカリ土類金属の酸化物の融点

ハロゲン化ナトリウム	融点 / ℃	アルカリ土類金属の酸化物	融点 / ℃
NaF	993	MgO	2800
NaCl	801	CaO	2570
NaBr	755	SrO	2430
NaI	651	BaO	1920

イオン半径の大きさは，$F^- < Cl^- < Br^- < I^-$ の順に大きくなるため，陽イオンであるナトリウムイオンとハロゲン化物イオンの距離が，$NaF < NaCl < NaBr < NaI$ の順に大きくなる。そのため，融点は $NaF > NaCl > NaBr > NaI$ の順になっている。

一方，アルカリ土類金属の酸化物の融点はアルカリ金属の塩化物と比べて大きな値になっている。これは陽イオン，陰イオンの電荷の大きさがともに2倍になっているからである。また，イオン半径の大きさは，$Mg^{2+} < Ca^{2+} < Sr^{2+} < Ba^{2+}$ の順に大きくなるため，融点は $MgO > CaO > SrO > BaO$ の順になっている。

5.3.3　イオン結晶の格子エネルギー

より詳細にイオン結合の結合力の大きさを評価するには，イオン結合を完全に切断するためのエネルギーを求める必要がある。イオン結合を切断し，個々のイオンに分解するのに必要なエネルギーのことを**格子エネルギー**(lattice energy)という。例えば，塩化ナトリウムの格子エネルギーは，固体の塩化ナトリウムの結晶をバラバラにし，気体状態のナトリウムイオンと塩化物イオンにするときに必要な熱エネルギーに相当する。

ハロゲン化ナトリウムとアルカリ土類金属の酸化物の格子エネルギーを表5.2に示す。格子エネルギーは，陽イオンと陰イオンとの引力が大きいほど大きく，陽イオンと陰イオンの電荷の絶対値が大きくイオン半径が小さい化合物が大きくなる。したがって，イオン結晶の融点とは相関がある。

表5.2　ハロゲン化ナトリウムとアルカリ土類金属の格子エネルギー

ハロゲン化ナトリウム	格子エネルギー kJ/mol	アルカリ土類金属の酸化物	格子エネルギー kJ/mol
NaF	909	MgO	3760
NaCl	771	CaO	3371
NaBr	733	SrO	3197
NaI	697	BaO	3019

格子エネルギーは，いくつかの方法で見積もることができる。陽イオンと陰イオンの価数がそれぞれ z_1, z_2 であり間隔 d_0 で1次元に並んだイオン結晶について，イオン間の引力と反発力を考えることで，格子エネルギー U を求める式(5.2)が導かれる。この式はボルン・マイヤー式(Born-Meyer equation)とよばれる。

$$U = \frac{N_A |z_1 z_2| e^2}{4\pi\varepsilon_0 d_0}\left(1 - \frac{d}{d_0}\right) A_a \tag{5.2}$$

ここで，N_A はアボガドロ数，e は電気素量，ε_0 は真空中の誘電率，d はイオン間の反発を考慮しなければならない距離の定数である。A_a はマーデルング定数(Madelung constant)とよばれ，結晶中の着目するイオンの相互作用が無限遠に及ぶことを考慮した幾何学的因子を総計した定数であり，結晶構造によって異なる。

一方，格子エネルギーはボルン・ハーバーサイクル(Born-Haber cycle)から求めることができる。これは，化合物が生成を考える際に各反応過程の熱の出入りを考え，その過程を一巡すると最初の状態に戻るように組み合わせたサイクルのことである。例えば，金属ナトリウムと気体の塩素分子との反応により，塩化ナトリウムの結晶が得られるサイクルを考えた場合，そのサイクルに格子エネルギーを考慮する必要がある(図 5.6)。固体のナトリウムの単体と気体の塩素分子との反応で固体の塩化ナトリウムの結晶が得られるときの生成熱(ΔH°)は式(5.3)のように，ナトリウムの昇華熱，塩素分子の解離エネルギー，ナトリウムのイオン化エネルギー，塩素原子の電子親和力と格子エネルギー U の和になっている。したがって，格子エネルギーは，生成熱から各段階のエネルギーを差し引けば求めることができる。

$$\Delta H^\circ = \text{格子エネルギー}(U) - \text{昇華熱}(\mathrm{Na}) - \text{解離エネルギー}(\mathrm{Cl_2}) - \text{イオン化エネルギー} + \text{電子親和力} \tag{5.3}$$

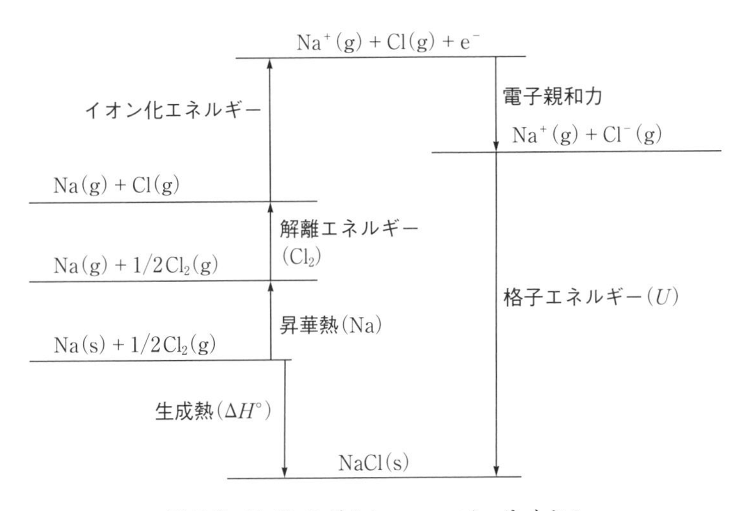

図 5.6 NaCl のボルン・ハーバーサイクル

5.3.4 イオン結晶の水への溶解

多くのイオン結晶は水に溶解し，陽イオンと陰イオンがばらばらになって水中に拡散する。一方，陽イオンと陰イオンを結びつけている格子エネルギーを考えると，イオン結合は共有結合に匹敵する強い結合である。単にイオン結晶を水に入れて撹拌するだけで陽イオンと陰イオンがばらばらになるということは，陽イオンと陰イオンを結びつけている格子エネルギーより安定化するエネルギーを，水に溶解することで獲得していることを意味している。このことは，イオン結晶を溶融して陽イオンと陰イオンに電離した状態とは大きく異なることに起因する。水分子 H_2O は極性分子であり，水素原子は正に酸素原子は負に帯電している。そのため，陽イオンは酸素原子と，陰イオンは水素原子と静電引力がはたらく。このように水中では，イオンが静電引力により水分子と相互作用している**水和イオン**(hydrated ion)として存在している。例えば，

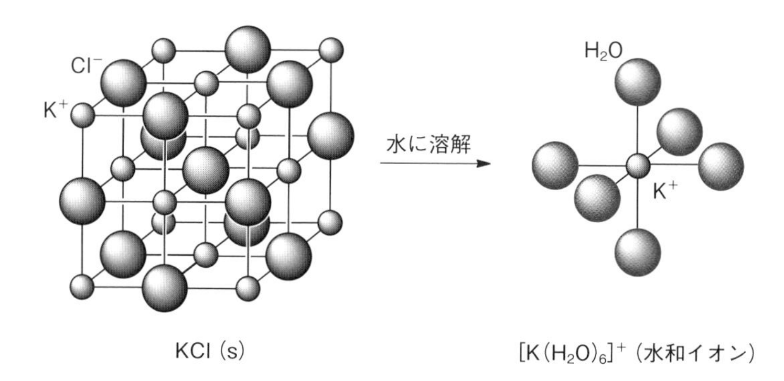

図 5.7　塩化カリウム(KCl)の結晶構造とカリウムイオンの水和イオン $[K(H_2O)_6]^+$ の構造

KCl 水溶液中でのカリウムイオンは図 5.7 の右図のような水和イオンとして存在している。水に溶けるイオン結晶は，格子エネルギーよりも，水和イオンになることにより大きく安定化するためと考えることができる。この水和イオンになることにより得られるエネルギーを**水和エネルギー**(hydration energy)という。

格子エネルギーと水和エネルギーの関係を端的に示すものが溶解度である。表 5.3 には，ハロゲン化ナトリウムの格子エネルギーと水に対する溶解度を示した。この表から，格子エネルギーが大きいほど，水には溶けにくくなることがわかる。一般的にイオン結晶の溶解度は，陽イオンと陰イオンとのイオン半径の差が大きくなるほど，大きくなることが知られている。例えば，アルカリ土類金属の水酸化物イオンに着目すると，水酸化マグネシウム $Mg(OH)_2$ は水に難溶性の化合物であるが，イオンより大きなアルカリ土類金属イオンをもつ水酸化バリウム $Ba(OH)_2$ は水に可溶である。

表 5.3　ハロゲン化ナトリウムの格子エネルギーと水に対する溶解度

ハロゲン化ナトリウム	格子エネルギー (kJ/mol)	溶解度 (g/100g H_2O)
NaF	909	4
NaCl	771	36
NaBr	733	91
NaI	697	178

5.4 金属結合

5.1 節でも述べたとおり，金属結合は金属原子の集合体を構築する固体状態でのみみられる結合である。この集合体を自由に動きまわり，集合体中のすべての原子に共有されている**自由電子**により結合している。金属結晶にみられる特徴的な性質である延性・展性や電子の伝導性は，この自由電子に基づいている。

5.4.1 金属結晶の構造

多くの金属単体の結晶は，すべて同じ大きさの金属原子が単位格子内に隙間なく，原子が最も密になるよう配置されている。これを**最密充填構造**(close packing)という。金属の単体からなる金属結晶の場合，原子半径が同一であるため，立方晶などの対称性の高い格子で最密充填構造になるように配置されることが多い。おもなものとして**立方最密充填構造**(cubic close packing; ccp)と**六方最密充填構造**(hexagonal close packing; hcp)が知られている。立方最密充填構造は面心立方格子を有しており，六方最密充填構造は六方晶の単位格子に2個の原子が配置され，3つの結晶格子を組み合わせると六角柱になる(図5.8(A))。この六角柱の中に6個の原子が配置され，1個の原子は12個の原子と接している。単位格子の体積のうち原子がどれだけ占めているかを示す充填率は立方最密充填構造と同じ74%である。

一方，いくつかの金属結晶では最密充填構造ではない構造になっている。また，最密充填構造の金属でも，温度により相転移することで最密充填構造ではなくなることがある。よくみられる最密充填構造ではない構造の一つとして，**体心立方構造**(body centered cubic)が知られている。体心立方構造は体心立方格子を有しており，単位格子内に2個の原子が存在する(図5.8(B)右)。充填率は最密充填構造よりも小さく，68%である。体心立方構造はタングステンやアルカリ金属，5属，6属の金属にみられる構造であるが，これらが最密充填構造にならない明確な理由はわかっていない。

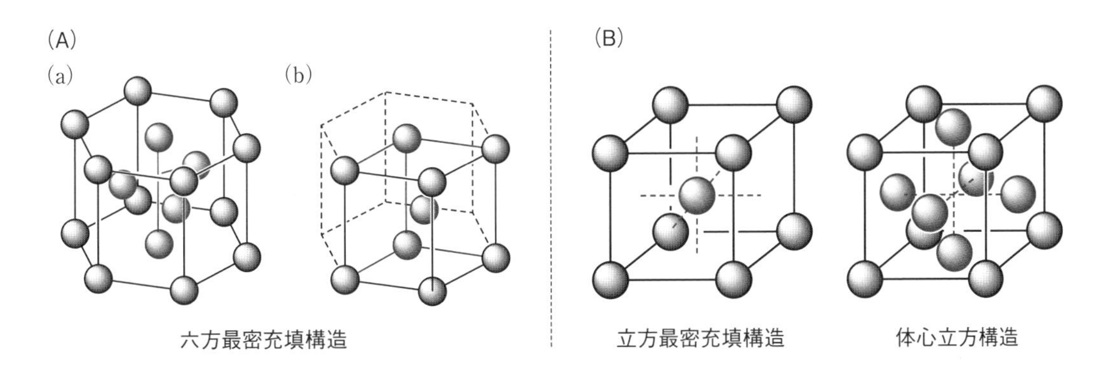

図5.8　最密充填構造(A)と最密充填構造ではない体心立方構造(B)。六方最密充填構造は，(b)に示した構造が六角形になるように3つ合わさることで，(a)に示す構造になる。

5.4.2 自由電子の量子論的解釈

金属結合は集合体を構築する結合であり，単に2つの金属が結合する場合には，金属結合を形成する自由電子は存在しない。2つの金属が結合している化合物中の金属間の結合は，互いに不対電子を共有する共有結合，または一方の金属または金属イオンがもう一方の金属または金属イオンに電子対を供与する配位結合のいずれかに属する。金属結合の自由電子について理解を深めるた

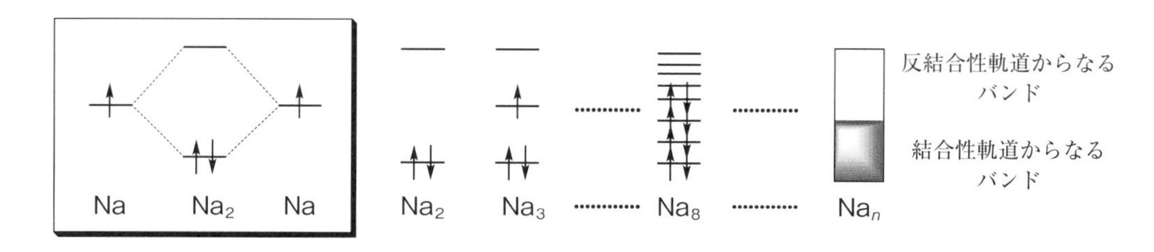

図 5.9　基底状態でのナトリウム原子の 3s 軌道電子の相互作用により生成する金属ナトリウムの分子軌道

め，金属ナトリウムを考えることとする。

ナトリウム原子は最外殻の 3s 軌道に 1 個の電子が不対電子として存在する。図 5.9 には，不対電子の存在により形成する等核二原子分子 Na_2 を経由して金属ナトリウムが形成される過程を模式的に示した。2 個のナトリウム原子が等核二原子分子 Na_2 を形成すると，3s 軌道の相互作用により Na_2 の分子軌道である結合性軌道と反結合性軌道が形成される。もともと 3s 軌道にあった電子は，よりエネルギー準位の低い結合性軌道を占有し，結合性軌道にのみ 2 個の電子が電子対を形成する。こうして Na_2 分子が生成する。この時点では，ナトリウム原子にあった不対電子を結合電子として共有しているため，自由電子は存在しない。さらにナトリウム原子が増加して，3 個，4 個，5 個とナトリウムが結合していくと，ナトリウム原子の 3s 軌道からつくられる分子軌道の数も，3，4，5 と増加する。そして，もともと 3s 軌道にあった電子は，よりエネルギー準位の低い分子軌道から順に配置される。これを 1 mol に相当する回数，つまり 6.02×10^{23} 回繰り返すと，6.02×10^{23} の分子軌道がつくられるが，数が多く，分子軌道間のエネルギー差は小さいため，事実上，連続した帯(バンド；band)のようになる。これをバンド構造(band structure)という。図 5.9 では基底状態のときの模式図であるため，結合性軌道と反結合性軌道のバンドが区別されるが，標準状態ではこのような区別はなく，結合性軌道と反結合性軌道が 1 つのバンドを形成することになる。このバンドを形成するすべての分子軌道は，金属ナトリウムを構成するすべてのナトリウム原子の 3s 軌道に由来するため金属全体に広がっており，このうち，半数の軌道に結合電子が配置されていることになる。したがって，すべての原子はすべての結合電子を共有していることになる。この結合電子こそが自由電子である。

5.4.3　量子論的解釈に基づく金属結晶の性質

金属結晶に特徴的な性質の一つは，延性・展性を示すことである。金属結晶を構成する分子軌道は金属結晶全体に広がっており，共有結合のような，ある金属原子とだけの結びつきに特化した結合ではない。したがって，隣接する金属原子との相互作用は結果的には小さくなり，共有結合のような軌道の偏在性に基づく「方向性」に乏しい。また，金属結合は結合の「方向性」を構築しにくい s 軌道の相互作用が主体であることも一因としてあげられる。この結果，金属結晶中の一部の金属原子の「ずれ」を許容することができ，延性・展性を示す理由になっている。また，金属結晶の多くが最密充填構造を好むことについても，「方向性」に乏しい s 軌道の相互作用が主体であり，隣接する金属原子との相互作用が小さいためである。

金属結合の強さは，金属結合に参加する金属原子の電子の範囲で決まる。アルカリ金属と遷移金属の融点を表 5.4 に示す。最外殻の s 軌道にある電子だけが結合に参加するアルカリ金属の結合エネルギーは比較的小さく，集合体を構築する結合において，結合エネルギーの大きさを反映する融点はイオン結晶に比べても低い。一方，鉄(Fe)などの遷移金属の結晶では，s 軌道のほかに d 軌道の電子も金属結合に参加しているため，融点は大きく，アルカリ金属よりも硬い。

表 5.4　アルカリ金属と遷移金属の融点

アルカリ金属	融点 / ℃	遷移金属	融点 / ℃
Li	180.54	Fe	1535
Na	97.81	Ru	2310
K	63.65	Os	3054
Rb	39.1	Cu	1083.5
Cs	28.40	Ag	961.93
		Au	1064.43

5.4.4　電気をとおすことができる金属結晶

金属結晶に特徴的なもう一つの性質として，電気をよくとおすことができることである。これを**伝導体**(conductor)という。一方，ダイヤモンドなどのような共有結合結晶は電気をとおしにくい性質を示す。このような化合物を**絶縁体**(insulator)とよび，伝導体と絶縁体の中間的な電気抵抗を示す物質のことを**半導体**(semi-conductor)という。図 5.10 に，絶縁体，半導体，伝導帯の模式図を示す。絶縁体の場合，電子が完全に詰まった軌道のみからなるバンドと空の軌道のみからなるバンドが存在し，伝導体である金属結晶とは異なり，これらのあいだに大きなエネルギー差がある。これらのバンドのうち，最も高いエネ

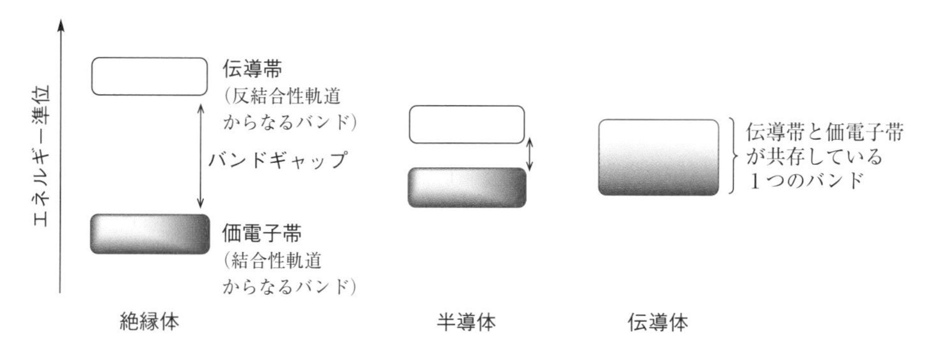

図 5.10　絶縁体，半導体，伝導体の模式図

ルギーをもつ電子が完全に詰まった軌道のみからなるバンドを**価電子帯**(valence band)，最も低いエネルギーをもつ空の軌道からなるバンドを**伝導帯**(conduction band)という。また，価電子帯と伝導帯のエネルギー差を**バンドギャップ**(band gap)という。電流は電子の流れと反対方向に流れるため，電子と電子が移動できる部分(空軌道)が必要になる。価電子帯のみでは電子が移動できる部分(**正孔**; hole)がなく，伝導帯のみでは電子がないため，電気は流れない。電気が流れるようにするためには，価電子帯の電子が伝導帯へと移る必要がある。絶縁体ではこのバンドギャップが大きいため，価電子帯の電子が伝導帯へと移るためには大きなエネルギーが必要になる。そのため，電気抵抗は大きい値を示す。半導体ではこのバンドギャップが比較的小さく，比較的小さなエネルギーを与えることで，価電子帯の電子が伝導帯へと移ることができる。金属結晶では，基底状態では価電子帯に相当する結合性軌道のバンドと伝導帯に相当する反結合性軌道のバンドが区別できるが，標準状態では価電子帯と伝導帯の明確な区別ができなくなり，それぞれが混在している一つのバンドとして記述できるようになる。このような状態では，電子と正孔が同じようなエネルギー準位に存在する。そのため電圧をかけると，電子が容易に移動できるため，電気が流れることになる。

ケイ素(Si)やゲルマニウム(Ge)に価電子を1つ多くもったリン(P)やヒ素(As)を不純物として少量加えると電気伝導率が大きくなる。これは本来あるバンドギャップ中に不純物の電子が占める軌道があり，その軌道を経由して電子が伝導帯へと動くことができるようになり，電気が流れやすくなる(図5.11)。このような半導体を**n型半導体**(n-type semiconductor)という。一方，ケイ素やゲルマニウムに価電子が1つ少ないホウ素(B)やアルミニウム(Al)を不純物として少量加えると，本来あるバンドギャップ中に不純物の空軌道ができる。小さなエネルギーで価電子帯の電子はその軌道に移ることができるようになり，価電子帯に正孔ができる。この正孔が移動することで，電気が流れやすくなる(図5.11)。このような半導体を**p型半導体**(p-type semiconductor)という。このようなn型，p型半導体はトランジスタやダイオードに用いられている。

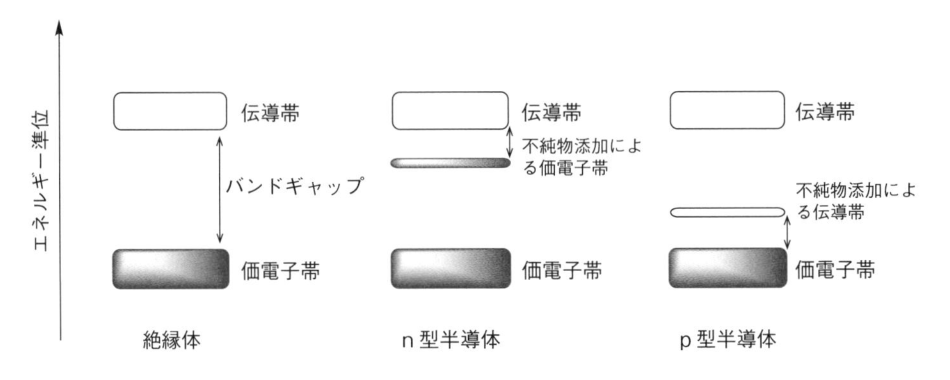

図5.11 絶縁体，n型半導体，p型半導体の模式図

5.4.5 水素結合とファンデルワールス力

化学結合は，分子を形成する共有結合，配位結合と，原子，イオンの集合体を形成する金属結合とイオン結合の 4 つの結合で物質の結合にかかわるすべてを理解できるのかといえばそうではない。これらの結合以外に固体中でも観測される結合として，**水素結合**(hydrogen bond)と**ファンデルワールス力**(van der Waals force)が知られている。これまで述べてきた結合と比較すると，それらの結合エネルギーのおおよそ 1/10 であることから，これらは「弱い相互作用」として知られており，分子結晶を形成するのに重要な役割を担っている。分子結晶の多くは，共有結合や配位結合により形成されている分子が「弱い相互作用」により規則正しく配列した分子の集合体になっている。「弱い相互作用」であることから，分子結晶はイオン結晶や金属結晶よりも融点は低いが，硫化水素(沸点 −60℃)と比較すると，より水素結合の影響が大きい水分子(100℃)の沸点は高い。

これら分子の集合体を形成する水素結合とファンデルワールス力は溶液中でも観測されることが，集合体を形成する結合である金属結合やイオン結合との最大の違いである。このことは，単に静電的な相互作用だけではなく，分子を形成するような共有結合や配位結合の寄与もあることを示している。例えば，結晶中の水分子にみられる水素結合において，O-H····O の結合角はおおよそ直線(180°)であることが知られている。これは水分子中の O-H 結合の反結合性軌道(σ^*軌道)と，酸素原子の非共有電子対の軌道とが相互作用し，より安定である結合性軌道に電子が占有されるからである(図 5.12)。

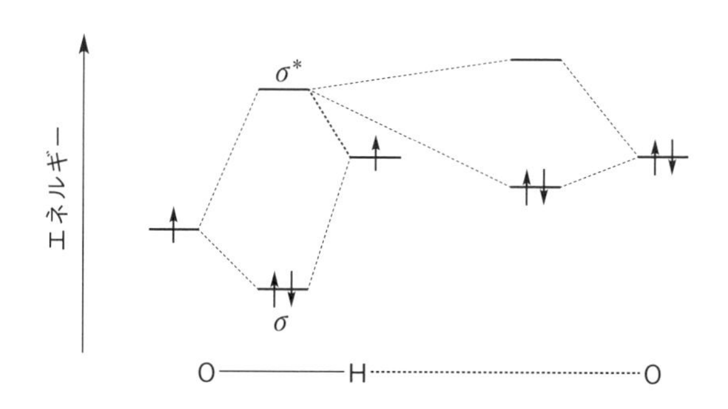

図 5.12　水分子における水素結合の軌道相関図

章 末 問 題

問題 5.1　イオン結合や金属結合と共有結合との相違点について説明せよ。

問題 5.2　カリウムイオンと臭化物イオン，ならびにバリウムイオンと酸化物イオンが等しい距離を隔てて存在するものとする。カリウムイオンと臭化物イオンの間にはたらく引力と，バリウムイオンと酸化物イオンの間にはたらく引力の比を求めよ。

問題 5.3　次の(a)，(b)にあげた化合物は，いずれも塩化ナトリウム型構造をもつイオン結晶である。(a)，(b)のそれぞれにおいて，化合物の融点の低い順に並べるとどうなるか。理由とともに説明せよ。

(a) KF, KCl, KBr, KI　　(b) LiCl, NaCl, KCl, RbCl

問題 5.4　塩化ナトリウムのナトリウムイオンと塩化物イオンの距離を $d_0 = 283$ [pm] とするときの格子エネルギー U [J/mol] を求めよ。ただし，電気素量 $e = 1.602 \times 10^{-19}$ [C]，真空中の誘電率 $\varepsilon_0 = 8.854 \times 10^{-12}$ [$J^{-1}C^2m^{-1}$]，距離の定数 $d = 34.5$ [pm]，マーデルング定数 $A_a = 1.748$ とする。

問題 5.5　ボルン・ハーバーサイクルを用いて，塩化カリウム KCl の格子エネルギーを求めよ。ただし，K(s)の昇華熱を +89 [kJ/mol]，K(g)のイオン化エネルギーを +425 [kJ/mol]，Cl_2(g)の解離エネルギーを +244 [kJ/mol]，Cl(g)の電子親和力を −355 [kJ/mol]，塩化カリウムの生成熱を −438 [kJ/mol]とする。

問題 5.6　塩化ナトリウムは水に溶解するが，酸化マグネシウムは水に溶けにくい。この理由を説明せよ。

問題 5.7　金属結晶がなぜ延性・展性に富むか説明せよ。

問題 5.8　金属結晶と絶縁体のバンド構造を図示し，金属に電流が流れる仕組みと，絶縁体に電流が流れにくい理由を説明せよ。

問題 5.9　n 型半導体と p 型半導体のバンド構造を図示し，それぞれの半導体に電流が流れる仕組みを説明せよ。

問題 5.10　分子の集合体を形成する水素結合は，金属結合とイオン結合と比べてどのような違いがあるか説明せよ。

6 酸と塩基

【この章の到達目標とキーワード】
・酸塩基の概念を理解する。
・酸の強さと分子構造との関係を理解する。
・緩衝溶液について理解する。

キーワード：アレニウスの定義，ブレンステッド･ローリーの定義，共役酸塩基対，ルイスの定義，緩衝溶液

6.1 酸と塩基の定義

我々の身のまわりには様々な**酸**(acid)や**塩基**(base)が存在する。例えば，料理で使用するお酢は5%程度の酢酸を含み，pHは2～3程度の酸性を示す。レモンもクエン酸を含むため酸性である。一方，汚れをよく落とす食器用洗剤などは塩基が含まれているものが多く，料理や掃除などに利用される重曹は炭酸水素ナトリウムであり塩基である。酸は青色リトマス紙を赤く変色させ，塩基は赤色リトマス紙を青く変色させる。酸と塩基については歴史的にいくつかの定義が存在する。

分子の視点からみた最も古い酸と塩基の定義はアレニウス(Arrhenius, S. A., 1859-1927)の**定義**(Arrhenius definition)である。この定義によると，“酸”とは水溶液中で水素イオンH^+(プロトン)を生じる物質であり，“塩基”とは水溶液中で水酸化物イオンOH^-を生じる物質である。いま，酸をHA，塩基をBOHとすると，水溶液中での酸と塩基の平衡反応は，それぞれ以下の式で表すことができる。

$$HA \rightleftarrows H^+ + A^- \quad (6.1)$$

$$BOH \rightleftarrows B^+ + OH^- \quad (6.2)$$

ただし，実際には水溶液中では水素イオン(プロトン)H^+は水H_2Oと結合してオキソニウムイオンH_3O^+として存在しており，そのため酸の水溶液中での平衡反応は以下の式(6.1)のように記述することもできる。

$$HA + H_2O \rightleftarrows H_3O^+ + A^- \quad (6.3)$$

硝酸HNO_3などの強酸は，水溶液中ではほぼすべてのHNO_3が解離して水素イオンH^+を生じるため，硝酸の水溶液中での反応は式(6.4)で記述できる。

$$HNO_3 \rightarrow H^+ + NO_3^- \quad (6.4)$$

一方，水酸化ナトリウム NaOH などの強塩基は，水溶液中ではほぼすべての NaOH が解離して水酸化物イオン OH^- を生じるため，水酸化ナトリウムの水溶液中での反応は式(6.5)で記述できる。

$$NaOH \rightarrow Na^+ + OH^- \qquad (6.5)$$

アンモニア NH_3 は，水溶液中では一部の水の水素イオン H^+ を引き抜き OH^- を生じるために弱い塩基性を示す。

$$NH_3 + H_2O \rightleftarrows NH_4^+ + OH^- \qquad (6.6)$$

ブレンステッド(Brønsted, J., 1879-1847)とローリー(Lowry, T., 1874-1936)は，アレニウスの定義を拡張して，“酸”を水素イオン H^+ を与える物質，“塩基”を水素イオン H^+ を受け取る物質と定義した。これを**ブレンステッド・ローリーの定義**(Brønsted-Lowry definition)という。この定義によると，硝酸 HNO_3 は水 H_2O に H^+ を与えて H_3O^+ が生じるので酸(**ブレンステッド酸**)であり，アンモニア NH_3 は H^+ を受け取り NH_4^+ を生じるので塩基(**ブレンステッド塩基**)である(式(6.6))。いま，酸を HA，塩基を B とすると，酸と塩基の反応は

$$HA + B \rightleftarrows A^- + BH^+ \qquad (6.7)$$

と記述できる。この平衡反応における正反応においては，HA は B に水素イオン H^+ を与えるためブレンステッド酸であり，B は HA から水素イオン H^+ を受け取るためブレンステッド塩基である。一方，逆反応においては，BH^+ は A^- に水素イオン H^+ を与えるためブレンステッド酸であり，A^- は BH^+ から水素イオン H^+ を受け取るためブレンステッド塩基である。また，この反応において，A^- は HA の**共役塩基**(conjugate base)といい，BH^+ は B の**共役酸**(conjugate acid)という。さらに，HA と A^-，もしくは B と BH^+ のように，反応の前後で H^+ を供与あるいは受容する 2 つの物質を**共役酸塩基対**(conjugate acid-base pair)という。例えば，式(6.6)の平衡反応において，NH_4^+ は H^+ を OH^- に与えることから，NH_4^+ は NH_3 の共役酸であり，OH^- は H^+ を NH_4^+ から受け取ることから，OH^- は H_2O の共役塩基である。また，NH_3 と NH_4^+，および H_2O と OH^- はそれぞれ共役酸塩基対である。

このブレンステッド・ローリーの定義を用いることで，酸と塩基の概念を水以外での溶媒中での反応にも適用できる。例えば，酢酸 CH_3COOH と液体アンモニア NH_3 の反応において，酢酸の H^+ は解離して NH_4^+ を生じるが，このとき，CH_3COOH はブレンステッド酸であり，NH_3 はブレンステッド塩基である。

$$CH_3COOH + NH_3 \rightarrow CH_3COO^- + NH_4^+ \qquad (6.8)$$

ルイス(Lewis, G.N., 1875-1946)はブレンステッド・ローリーの定義をさらに拡張して，酸と塩基を電子対の供与と受容で定義した。これを**ルイスの定義**(Lewis definition)という。すなわち，“酸”とは電子対を受け取る物質(電子対受容体)であり，“塩基”とは電子対を与える物質(電子対供与体)である。例えば，式(6.9)の反応において，非共有電子対をもつ $:NH_3$ は水素イオン H^+ に電

子対を供与して N-H 結合を形成することから，NH_3 はルイス塩基（Lewis base）である。

$$H{:}\ddot{\underset{..}{Cl}}{:} \;+\; {:}NH_3 \longrightarrow [NH_4]^+ \;+\; {:}\ddot{\underset{..}{Cl}}{:}^- \qquad (6.9)$$

ルイスの定義を用いると，水素イオン H^+ の移動をともなわない反応にも酸と塩基の定義を適用できる。例えば，BF_3 と NH_3 の反応においては，$:NH_3$ の非共有電子対を BF_3 に供与することで結合を形成するが，この反応において，電子対を受け取る BF_3 はルイス酸（Lewis acid）であり，電子対を供与する NH_3 はルイス塩基である。

$$BF_3 \;+\; {:}NH_3 \longrightarrow F_3B{-}NH_3 \qquad (6.10)$$

さらに，第4章で述べた金属錯体もルイス酸とルイス塩基の反応と考えることができる。このとき電子対を供与する配位子がルイス塩基であり，電子対を受け取る金属イオンがルイス酸である。例えば，以下の反応において，電子対を供与する Cl^- がルイス塩基であり，電子対を受け取る Ag^+ がルイス酸である。

$$Ag^+ + 2Na{:}\ddot{\underset{..}{Cl}}{:} \longrightarrow 2Na^+ + [{:}\ddot{\underset{..}{Cl}}{-}Ag{-}\ddot{\underset{..}{Cl}}{:}]^- \qquad (6.11)$$

6.2　酸と塩基の強さ

室温において，水 H_2O は式（6.12）のようにわずかに H^+ が解離して水素イオン H^+ と水酸化物イオン OH^- を生じ，平衡状態になっている。

$$H_2O \rightleftarrows H^+ + OH^- \qquad (6.12)$$

式（6.12）において，水素イオンの濃度を $[H^+]$，水酸化物イオンの濃度を $[OH^-]$ とすると，それぞれの濃度の積 $[H^+][OH^-]$ は一定であり，以下の式で表される。

$$[H^+][OH^-] = K_W \qquad (6.13)$$

ここで，K_W を水のイオン積（ionic product of water）という。$[H^+]$ と $[OH^-]$ は純水中では等しく，25℃ ではいずれも 1.0×10^{-7} mol/L である。すなわち，25℃ においては式（6.12）の平衡はほとんど左に偏っており，純水中で解離している H^+ と OH^- はごく一部である。また，このとき水のイオン積 K_W は以下の式で表すことができる。

$$K_W = [H^+][OH^-] = (1.0 \times 10^{-7}\ \text{mol/L})^2 = 1.0 \times 10^{-14}\ (\text{mol/L})^2 \qquad (6.14)$$

この式は，純水だけでなく様々な水溶液においても成り立つ。中性の水溶液では $[H^+]$ と $[OH^-]$ が等しく，酸性水溶液では $[H^+]$ が $[OH^-]$ より大きく，塩基性水溶液では［OH^-］が［H^+］より大きい。ただし，いずれの溶液においても［H^+］と［OH^-］の積は一定である。

また，水溶液の酸性・塩基性の強さを表すために，水溶液中の H^+ のモル濃度［H^+］を利用する。ただし，［H^+］は極めて小さい値を示すことが多いため，［H^+］の常用対数にマイナスを付けた pH で表す。

$$\mathrm{pH} = -\log_{10}[\mathrm{H^+}] \tag{6.15}$$

例えば，中性の水溶液において［H^+］は 1.0×10^{-7} mol/L であることから，pH は 7 である。酸性水溶液では［H^+］が 1.0×10^{-7} mol/L より大きいことから，pH は 7 より小さく，酸性が強くなるにつれて pH は小さくなる。また，塩基性水溶液では［H^+］が 1.0×10^{-7} mol/L より小さいことから，pH は 7 より大きく，塩基性が強くなるにつれて pH は大きくなる。

HCl や HNO_3 などの強酸は，水溶液中では H^+（実際には H_3O^+）とその対イオン（HCl ならば Cl^-）とに完全に解離するため，酸の濃度が高い水溶液中の［H^+］は強酸の濃度に等しいとみなすことができる。したがって，例えば 0.1 mol/L の塩酸の pH は 1 であり，0.01 mol/L の塩酸水溶液の pH は 2 である。ただし，酸の濃度が極めて希薄な場合（おおよそ 10^{-6} mol/L 以下）は水の H^+ と OH^- への自己解離による影響が無視できなくなるので，このときは水の解離も考慮する必要がある（問題 6.2(b)）。一方，NaOH や KOH のような強塩基の水溶液では OH^- はその対イオンと完全に解離している。したがって，例えば 0.1 mol/L の NaOH 水溶液では，式(6.14)より［H^+］は 1×10^{-13} mol/L になるため pH は 13 であり，0.01 mol/L の NaOH 水溶液では，式(6.14)より［H^+］は 1×10^{-12} mol/L になるため pH は 12 である。酸と同様に，塩基の濃度が極端に希薄な場合は，水の自己解離も考慮する必要がある。

弱酸においては水中で H^+ は部分的にしか解離しないため，**酸解離定数**（acidity constant）K_a を考慮する必要がある。式(6.1)の平衡反応における酸解離定数 K_a は以下の式で定義される。

$$K_\mathrm{a} = \frac{[\mathrm{H^+}][\mathrm{A^-}]}{[\mathrm{HA}]} \tag{6.16}$$

例えば，25℃ の酢酸 CH_3COOH 水溶液において，H^+ の解離反応は式(6.17)の平衡反応で表せる。酢酸の酸解離定数 K_a が 1.8×10^{-5} であるとき，K_a は式(6.18)で表すことができる。

$$\mathrm{CH_3COOH} \rightleftarrows \mathrm{CH_3COO^-} + \mathrm{H^+} \tag{6.17}$$

$$K_\mathrm{a} = \frac{[\mathrm{H^+}][\mathrm{CH_3COO^-}]}{[\mathrm{CH_3COOH}]} = 1.8\times10^{-5} \tag{6.18}$$

0.10 mol/L の酢酸水溶液では，水の自己解離で発生する［H^+］を無視すると，平衡状態における［H^+］と［CH_3COO^-］は等しい。さらに，CH_3COOH の酸解離定数が小さいために，平衡状態において解離した［H^+］は初期状態の［CH_3COOH］に比べて無視できるほど小さい。すなわち，平衡状態における［CH_3COOH］は初期状態の［CH_3COOH］である 0.10 mol/L とほぼ等しいと考えることができる。ここで，式(6.18)を用いると，$[\mathrm{H^+}]^2 = 1.8\times10^{-6}$ となり，この酢酸水溶液の［H^+］は 1.34×10^{-3} mol/L，式(6.15)より pH＝2.9 となる。同様に，0.010 mol/L の酢酸水溶液では，［H^+］は 4.24×10^{-4} mol/L であり，pH＝3.4 となる。

一方，塩基を B としたとき，B の水溶液の平衡反応を式(6.19)で表すと，この反応の**塩基解離定数**(basic dissociation constant) K_b は式(6.20)で定義される(ここで，水は溶媒なので式(6.20)からは除かれる)。

$$B + H_2O \rightleftarrows BH^+ + OH^- \quad (6.19)$$

$$K_b = \frac{[BH^+][OH^-]}{[B]} \quad (6.20)$$

B の共役酸である BH^+ の酸解離定数 K_a は式(6.21)で表すことができるため，$K_a\times K_b$ は式(6.22)の関係を有する。

$$K_a = \frac{[H^+][B]}{[BH^+]} \quad (6.21)$$

$$K_a\times K_b = \frac{[H^+][B]}{[BH^+]}\times\frac{[BH^+][OH^-]}{[B]} = [H^+][OH^-] = K_W \quad (6.22)$$

また，酸解離定数 K_a や塩基解離定数 K_b も水素イオン濃度［H^+］と同様に非常に小さな値であることが多いので，式(6.23)や式(6.24)の関係を用いて pK_a や pK_b で表されることが多い。このとき，pK_a と pK_b とのあいだには式(6.25)の関係がある。

$$pK_a = -\log_{10} K_a \quad (6.23)$$

$$pK_b = -\log_{10} K_b \quad (6.24)$$

$$pK_a + pK_b = pK_W = 14.0 \quad (6.25)$$

いま，式(6.6)の平衡反応において，25℃ で 0.10 mol/L のアンモニア水溶液の塩基解離定数 K_b を 1.8×10^{-5} としたとき，水の自己解離で発生する［OH^-］を無視し，平衡状態における水溶液中の［NH_3］が初期状態の［NH_3］である 0.10 mol/L とほぼ等しいとしたとき，［OH^-］は 1.34×10^{-3} mol/L となる。このとき，式(6.22)の関係を用いると［H^+］は 7.46×10^{-12} mol/L なので，pH は 11.1 になる。

次に，酸と塩基の強さについて考えてみる。酸の強さは H^+ の解離のしやすさであるため，酸解離定数 K_a を酸の強さの指標とすることができる。すなわち，K_a が大きい酸(pK_a が小さな酸)が強い酸であり，K_a が小さい酸(pK_a が大きい酸)が弱い酸である。同様に，塩基の強さは塩基解離定数 K_b を指標とすることができるが，一般的には K_a や pK_a が用いられることが多い。すなわち，塩基の共役酸の酸解離定数 K_a がわかれば，塩基解離定数 K_b にも容易に換算できるため，酸と塩基の強さを K_a や pK_a のみで表現することができる。表 6.1 は様々な酸や塩基(共役酸)の pK_a を示している。pK_a が小さい酸は強い酸であり，pK_a が大きくなるにつれて酸性が弱まり，(共役塩基の)塩基性が強くなる。

より具体的にどのような物質が酸として強く，どのような物質が塩基として強いのか，分子の視点で考えてみる。酸の強さ，すなわち水素イオン H^+ の解離のしやすさは，水素イオン H^+ とそれと結合する陰イオンもしくは分子の結合の強さで決まる。例えば式(6.7)の反応において，HA の結合の強さが酸の強さを決める。HA の結合が弱いと H^+ は A^- から解離しやすく HA は強い酸となり，HA の結合が強いと H^+ は A^- から解離しにくく HA は弱い酸となる。一方，塩基の強さは式(6.7)において生成する BH^+ の結合の強さに依存する。生成する BH^+ の結合が強いと B は H^+ を HA から引き抜く力が強いため強い塩基となり，生成する BH^+ の結合が弱い場合，B は H^+ を HA から引き抜く力が弱いため弱い塩基となる。

HA および BH^+ の結合の強さは様々な要因によって決まる。その一つが A^- のイオン半径もしくは B の原子半径である。例えば HA において A^- のイオン半径が小さいほど A^- と H^+ 間にはたらくクーロン相互作用が大きくなるため，HA 間の結合が強くなり，H^+ は解離しにくくなる。すなわち，酸性が弱くなる。例えばハロゲン化水素では，小さなイオン半径を有する F^- と H^+ からなるフッ化水素 HF は最も酸性が弱く，弱酸である($pK_a = 2.97$)のに対し，他のハロゲン化水素は強酸である。

H_2SO_4 や HNO_3 のように中心原子に OH や O が結合している酸をオキソ酸というが，このオキソ酸では中心原子の電気陰性度が大きいほど強い酸である。例えば，H_3PO_4，H_2SO_4，$HClO_4$ を比べたとき，電気陰性度の最も大きい塩素原子 Cl が電子を強く引き付けるため，オキソ酸の酸素 O と H^+ の結合に関与する電子対が酸素原子に引き寄せられ，H^+ が解離しやすくなる。そのため，$HClO_4$ が最も強い酸となり，H_2SO_4，H_3PO_4 の順に弱くなる。また，酸素数の異なるオキソ酸では，酸素の数が増えるに従い，酸性が強くなる。例えば，塩素のオキソ酸では，酸素の数の少ない次亜塩素酸 HClO から亜塩素酸 $HClO_2$，塩素酸 $HClO_3$，過塩素酸 $HClO_4$ と塩素原子に結合する酸素原子の数が増えるにつれて，酸性が強くなる。これは電気陰性度の大きい酸素原子が Cl に結合するにつれて，電子が酸素原子に引っ張られ，酸素 O と H の結合に関与する電子対も酸素 O に引き付けられることで，H^+ が解離しやすくなるためである。もしくは，次亜塩素酸 HClO，亜塩素 $HClO_2$，塩素酸 $HClO_3$，過塩素酸 $HClO_4$ の塩素 Cl の形式的な酸化数は，酸素原子を −2 価としたとき，それぞれ +1 価，+3 価，+5 価，+7 価であり，そのためプラスの電荷をもつ H^+ が解離しやすくなるとも考えることもできる。

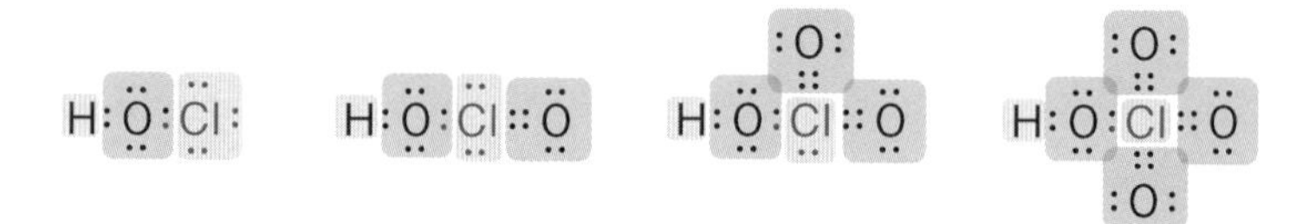

図 6.1　塩素のオキソ酸のルイス構造式

表 6.1　様々な酸の酸解離定数 pK_a（化学便覧 基礎編 改訂 6 版 より引用）

		pK_a
硫酸　H_2SO_4	$H_2SO_4 \rightleftarrows H^+ + HSO_4^-$	−3.29
硝酸　HNO_3	$HNO_3 \rightleftarrows H^+ + NO_3^-$	−1.43
シュウ酸　$H_2C_2O_4$	$H_2C_2O_4 \rightleftarrows H^+ + HC_2O_4^-$	1.04
フッ化水素　HF	$HF \rightleftarrows H^+ + F^-$	2.97
ギ酸　HCOOH	$HCOOH \rightleftarrows H^+ + HCOO^-$	3.54
セレン化水素　H_2Se	$H_2Se \rightleftarrows H^+ + HSe^-$	3.81
安息香酸　C_6H_5COOH	O OH ⇌ O O$^-$ + H^+	4.00
アニリン　$C_6H_5NH_2$	NH_3^+ ⇌ NH_2 + H^+	4.72
酢酸　CH_3COOH	$CH_3COOH \rightleftarrows H^+ + CH_3COO^-$	4.76
ピリジン　C_5H_5N	H^+ N ⇌ N + H^+	5.67
硫化水素　H_2S	$H_2S \rightleftarrows H^+ + HS^-$	6.90
アンモニア　NH_3	$NH_4^+ \rightleftarrows H^+ + NH_3$	9.46

6.3　硬い酸，硬い塩基，軟らかい酸，軟らかい塩基

ルイスの定義では，水素イオン H^+ の移動をともなわない反応にも酸と塩基の定義を適用できる。例えば式(6.10)の反応では，電子対を受け取る BF_3 がルイス酸であり，電子対を供与する NH_3 がルイス塩基であるが，BF_3 の酸の強さは BF_3 と NH_3 間の結合の強さで決まる。また，金属錯体において，金属イオンと配位子との結合は，ルイス酸とルイス塩基の結合とみなすことができる。このルイス酸とルイス塩基の結合の強さを考えるうえでの指標となるものの一つに **HSAB**（Hard and Soft Acids and Bases）とよばれる概念がある。HSAB によると「硬い酸」と「硬い塩基」どうし，もしくは「軟らかい酸」と「軟らかい塩基」どうしは相性が良く，強い結合を形成する。ここで，“硬い酸・塩基”とは比較的原子半径，イオン半径の小さな酸・塩基である。これらの結合はイオン結合に近く，お互いの原子半径もしくはイオン半径が小さいほど，クーロン相互作用が大きくなり，強い結合を形成する。一方，“軟らかい酸・塩基”とは原子半径もしくはイオン半径が大きな酸・塩基であり，これらの酸・塩基では電子雲が広がっているため，軌道の重なりが大きく，強い結合を形成する。硬い酸と軟らかい塩基，もしくは軟らかい酸と硬い塩基の組合せでは，お互いの相性が良くないために相互作用は弱い。

表6.2 硬い酸・塩基と軟らかい酸・塩基

硬い酸	中間の酸	軟らかい酸	硬い塩基	中間の塩基	軟らかい塩基
H^+, Li^+, Na^+ K^+, Mg^{2+}, Ca^{2+} Cr^{3+}, Mn^{2+} Fe^{3+}, Co^{3+} Al^{3+}, Ti^{4+}	Fe^{2+}, Co^{2+} Ni^{2+}, Cu^{2+} Zn^{2+}, Pb^{2+} Sn^{2+}, Bi^{3+}	Cu^+, Ag^+ Au^+, Hg^+ Pd^{2+}, Pt^{2+}	H_2O, OH^- $CO_3{}^{2-}$, $SO_4{}^{2-}$ $ClO_4{}^-$, NH_3, F^-, Cl^-, RO^- $NO_3{}^-$, CH_3COO^-	$NO_2{}^-$, Br^- $SO_3{}^{2-}$ アニリン ピリジン	RSH, RS^- S^{2-}, CN^- CO, I^- R_2S, SCN^- R_3P, $(RO)_3P$

6.4 緩衝溶液

酸と塩基を反応させると，水と塩(solt)が生じる。例えば，塩酸と当量の水酸化ナトリウム NaOH 水溶液を反応させると，水 H_2O と NaCl(塩)が生じ，酸もしくは塩基としての性質が失われ，水溶液は中性になる。このような反応を**中和反応**(neutralization reaction)という。弱酸とその塩の混合水溶液，もしくは弱塩基とその塩の混合水溶液は**緩衝溶液**(buffer solution)とよばれ，この溶液に少量の強酸や強塩基を加えても pH があまり変化しない。以下に弱酸とその塩の緩衝溶液の例として酢酸と酢酸ナトリウムの反応を示す。

$$CH_3COOH \rightleftarrows H^+ + CH_3COO^- \tag{6.26}$$

$$CH_3COONa \rightleftarrows Na^+ + CH_3COO^- \tag{6.27}$$

酢酸は弱酸であるため，水溶液中ではほとんど解離せず，ほとんど酢酸として存在している。一方，酢酸ナトリウムは水溶液中で完全に Na^+ と CH_3COO^- に解離しているため，この水溶液中には酢酸と酢酸イオンが大量に存在している。この酢酸と酢酸ナトリウムの緩衝溶液に少量の強酸を加えたとき，加えた強酸の水素イオン H^+ は酢酸イオンと反応して酢酸になるため，水溶液中の $[H^+]$ は加えた強酸の当量ほど水溶液中で増加しない。例えば，酢酸 1.0×10^{-2} mol と酢酸ナトリウム 1.0×10^{-2} mol を 1 L の水に溶かした酢酸と酢酸ナトリウムの緩衝溶液について考えてみる。酢酸はほぼ解離していないため，水溶液中の酢酸の濃度 $[CH_3COOH]$ は 1.0×10^{-2} mol/L と考えることができる。一方，酢酸ナトリウムは水中で完全に解離しているため，酢酸イオンの濃度 $[CH_3COO^-]$ も 1.0×10^{-2} mol/L と考えることができる。この水溶液に 1.0×10^{-3} mol の塩酸を加えたとき，塩酸は酢酸イオンと反応し，酢酸を生成するため，酢酸の濃度 $[CH_3COOH]$ は 1.1×10^{-2} mol/L，酢酸イオンの濃度 $[CH_3COO^-]$ は 9.0×10^{-3} mol/L になる。ここで，式(6.18)を用いると水素イオン濃度 $[H^+]$ は 2.2×10^{-5} mol/L となり，pH = 4.66 となる。これは塩酸を加える前の pH = 4.74 ($[H^+] = 1.8\times10^{-5}$ mol/L)と極めて近い値である。また，純水 1 L に 1.0×10^{-3} mol の塩酸を加えたときの $[H^+]$ は 1.0×10^{-3} mol/L であるため，pH は 3.0 となり，緩衝溶液に塩酸を加えたときに比べて pH が著しく小さくなることがわかる。酢酸と酢酸ナトリウムの緩衝溶液に少量の水酸化ナトリウムのような強塩基を加えたときも同様に，水酸化物イオン OH^- は緩衝溶液中の酢酸と反応してしまい，溶液中の $[OH^-]$ は加えた塩基の当量ほど増加しない。

次に，弱塩基とその塩の緩衝溶液としてアンモニア NH_3 と塩化アンモニウム NH_4Cl の例を示す。

$$NH_3 + H_2O \rightleftarrows NH_4^+ + OH^- \tag{6.28}$$

$$NH_4Cl \rightleftarrows NH_4^+ + Cl^- \tag{6.29}$$

弱酸とその塩の緩衝溶液のときと同様に，水溶液中には大量のアンモニア NH_3 とアンモニウムイオン NH_4^+ が存在しているため，強酸を加えるとアンモニア NH_3 と反応し，強塩基を加えるとアンモニウムイオン NH_4^+ と反応することから，水溶液中の $[H^+]$ や $[OH^-]$ は加えた強酸や強塩基の当量ほどは変化せず，pH はあまり変化しない。

緩衝溶液の濃度と pH の関係はヘンダーソン・ハッセルバルヒ(Henderson-Hasselbalch)の式として知られている。弱酸 HA とその塩 NaA の緩衝溶液では，弱酸 HA の初期濃度を C_a，その塩の初期濃度を C_b，電離度を α とすると，以下の式で表すことができる。

$$K_a = \frac{[H^+][A^-]}{[HA]} = \frac{[H^+](\alpha C_a + C_b)}{(1-\alpha)C_a} \tag{6.30}$$

$$[H^+] = K_a \times \frac{(1-\alpha)C_a}{\alpha C_a + C_b} \tag{6.31}$$

ただし，通常緩衝溶液において，$\alpha \ll 1$，$\alpha C_a \ll C_b$ であることから，式(6.32)が求められ，この式を用いることで緩衝溶液の pH を簡単に求めることができる。

$$[H^+] = K_a \times \frac{C_a}{C_b} \tag{6.32}$$

$$pH = pK_a + \log_{10}\left(\frac{C_b}{C_a}\right) \tag{6.33}$$

コラム

上述のように金属錯体における金属イオンと有機配位子の相互作用はルイス酸とルイス塩基の結合である。本章で述べたとおり，様々な金属イオンと有機配位子の組合せにより実現できる金属錯体は，SDGs における「3. すべての人に健康と福祉を」「7. エネルギーをみんなにそしてクリーンに」「9. 産業と技術革新の基盤を作ろう」などの目標に対して貢献できる材料である。

この金属錯体を，生物は生体内で生命活動を維持するために効果的に利用している。例えば，血液の酸素を運搬するタンパク質であるヘモグロビンにはポルフィリンという有機配位子を含む鉄錯体が含まれ，この鉄錯体の鉄イオンに酸素分子が結合することで，体中に酸素が運搬される。このとき，鉄イオンと酸素の結合がそれほど強くなく，可逆的に脱着できるために，酸素を必要とする体内の器官に酸素を運搬することができる。また，最近では光合成における水の酸化に，4 個のマンガンイオンと 1 個のカルシウムイオンからなるマンガンクラスターが関与していることがわかってきた。水の酸化反応は 2 分子の水から一度に 4 電子を引き抜く必要があり，人工的には非常に困難であるが，植物はマンガンクラスターを利用することで水の酸化反応を実現している。このように植物が太陽光を利用して効率良く光合成により有機物を生成する反応を模倣して，人工的に光エネルギーを利用した人工光合成の研究も様々な分野で活発に行われている。

物質を分子レベルで設計することができる「化学」は，SDGsの達成に向けて今後ますます重要になってくる。

章末問題

問題 6.1　以下の反応式の左辺の物質の共役酸もしくは共役塩基を記せ。

(a) $H_2C_2O_4 + H_2O \rightleftarrows H_3O^+ + HC_2O_4^-$

(b) $NH_3 + HCOOH \rightleftarrows NH_4^+ + HCOO^-$

(c) $C_5H_5N + H_2O \rightleftarrows C_5H_5NH^+ + OH^-$

問題 6.2　以下の水溶液の pH を計算せよ。

(a) 0.010 mol/L の硝酸水溶液

(b) 1.0×10^{-7} mol/L の硝酸水溶液

(c) 0.010 mol/L のギ酸水溶液 ($K_a = 2.9 \times 10^{-4}$)

問題 6.3　pH = 2.0 の塩酸を水で 100 倍に希釈したときの pH を計算せよ。

問題 6.4　ピリジンの pK_a を 5.67 としたとき，0.010 mol/L のピリジン水溶液の $[OH^-]$ を計算せよ。

問題 6.5　以下の組において，酸の強さの順を推察せよ。

(a) HF，HCl，HBr

(b) H_3PO_4，H_2SO_4，$HClO_4$

(c) H_2SO_2，H_2SO_3，H_2SO_4

問題 6.6　以下の反応式において，ルイス酸とルイス塩基をそれぞれ記せ。

(a) $HCl + NH_3 \rightleftarrows NH_4Cl$

(b) $Zn^{2+} + 4OH^- \rightleftarrows [Zn(OH)_4]^{2-}$

(c) $Fe^{3+} + 6H_2O \rightleftarrows [Fe(H_2O)_6]^{3+}$

問題 6.7　以下の平衡反応は左右どちらに偏るか？推察せよ。

(a) $NaI + CuCl \rightleftarrows NaCl + CuI$

(b) $NiS + Mg(NO_3)_2 \rightleftarrows Ni(NO_3)_2 + MgS$

(c) $[Ag(CN)_2]^- + 2LiF \rightleftarrows [AgF_2]^- + 2LiCN$

問題 6.8　酢酸の pK_a を 4.76 としたとき，0.01 mol/L の酢酸 100 mL と 0.01 mol/L の酢酸ナトリウム水溶液 300 mL を混合して得られる水溶液の pH を計算せよ。

7　酸化と還元

【この章の到達目標とキーワード】
・元素の酸化数を数えることができる。
・酸化還元反応を理解する。
・標準電極電位を理解する。
・様々な一次電池，二次電池の構造と動作機構を理解する。

キーワード：酸化数，酸化剤，還元剤，イオン化傾向，標準電極電位，一次電池，二次電池

7.1　物質の酸化と還元

物質に含まれる元素はそれぞれの元素によって決まったいくつかの酸化状態をとることができる。例えば，水 H_2O の酸素の酸化数は -2 価であるが，過酸化水素 H_2O_2 の酸素の酸化数は -1 価であり，酸素分子 O_2 の酸素の酸化数は 0 価である。このとき，H_2O，H_2O_2，O_2 をそれぞれルイス構造式で表すと以下の図 7.1 ようになる。ここで H^+ として遊離可能な水素 H の電子を酸素 O に割り振ると(すなわち H^+ を $+1$ 価とする)，H_2O の酸素は 8 個の電子を，H_2O_2 の酸素は 7 個の電子を，O_2 の酸素は 6 個の電子をもつため，酸素原子の形式的な酸化数はそれぞれ -2 価，-1 価，0 価である(酸素の電子は 6 個で中性の 0 価)。

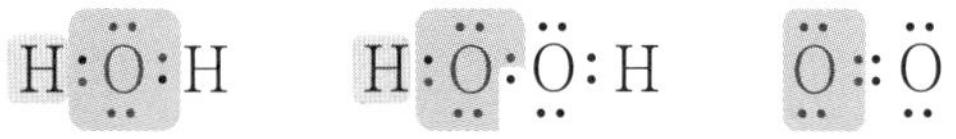

H:Ö:H　　H:Ö:Ö:H　　Ö::Ö

図 7.1　H_2O，H_2O_2，O_2 のルイス構造式

元素の組合せにより構成される物質も様々な酸化状態をとることができるため，電子を受け取りやすい物質(電子受容体)と電子を与えやすい物質(電子供与体)が存在しうる。この電子受容体と電子供与体が近接したとき，それら物質間での電子の授受(電子移動)が起こり，それぞれの酸化状態が変化することがある。この反応を**酸化還元反応**(redox reaction)という。例えば，酸素 O_2 は水素 H_2 と反応して水 H_2O を生じるが，このとき酸素分子の 0 価の酸素原子が -2 価の酸素原子に変化している。すなわち，酸素分子が電子受容体であり，水素分子が電子供与体であり，反応によって水素分子から酸素分子への電子移

動が起きる。このとき，酸素分子が還元され，水素分子が酸化され，新たに水分子が生成している。この反応において，電子を受け取る酸素分子を**酸化剤**(oxidizer)，電子を与える水素分子を**還元剤**(reductant)とよぶ。

$$2H_2 + O_2 \rightarrow 2H_2O \tag{7.1}$$

歴史的にはラボアジェ(de Lavoisier, A.L., 1743-1794)が物質が酸素と結び付く反応を酸化と定義している。この概念によると，酸素を与える物質が酸化剤であり，酸素を引き抜く物質が還元剤である。式(7.1)の反応では水素 H_2 に酸素 O を与えて水 H_2O が形成するため，酸素分子 O_2 が酸化剤であり，水素は酸素を引き抜いて水 H_2O を形成するため，水素分子 H_2 が還元剤である。もしくは，水素を与える物質を還元剤ということもできる。表 7.1 に様々な酸化還元反応を例示する。例えば酸化銅 CuO と水素 H_2 の反応では，酸化銅 CuO の Cu は水素 H_2 に酸素 O を与えているため酸化剤である。また，この反応で銅 Cu は+2 価から 0 価に変化している。すなわち，酸化銅 CuO の Cu が水素 H_2 から 2 電子受け取っている(還元されている)ため CuO は酸化剤である。水素 H_2 は水 H_2O の生成にともない 0 価から +1 価に変化している。このとき，水素 H_2 が 2 電子を酸化銅 CuO に与えている(酸化されている)ため還元剤である。

表 7.1 酸化還元反応の例

酸化還元反応	酸化剤(酸化数の変化)	還元剤(酸化数の変化)
$CuO + H_2 \rightarrow Cu + H_2O$	CuO(Cu; +2 価 →0 価)	H_2(H; 0 価 → +1 価)
$2CuO + C \rightarrow 2Cu + CO_2$	CuO(Cu; +2 価 →0 価)	C(C; 0 価 → +4 価)
$H_2S + Cl_2 \rightarrow 2HCl + S$	Cl_2(Cl; 0 価 → −1 価)	H_2S(S; −2 価 →0 価)
$2KI + Cl_2 \rightarrow I_2 + 2KCl$	Cl_2(Cl; 0 価 → −1 価)	KI(I; −1 価 →0 価)
$2Ca + O_2 \rightarrow 2CaO$	O_2(O; 0 価 → −2 価)	Ca(Ca; 0 価 → +2 価)
$2Na + 2H_2O \rightarrow 2NaOH + H_2$	H_2O(H; +1 価 →0 価)	Na(Na; 0 価 → +1 価)
$3Fe + 4H_2O \rightarrow Fe_3O_4 + 4H_2$	H_2O(H; +1 価 →0 価)	Fe(Fe; 0 価 → +2 価と +3 価)
$Fe + 2HCl \rightarrow FeCl_2 + H_2$	HCl(H; +1 価 →0 価)	Fe(Fe; 0 価 → +2 価)
$Zn + CuSO_4 \rightarrow ZnSO_4 + Cu$	$CuSO_4$(Cu; +2 価 →0 価)	Zn(Zn; 0 価 → +2 価)
$3Cu + 8HNO_3 \rightarrow 3Cu(NO_3)_2 + 4H_2O + 2NO$	HNO_3(N; +5 価 → +2 価)	Cu(Cu; 0 価 → +2 価)
$Cu + 4HNO_3 \rightarrow Cu(NO_3)_2 + 2H_2O + 2NO_2$	HNO_3(N; +5 価 → +4 価)	Cu(Cu; 0 価 → +2 価)

酸化還元反応において，遷移金属元素は重要な役割を果たす。遷移元素の金属イオンの多くはいくつかの酸化状態をとることができる。例えば，鉄 Fe は 0 価と +2 価と +3 価，銅 Cu は 0 価と +1 価と +2 価など，それぞれの遷移元素のよって決まった酸化状態をとることができる。これは遷移元素の金属イオンにおいては，酸化還元に関与する電子が，エネルギー準位に近接した 5 つの d 軌道内に存在するため，電子の出し入れによって金属イオンのエネルギー自体があまり変化しないことがおもな要因である。

7.2 イオン化傾向と標準電極電位

酸化還元反応が起こるとき，物質間での電子移動が起こる。酸化されやすい物質とは電子を失いやすい物質であり，還元されやすい物質は電子を受け取りやすい物質である。分子やイオンの場合，**HOMO**[*1]のエネルギー準位が高い(イオン化エネルギーの小さい)分子やイオンは，電子を放出して自身が酸化されやすく，還元されやすい物質が近接したときには電子を受け渡す還元剤としてふるまう。一方，**LUMO**のエネルギー準位が低い(電子親和力の大きい)分子やイオンは，電子を受け取りやすいため，酸化されやすい物質が近くに存在すると電子を引き抜く酸化剤としてふるまう(図 7.2)。

＊1 **HOMO** (Highest Occupied Molecular Orbital; 最高被占軌道)は電子の詰まった最も高い分子軌道であり，**LUMO** (Lowest Unoccupied Molecular Orbital; 最低空軌道)は電子の詰まっていない最も低い分子軌道である。分子性の物質の性質は HOMO と LUMO 近辺の分子軌道の形とそれぞれのエネルギーで決まるため，物質の HOMO と LUMO の軌道の形やエネルギーを知ることは極めて重要である。(p.154 も参照)

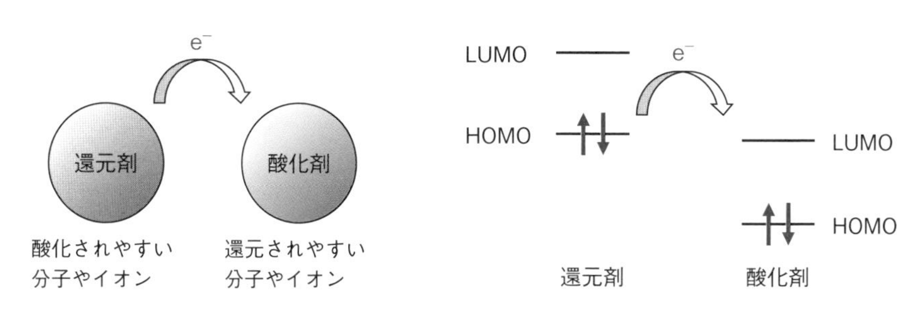

図 7.2 分子間での酸化還元と電子の移動

金属単体と分子やイオンとのあいだでの電子移動の起こりやすさは，分子やイオンの HOMO と LUMO のエネルギー準位に対する金属のフェルミ準位[*2]を考えることで理解ができる。フェルミ準位の高い金属は LUMO の低い分子やイオンと接触すると電子を与えて還元する。例えば，フェルミ準位の高いナトリウムなどの金属は様々な分子の還元剤として利用される。一方，フェルミ準位の低い金属(例えば金や銀など)は安定であり，分子やイオンとは反応しにくい。

＊2 金属における電子の詰まった最もエネルギーの高い順位であり，図 5.10 においては，伝導体(金属)のバンドの伝導帯と価電子帯の境界のエネルギー準位である。

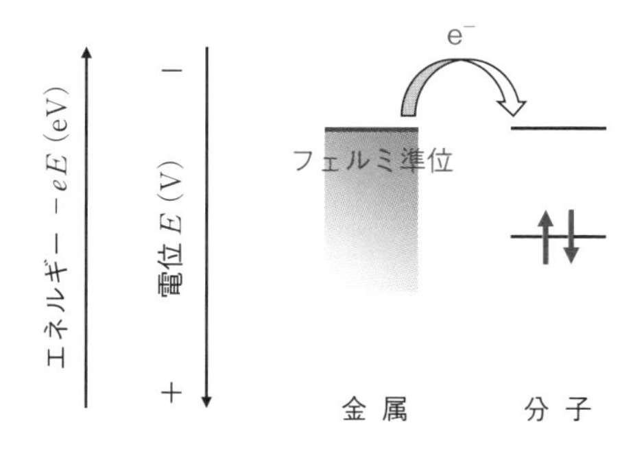

図 7.3 金属単体による分子の還元

このように，金属のフェルミ準位の高さは金属と分子の酸化還元を考えるうえでわかりやすく，目安として用いることができるが，実際の溶液中での反応性に関しては，イオン化傾向や標準電極電位を用いるのが一般的であり，理解

Li K Ca Na Mg Al Zn Fe Ni Sn Pb (H_2) Cu Hg Pt Au

図 7.4 金属のイオン化傾向

しやすい。そこでまずはじめに，金属単体の酸化のされやすさを表す指標としてよく使われる**イオン化傾向**(ionization tendency)について説明する。

フェルミ準位が高い金属はイオン化傾向が高い傾向にあり，空気や水，酸などと反応して容易に酸化される。例えば，Li, K, Ca, Na は空気中で容易に酸化され酸化物や過酸化物になる。また，Li, K, Ca, Na は水と激しく反応して水素 H_2 が発生する。このとき，これら金属元素は水に電子を受け渡して水酸化物になる。Al, Zn, Fe は Li, K, Ca, Na に比べるとイオン化傾向が小さいために常温の水とはなかなか反応せず，高温の水蒸気と反応して水素 H_2 が発生する。また，塩酸や希硫酸などの酸の水溶液中で酸化され，水素 H_2 を生じる。一方，イオン化傾向の小さい Pt や Au は単体として非常に安定である。すなわち，イオン化傾向の小さい金属はイオン化エネルギーが大きい(フェルミ準位が低い)ために，空気や水，酸やその他の酸化剤に接しても電子を失うことがなく，化合物を形成せずに単体の金属として存在できる。イオン化傾向の大きな金属をイオン化傾向の小さな金属塩を溶かした溶液に浸すと，イオン化傾向の大きな金属が酸化されてイオンになって溶液に溶け出す。このとき，溶液中のイオン化傾向の小さい金属イオンが電子を受け取り，還元されることで，単体の金属が析出する。例えば，硫酸銅 $CuSO_4$ 水溶液に亜鉛 Zn 板を浸けると，亜鉛板表面に銅 Cu が析出する。このとき，亜鉛板表面の Zn は Cu に電子を受け渡し，自身は Zn^{2+} イオンとして水溶液に溶け出す。また，H_2 よりもイオン化傾向の大きな金属は水や酸の H^+ と反応することで H_2 を発生させ，自身は酸化されて水酸化物沈殿を生成するか，イオンとして水溶液に溶け出す。しかし，H_2 よりもイオン化傾向の小さな金属は酸と反応しても水素 H_2 を発生させない。例えば，銅 Cu は希硝酸や濃硝酸と反応すると H_2 は発生せず，一酸化窒素 NO や二酸化窒素 NO_2 を発生させ，自身は Cu^{2+} として溶液に溶け出す。

酸化還元反応の起こりやすさをより定量的に取り扱うためには**標準電極電位**(standard electrode potential)を用いる。この標準電極電位は何らかの基準に対して決める必要があるが，一般に図 7.5 の右側に示す**標準水素電極**(standard hydrogen electrode, SHE)が基準として用いられる。標準水素電極の電極には多孔質の白金電極(白金黒) Pt が用いられ，これを 1 mol/L の水素イオン H^+ の水溶液[*3]に浸し，1 atm の水素 H_2 の気体を通じる。このとき，白金表面では以下の平衡が成り立ち，この還元電位を 0 V と定義する。

$$2H^+ + 2e^- \rightleftarrows H_2(g) \tag{7.2}$$

各物質の標準電極電位は標準水素電極を用いた図 7.5 のような電池の電位差から決めることができる。図 7.5 では標準水素電極の対極に亜鉛 Zn 板を用い

*3 厳密には活量 a_{H^+} が 1 の水溶液を用いる。ここで活量とは，実在溶液における実効濃度であり，溶液中で実際に反応に関与できる物質量である。実在溶液において理想溶液のずれを補正するために用いるが，希薄溶液は理想溶液に近いため，活量はほぼモル濃度に等しい。本書では活量とモル濃度が等しいものとし，以降モル濃度で記述する。

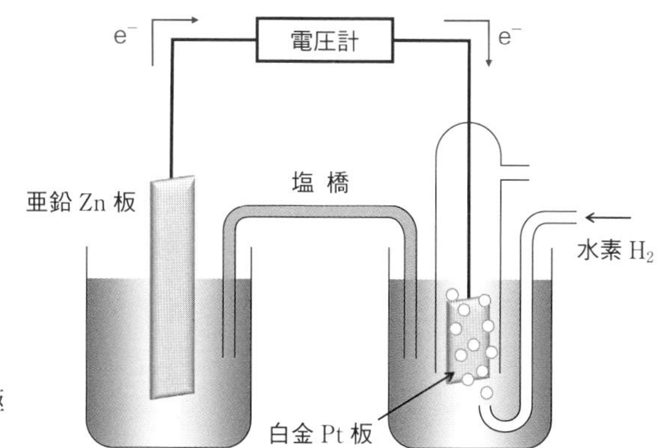

図 7.5 標準水素電極を用いた電池

ており，これを 1 mol/L の Zn^{2+} の水溶液に浸したとき，この電極間で生じた起電力を亜鉛 Zn の標準電極電位とする。この電池では，水素 H_2 よりイオン化傾向の大きな亜鉛 Zn を電極としているため，標準水素電極が正極，亜鉛 Zn 電極が負極としてふるまう。すなわち，イオン化傾向の大きな電極の亜鉛 Zn がイオン化して溶液に溶ける際に，亜鉛電極に電子を放出する。白金板ではその電子により水素イオン H^+ が還元されて H_2 が発生する。このとき観測される起電力 E^0 は 0.7626 V であり，マイナスを付けたものが亜鉛 Zn の標準電極電位になる。一方，水素 H_2 よりイオン化傾向の小さな銅 Cu を標準水素電極の対極として用いた場合，標準水素電極が負極，銅 Cu 電極が正極になる。すなわち，正極では水溶液中の銅イオン Cu^{2+} が還元され，銅板に銅 Cu の単体が析出する。銅イオン Cu^{2+} の還元に使われる電子は，負極で水素 H_2 が酸化されることで供給される。このときの電極間の起電力は 0.340 V であり，銅 Cu の標準電極電位はプラスの符号を付けて表す。表 7.2 に様々な金属の標準電極電位を示す。

表 7.2 標準電極電位（25℃）（化学便覧 基礎編 改訂 6 版 より引用）

反 応	E^0 (V)	反 応	E^0 (V)
$Li^+ + e^- \rightleftarrows Li$	−3.045	$Sn^{2+} + 2e^- \rightleftarrows Sn$	−0.1375
$K^+ + e^- \rightleftarrows K$	−2.925	$Pb^{2+} + 2e^- \rightleftarrows Pb$	−0.1263
$Ca^{2+} + 2e^- \rightleftarrows Ca$	−2.84	$2H^+ + 2e^- \rightleftarrows H_2(g)$	0.0000
$Na^+ + e^- \rightleftarrows Na$	−2.714	$Cu^{2+} + 2e^- \rightleftarrows Cu$	0.340
$Mg^{2+} + 2e^- \rightleftarrows Mg$	−2.356	$Hg_2{}^{2+} + 2e^- \rightleftarrows 2Hg(l)$	0.7960
$Al^{3+} + 3e^- \rightleftarrows Al$	−1.676	$Ag^+ + e^- \rightleftarrows Ag$	0.7991
$Zn^{2+} + 2e^- \rightleftarrows Zn$	−0.7626	$Pt^{2+} + 2e^- \rightleftarrows Pt$	1.188
$Fe^{2+} + 2e^- \rightleftarrows Fe$	−0.44	$Au^{3+} + 3e^- \rightleftarrows Au$	1.52
$Ni^{2+} + 2e^- \rightleftarrows Ni$	−0.257		

7.3 一次電池

人類は生産したエネルギーを必要なときに必要なだけ利用できるように，エネルギーを蓄えるシステムとして電池を開発してきた。電池の多くは物質の酸化還元特性を利用している。近年の電池の原形を最初に発明したのはボルタ(Volta, A., 1745-1827)であり，この電池を**ボルタ電池**(Volta cell)という。図7.6にボルタ電池の構造と動作機構を示す。ボルタ電池は負極に亜鉛Zn，正極に銅Cuを用い，これを硫酸H_2SO_4水溶液に浸したものである。負極でイオン化傾向の大きな亜鉛ZnがZn^{2+}としてH_2SO_4水溶液に溶け，その際に2電子を負極に放出する。正極ではイオン化傾向の小さな銅イオンCu^{2+}ではなく，電極近傍の水素イオンH^+が負極から来た電子を受け取り，H^+が還元されて，気体の水素H_2が発生する。(それぞれの電極での反応は表7.3に示す。) 上述のとおり，亜鉛Znの標準電極電位は−0.76 Vであり，水素Hの標準電極電位が0.00 Vであるので，標準状態におけるこの電池の起電力は0.76 Vになる。ただし，実際にはボルタ電池は電解液浸漬直後は上記の計算値より大きな1.1 Vの起電力を生じ，これが時間の経過とともに0.4 V程度まで低下する。これは，浸漬直後は銅電極表面が酸化銅で覆われており，電極表面でこの酸化銅の還元反応が最初に起こるために起電力が理論値より大きくなるといわれている。その後，電極表面の酸化銅が消費されると，水素の還元反応が行われ，起電力が低下しはじめる。

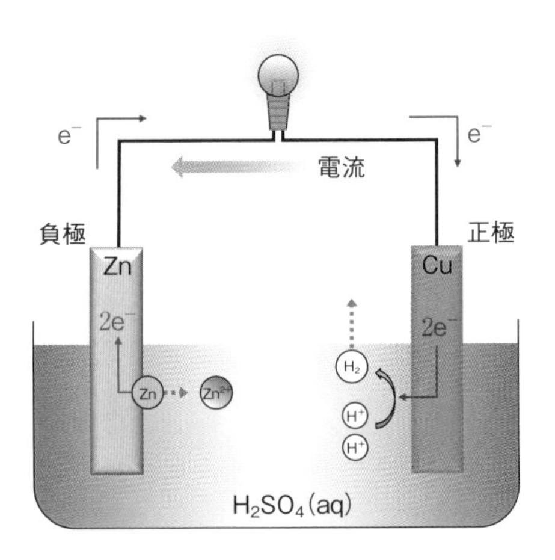

図7.6 ボルタ電池の構造と動作機構

上述のボルタ電池は，放電し続けると銅Cu電極表面に発生した水素H_2の気体が吸着してしまい，次第に起電力が低下してしまう。そこで，ダニエル(Daniell, J.F., 1790-1845)は，この問題を解決するために硫酸亜鉛$ZnSO_4$と硫酸銅$CuSO_4$の2つの水溶液を用いる電池を開発した。この電池を**ダニエル電池**(Daniell cell)という。ダニエル電池では硫酸亜鉛$ZnSO_4$の水溶液と硫酸銅$CuSO_4$の水溶液を素焼き板で仕切った容器にそれぞれ入れ，亜鉛Zn電極と銅Cu電極をそれぞれの溶液に浸す。ダニエル電池では，ボルタ電池と同様に，負極で亜鉛ZnがZn^{2+}として$ZnSO_4$水溶液に溶け，2電子を負極に放出する。

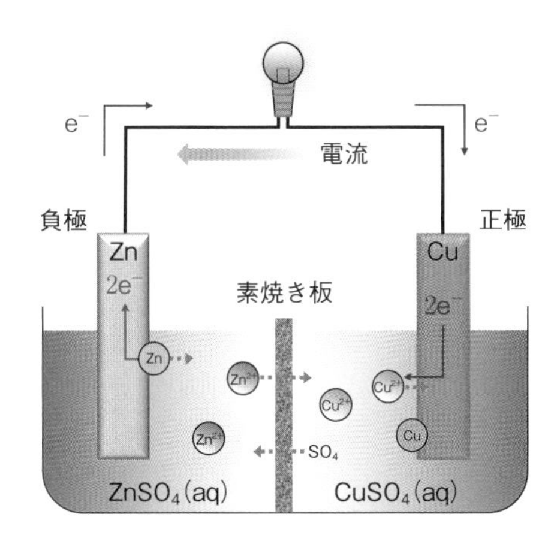

図 7.7 ダニエル電池の構造と動作機構

正極では $CuSO_4$ 水溶液中の Cu^{2+} が電極表面で Zn が放出した電子を受け取り，金属 Cu に還元されて電極表面に析出する。ここで，素焼き板は $ZnSO_4$ 水溶液と $CuSO_4$ 水溶液が直接混合するのを防ぐはたらきをしている。もし素焼き板がないと Cu^{2+} が Zn 電極表面付近まで拡散してしまうため，亜鉛 Zn が溶解する際に放出した電子を Cu^{2+} が受け取り，Zn 電極上で Cu が析出してしまい，電池として動作しなくなる。また，素焼き板の細孔はイオンが通過するのに必要である。すなわち，負極側では，電池の放電反応にともない Zn^{2+} が溶け出して増えるが，その電荷を中和するために，素焼き板を通して SO_4^{2-} を負極側の溶液に取り込む。正極側では Cu^{2+} が Cu として析出する際，溶液中の陽イオンが少なくなってしまうため，素焼き板の細孔を通して Zn^{2+} を取り込むことで，正極側の溶液の電荷を中和する。

次に，ダニエル電池の起電力について考える。ダニエル電池では，負極の亜鉛 Zn の標準電極電位が −0.76 V であり，正極の銅 Cu の標準電極電位が 0.34 V であることから，標準状態におけるこの電池の起電力は，Zn と Cu の標準電極電位の差から 1.10 V であることが予想できる(図 7.8)。

ただし，実際の電池では，温度や濃度(厳密には活量)などが標準状態と異なると，標準電極電位のみから計算される起電力(標準起電力 E^0_{cell})からのずれが生じる。このことを考慮した物質の還元電位を求める理論式をネルンスト

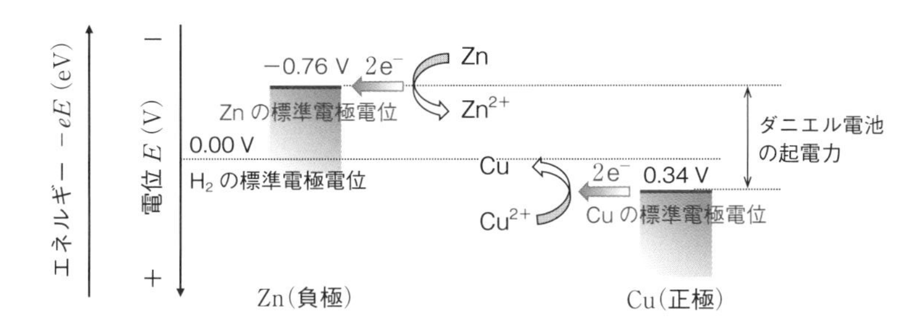

図 7.8 ダニエル電池のエネルギー準位図

(Nernst, W., 1864-1941)が提唱し，これをネルンストの式(Nernst's equation)という。式(7.3)の平衡反応において，ネルンストの式は(7.4)で表記できる。

$$\mathrm{Ox} + n\mathrm{e}^- \rightleftarrows \mathrm{Red} \tag{7.3}$$

$$E = E^0 - \frac{RT}{nF}\ln\left(\frac{[\mathrm{Red}]}{[\mathrm{Ox}]}\right) \tag{7.4}$$

ここで，Ox は酸化体，Red は還元体，n は授受される電子の数，E^0 は標準電極電位，F はファラデー定数(96485 C/mol)，R は気体定数(8.314 J/mol・K)，[Ox] は酸化体の濃度，[Red] は還元体の濃度である[*4]。いま，25℃ において $[\mathrm{Zn}^{2+}] = 1.0 \times 10^{-3}$ mol/L，$[\mathrm{Cu}^{2+}] = 1.0 \times 10^{-2}$ mol/L のダニエル電池を考える。まず式(7.4)は次の式(7.5)で表せる。

*4 本来，[Ox] は酸化体の活量 a_{Ox}，[Red] は還元体の活量 a_{Red} を用いるべきであるが，希薄溶液中では活量はモル濃度に近く，近似的にモル濃度で代用する。

$$\begin{aligned} E &= E^0 - \frac{8.31 \times 298}{n \times 96485} \times 2.30 \times \log_{10}\left(\frac{[\mathrm{Red}]}{[\mathrm{Ox}]}\right) \\ &= E^0 - \frac{0.059}{n}\log_{10}\left(\frac{[\mathrm{Red}]}{[\mathrm{Ox}]}\right) \end{aligned} \tag{7.5}$$

表 7.3 の Cu^{2+} と Zn^{2+} の還元反応における標準電極電位を用いると，Cu の電位 E_{Cu} と Zn の電位 E_{Zn} はそれぞれ以下の式で表せる。

$$E_{\mathrm{Zn}} = -0.76 - \frac{0.059}{2}\log_{10}\left(\frac{[\mathrm{Zn}]}{[\mathrm{Zn}^{2+}]}\right) \tag{7.6}$$

$$E_{\mathrm{Cu}} = 0.34 - \frac{0.059}{2}\log_{10}\left(\frac{[\mathrm{Cu}]}{[\mathrm{Cu}^{2+}]}\right) \tag{7.7}$$

ダニエル電池の起電力 E_{cell} は E_{Cu} と E_{Zn} の電位差であるため，[Cu] と [Zn] を 1 (純固体の活量は 1 と決められている)として式(7.6)と式(7.7)をまとめると以下の式で表せる。

$$\begin{aligned} E_{\mathrm{cell}} &= E_{\mathrm{Cu}} - E_{\mathrm{Zn}} \\ &= 1.10 - \frac{0.059}{2}\log_{10}\left(\frac{[\mathrm{Zn}^{2+}]}{[\mathrm{Cu}^{2+}]}\right) \end{aligned} \tag{7.8}$$

式(7.8)に $[\mathrm{Zn}^{2+}] = 1.0 \times 10^{-3}$ mol/L と $[\mathrm{Cu}^{2+}] = 1.0 \times 10^{-2}$ mol/L を代入すると，このときのダニエル電池の起電力 E_{cell} は 1.13 V と求めることができる。また，以上の式を用いると，$[\mathrm{Zn}^{2+}]$ と $[\mathrm{Cu}^{2+}]$ が等しいときは，式(7.8)の最後の項は 0 になるため，起電力は標準電極電位の差 1.10 V と等しくなることがわかる。さらに，ダニエル電池は反応が進むにつれて，$[\mathrm{Zn}^{2+}]$ が増大し $[\mathrm{Cu}^{2+}]$ が減少するため，使用し続けると起電力が低下していくことも理解できる。

表7.3 一次電池の例

電池	電池素子の構造と各電極での反応
ボルタ電池	(−)Zn│H_2SO_4 水溶液│Cu(+) (正極) Cu　$2H^+ + 2e^- \rightarrow H_2$ (負極) Zn　$Zn \rightarrow Zn^{2+} + 2e^-$
ダニエル電池	(−)Zn│$ZnSO_4$ 水溶液│$CuSO_4$ 水溶液│Cu(+) (正極) Cu　$Cu^{2+} + 2e^- \rightarrow Cu$ (負極) Zn　$Zn \rightarrow Zn^{2+} + 2e^-$
マンガン乾電池	(−)Zn│$ZnCl_2$ と NH_4Cl の混合水溶液│MnO_2·C(+) (正極) MnO_2　$MnO_2 + H^+ + e^- \rightarrow MnO(OH)$ (負極) Zn　$Zn \rightarrow Zn^{2+} + 2e^-$
アルカリマンガン乾電池	(−)Zn│KOH 水溶液│MnO_2·C(+) (正極) MnO_2　$MnO_2 + H_2O + e^- \rightarrow MnO(OH) + OH^-$ (負極) Zn　$Zn + 4OH^- \rightarrow Zn(OH)_4{}^{2-} + 2e^-$
亜鉛空気電池	(−)Zn│KOH 水溶液│O_2(+) (正極) O_2　$O_2 + 2H_2O + 4e^- \rightarrow 4OH^-$ (負極) Zn　$Zn + 2OH^- \rightarrow Zn(OH)_2 + 2e^-$
リチウム(一次)電池	(−)Li│$LiBF_4$ などを溶かした非水溶液│MnO_2(+) (正極) MnO_2　$MnO_2 + Li^+ + e^- \rightarrow LiMnO_2$ (負極) Li　$Li \rightarrow Li^+ + e^-$

7.4 二次電池

7.3節で紹介した電池は一度放電すると充電して再度使うことができない。このような電池を総称して**一次電池**(primary battery)という。一方，使い切った後でも充電することによって繰り返し利用できる電池を**二次電池**(secondary battery)といい，これらは**蓄電池**(storage battery)ともいわれている。現在おもに利用されている二次電池としては，鉛蓄電池，ニッケルカドミウム電池，ニッケル水素電池，リチウムイオン電池などがある。最も古い鉛蓄電池は1859年にプランテ(Plante, G., 1834-1889)によって発明されて以来，多くの改良が施され，現在でも自動車やバイクのバッテリーとして利用されている。ニッケルカドミウム電池はニッカド電池ともよばれ，様々な電子機器の充電用の電池として用いられてきたが，カドミウムが人体に有毒であることから現在生産量も減っている。ニッケル水素電池はニッケルカドミウム電池の負極を，水素を含む水素吸蔵合金に置き換えたものであり，自動車のバッテリーなど広く使われている。リチウムイオン電池は現時点で最も高容量な充電可能な二次電池であり，1991年から販売され，スマートフォンやパソコンなどの電子機器から自動車まで幅広く利用されている。リチウムは最も軽い金属であるため，単位質量当たりのエネルギー貯蔵量を表す質量エネルギー密度がニッケルなどの遷移金属イオンを用いた電池に比べて大きくなる。すなわち，小型で軽く容量の大きな電池を実現できる。

表 7.4 二次電池の例

電 池	電池素子の構造と各電極での反応	
鉛蓄電池	(−)Pb｜H_2SO_4 水溶液｜PbO_2(+)	
	(正極) PbO_2	$PbO_2+4H^++SO_4^{2-}+2e^- \rightarrow PbSO_4+2H_2O$
	(負極) Pb	$Pb+SO_4^{2-} \rightarrow PbSO_4+2e^-$
ニッケルカドミウム電池	(−)Cd｜KOH 水溶液｜NiO(OH)(+)	
	(正極) NiO(OH)	$NiO(OH)+H_2O+e^- \rightarrow Ni(OH)_2+OH^-$
	(負極) Cd	$Cd+2OH^- \rightarrow Cd(OH)_2+2e^-$
ニッケル水素電池	(−)MH(M＝水素吸蔵合金)｜ KOH 水溶液｜NiO(OH)(+)	
	(正極) NiO(OH)	$NiO(OH)+H_2O+e^- \rightarrow Ni(OH)_2+OH^-$
	(負極) MH	$MH+OH^- \rightarrow M+H_2O+e^-$
リチウムイオン電池	(−)C｜$LiBF_4$ などを溶かした非水溶液｜$LiCoO_2$(+)	
	(正極) $LiCoO_2$	$Li_{1-x}CoO_2+xLi^++xe^- \rightarrow LiCoO_2$
	(負極) C	$Li_xC \rightarrow C+xLi^++xe^-$

図 7.9 にリチウムイオン電池の構造を示す。リチウムイオン電池の正極にはコバルト酸リチウム($LiCoO_2$)，負極にはグラファイト(C)が主に使われている。$LiCoO_2$ のコバルト酸イオンはシート状の構造を有し，そのシート間に Li^+ イオンを取り込んだ構造をしている。初期状態では Co イオンは +3 価であるが，充電時には Co イオンが +4 価になり，電荷を補償するために Li^+ イオンが放出される。一方，負極のグラファイトもハニカム構造とよばれる六角形が組み合わさったシート状構造を形成しており，充電により電子がグラファイトに注入されると，電荷を補償するためにシート間に Li^+ イオンを取り込む。放電時には負極の Li_xC から電子と Li^+ イオンが放出され，コバルト酸リチウムが電子と Li^+ イオンを受け取りもとの状態にもどる。正極材料のコバルト酸リチウムは 1980 年にグッドイナフ(Goodenough, J., 1922−)らにより提案され現在

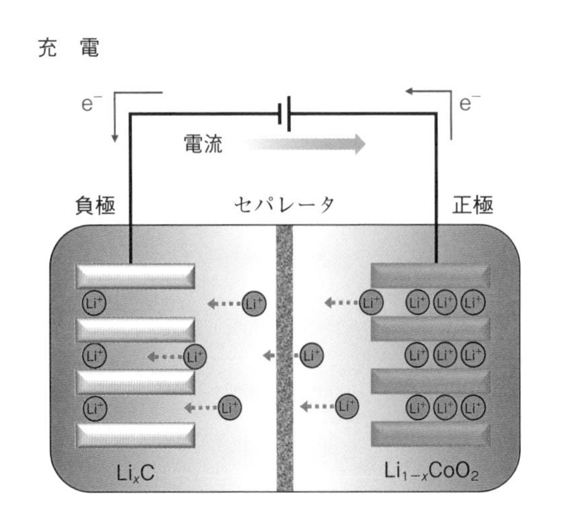

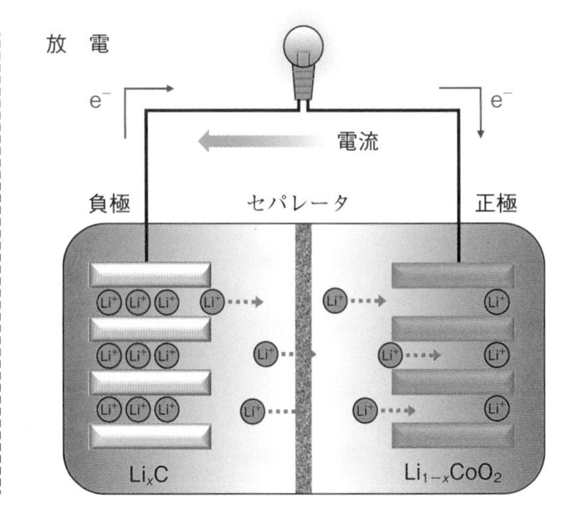

図 7.9 リチウムイオン電池の構造

でも広く利用されているが，コバルトが希少金属であることから，コバルト酸リチウムのコバルトをニッケルやマンガンに置き換えた代替材料を用いたリチウムイオン電池や，より高い安全性をもつリン酸鉄リチウム $LiFePO_4$ を用いたリチウムイオン電池も実用化している。負極材料としてはグラファイトなどの炭素材料が主に用いられているが，これらを組み合わせたリチウムイオン電池の基本概念を吉野彰(Yoshino, A., 1947-)らが確立し，実用化に至った[*5]。また，リチウムイオン Li^+ の標準電極電位は -3.045 V であり負の大きな標準電極電位をもつため，炭素材料との電位差が大きく，大きな起電力が実現できる。実際，リチウムイオン電池の起電力は最大で 3.7 V であり，ニッケル水素電池の 1.3 V に比べて 3 倍程度大きい。ただし，リチウムは容易に水を還元してしまうため，電解液に水は利用できない。現在はおもにエチレンカーボネート(EC; ethylene carbonate)，ジメチルカーボネート(DMC; dimethyl carbonate)，ジエチルカーボネート(DEC; diethyl carbonate)などの引火性有機溶媒が用いられているが，$La_{0.51}Li_{0.34}TiO_{2.94}$ や $LiAlTi(PO)_3$ などの酸化物系の固体電解質や $Li_7P_3S_{11}$ や $Li_{10}GeP_2S_{12}$ などの硫化物系の固体電解質を用いた，より高い安全性とエネルギー密度をもつ長寿命な全固体リチウムイオン電池の開発も盛んに行われている。

＊5 グッドイナフと吉野はウィッティンガム(Whittingham, S., 1941-)とともにリチウムイオン二次電池を開発したことにより 2019 年にノーベル化学賞を受賞している。

7.5 太 陽 電 池

太陽電池(solar cell)は再生可能エネルギーである太陽光を吸収し直接電力に変換できる素子であり，現在広く利用されている。太陽電池の材料としては，ケイ素(シリコン Si)や化合物半導体(GaAs や CdTe, $CuInSe_2$ (CIS), $CuIn_xGa_{1-x}Se_2$ (CIGS) など)が用いられているが，最近では有機ペロブスカイト($CH_3NH_3PbI_3$ など)とよばれる新しい有機・無機複合材料を用いた太陽電池も実用化されつつある。ただし，現在最も広く普及している太陽電池はシリコン太陽電池である。シリコン太陽電池ではケイ素に価電子が 1 つ多いリン P などをごくわずか添加した n 型半導体と，シリコンより価電子が 1 つ少ないホウ素 B などを添加した p 型半導体が用いられている(図 7.10)。

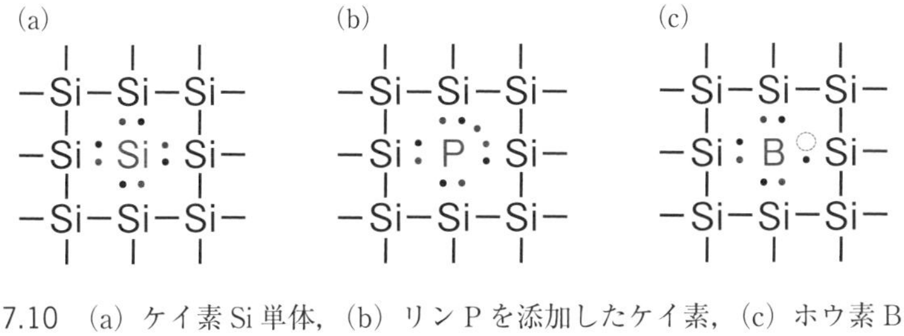

図 7.10　(a) ケイ素 Si 単体，(b) リン P を添加したケイ素，(c) ホウ素 B を添加したケイ素，それぞれのルイス構造式

シリコン太陽電池の断面構造を図7.11に示す。シリコン太陽電池の大部分はケイ素のp型半導体からなり，その上にn型半導体が積まれている。p型半導体とn型半導体の界面ではホール(正孔)と電子が消滅した空乏層という領域が生まれ，これにより電場の勾配が形成し，一方向だけに電流が流れることになる。太陽電池に太陽光が照射されると，p型半導体で生成した過剰な電子がn型半導体から表面電極に捕集され，光電流が発生する仕組みになっている。

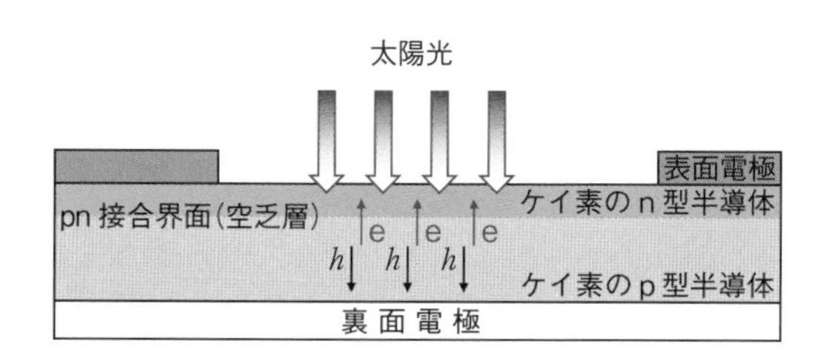

図7.11　シリコン太陽電池の断面構造

コラム

再生可能エネルギーである太陽光を二酸化炭素CO_2を排出せずに直接電力に変換できる太陽電池(ソーラーパネル)はSDGsの達成にむけて大きな役割を果たすことが期待される。しかし，現時点で様々な問題を含んでいる。例えば，ソーラーパネルの製造時に大量のエネルギーを使用し二酸化炭素CO_2が排出される点，使用後のソーラーパネルの廃棄が難しい点，発電量が天候や一日の時間帯に左右される点，メガソーラーを建設する際の環境破壊が大きい点などがよく取り上げられている。ただし，上記の問題点は最も普及しているシリコン太陽電池で起こっている問題である。

そもそも太陽電池に利用されるシリコンは，ICやLSIなどの半導体の集積回路を製造するために利用される高純度シリコン単結晶を転用したものであり，既に確立した技術とインフラを利用できることから比較的安く製造でき世界中に広まった。しかし，採掘される原料のSiO_2を還元し，超高純度なシリコンSiを製造する際に大量の電力を消費する。また，シリコンは太陽電池の材料として最適な電子物性をもつものではない。シリコンは間接遷移型半導体といって光を吸収する効率が悪く，太陽光をすべて吸収するためには分厚い素子を作製する必要がある。そのため，重く割れやすい太陽電池になってしまい，それらを強固に固定するためにどうしても頑強な架台が必要であり，その設置に多くの費用がかってしまうとともに，設置場所も限られてしまう。

一方，直接遷移型半導体という光の吸収効率の高いCIGS($CuIn_xGa_{1-x}Se_2$)などの化合物半導体は太陽電池材料としては理想的であるが，製造における技術的な課題も多く，製造コスト的にシリコン太陽電池にかなわないために，現時点ではなかなか普及していない。

近年最も注目されている太陽電池は，有機ペロブスカイト太陽電池という$CH_3NH_3PbI_3$などのヨウ化鉛系の材料を使った太陽電池である。この太陽電池は最初に宮坂力(Miyasaka,T, 1953-)らによって2009年にアメリカ化学会誌(JACS)に報告された。当初の光電変換効率は3.81%と非常に低いものであったが，その後この太陽電池が世界中で注目され，多くの研究者が研究開発を行うことで，現在では25%を上回る有機ペロブスカイト太陽電池が実現している。この太陽電池の特徴は，まず材料を溶かした溶液をプラスチックフィルムなどの基板に塗布することで製造できることである。これはインクジェットプリンターやロール・ツー・ロール方式などの印刷技術を利用して製造できることを意味し，将来的に非常に安価な太陽電池が開発できる可能性がある。しかもプラスチック基板上に印刷によって製造した太陽電池は，薄く軽くフレキシブルで設置場所も選ばないために，現在のシリコン太陽電池が設置できない様々な場所で利用できるようになる。このほか，有機物からなる半導体を利用した有機薄膜太陽電池も光電変換効率が19％まで伸びており，将来的には現在の太陽電池の固定概念を覆す様々な太陽電池が普及する可能性がある。

二次電池においてもリチウム空気電池やナトリウム二次電池，マグネシウム二次電池，レドックスフロー電池やキャパシタなど様々な高容量の蓄電デバイスが研究されており，これらと組み合わせることで，将来的はより太陽光を効率良く利用できる環境に優しい社会システムが構築されるものと期待している。

章末問題

問題 7.1　以下の化合物について，それぞれ構成する各原子の酸化数を答えよ。

(a) Fe_3O_4　(b) $Ni(NO_3)_2$　(c) $CuSO_4$　(d) $LiMnO_2$　(e) $NiO(OH)$

問題 7.2　以下の反応における酸化剤と還元剤をそれぞれ答えよ。

(a) $H_2S + Cl_2 \rightarrow 2HCl + S$

(b) $2CuO + C \rightarrow 2Cu + CO_2$

(c) $2Na + 2H_2O \rightarrow 2NaOH + H_2$

(d) $Zn + CuSO_4 \rightarrow ZnSO_4 + Cu$

(e) $3Cu + 8HNO_3 \rightarrow 3Cu(NO_3)_2 + 4H_2O + 2NO$

問題 7.3　ナトリウム Na の金属と酸素および水との反応の化学反応式をそれぞれ答えよ。

問題 7.4　以下の反応を行ったとき，何が起こるかを予想し説明せよ。

(a) 硫酸亜鉛(II)の水溶液に銅板を浸す

(b) 硝酸鉛(II)の水溶液にニッケル板を浸す

(c) 希硫酸に亜鉛板を浸す

問題 7.5　$(-)Pb \mid Pb(NO_3)_2$ 水溶液 $\mid CuSO_4$ 水溶液 $\mid Cu(+)$ の一次電池の標準起電力 E^0_{cell} を，標準電極電位を用いて求めよ。

問題 7.6　ダニエル電池で素焼き板がなかった場合，放電し続けると何が起こるかを予想せよ。

問題 7.7　ダニエル電池において室温から温度が上昇するにつれて起電力はどのように変化するか？ネルンストの式を用いて理由とともに示せ。

第 II 部

有機化学の基礎

1 有機化合物の多様性

【この章の到達目標とキーワード】
・有機化合物に多様性(1億種類以上)がある理由を，具体的に説明できる。
・アルカンをベースにして，官能基の存在によって基本的な有機化合物を体系的に命名できる。

キーワード：有機化合物，炭化水素，ヘテロ原子，官能基，命名法

1.1 有機化合物とは

我々の生活を支えているのは，多くの有機化合物である。図1.1に示したメントール(*l*-menthol)はハッカ臭を有し，ガムや歯磨き粉などに含まれている。アスピリン(aspirin)は，解熱鎮痛薬や抗炎症剤として古くから用いられている。また，カテキン(catechin)は，ポリフェノールの一種でお茶に含まれる。カテキンには血圧を下げる作用などがあり，サプリメントとして広く用いられている。これらはいずれも有機化合物という大きな集合の一つである。それでは，有機化合物とはどのような化合物なのか。その定義は極めてシンプルである。

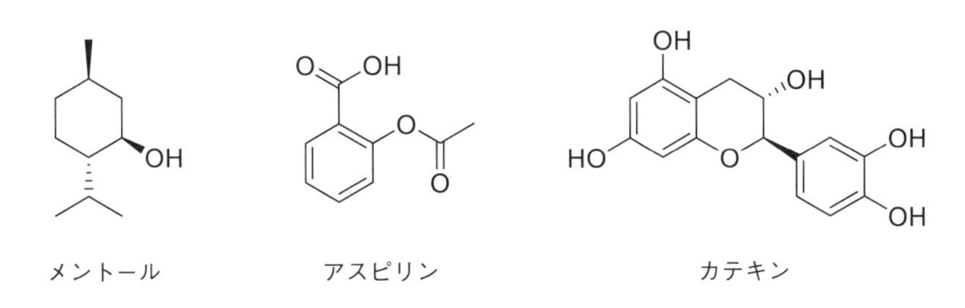

図1.1 身のまわりの有機化合物

有機化合物(organic compound)とは，炭素原子を骨格とした化合物であり，それ以外の化合物を**無機化合物**(inorganic compound)という。すなわち，化合物は有機化合物か無機化合物のいずれかであり，有機化合物と無機化合物は補集合の関係にある。有機化合物は，炭素を必ず含んでいるので炭素化合物ともいう。有機化合物の基本は，炭素と水素だけからなる**炭化水素**(hydrocarbon)である。有機化合物は，炭素と水素をはじめとして，酸素，窒素，硫黄，ハロゲンなど少数の元素から構成されているが*1，その種類は無機化合物と比べ

*1 **ヘテロ原子**(heteroatom)とは，有機化合物に含まれる炭素と水素以外の原子のことであり，酸素，窒素，硫黄，リン，フッ素，塩素，臭素，ヨウ素などがある。

て，極めて多い。これは，炭素原子が4個の価電子をもち，共有結合により次々に繰り返し結合して，鎖状だけでなく環状の構造など様々な形の化合物を作ることができるからである。さらに加えて，**単結合**(single bond)，**二重結合**(double bond)，**三重結合**(triple bond)といった結合様式や，**官能基**(functional group)や**異性体**(isomer)の存在による多様性により，1億種類を超える有機化合物がいまでは知られている[*2]。

＊2 **有機金属化合物**(organometallic compound)は，有機化合物の一部であり，炭素と金属の化学結合を含む化合物の総称である。グリニャール反応剤をはじめとして様々な有用な有機金属化合物が知られており，有機合成化学において重要な役割を担っている。

このように，炭素や水素以外の原子と結合することができ，さらに，炭化水素は，炭素と炭素の単結合の間に，あらたにメチレン(methylene) CH_2 を挿入すると1炭素伸長した**同族体**(homologue, homolog)ができる。例えば，アルカンは一般式(C_nH_{2n+2})で表され，分子式が CH_2 ずつ異なる同族体である。同族体どうしは化学的性質が似ているが，炭素数 n が大きくなるにつれて，融点や沸点が少しずつ高くなる。

有機化合物は可燃性のものが多く，完全燃焼すると二酸化炭素と水などが生成する。炭素の含有量の多い有機化合物を空気中で燃焼させると，すす(炭素の黒色微粒子)が生じる。有機化合物は，一般にその融点や沸点が低い，有機溶媒には溶けるが水には溶けにくいなどの特徴がある。また，有機化合物の反応は多様で，反応条件によりその生成物が異なることがある。有機化合物の合成を中心に研究する分野を有機合成化学という。それぞれの生成物が得られる反応の機構[*3]は体系的に理解できるので，多様な数多くの反応があることをおそれる必要はない。

＊3 **反応機構**(reaction mechanism)とは，「反応がどのように起こっているか」を段階的に詳しく記述したものである。化学反応全体の各段階で起こることを，合理的かつ詳細に記述しようと試みる理論的推論が，反応機構である。反応の各段階は，ほとんどの場合において観測不可能であるが，化学の原理に基づき反応機構を考え，理解することは，化学においてとても重要である。

1.2　有機化合物の分類と体系的命名法

有機化合物の基本となる最も単純な炭化水素は，炭素と水素が単結合のみで連結したアルカン(alkane)である。アルカンは燃焼すると多量の熱を発生するので，燃料として用いられる。アルカンは一般に反応不活性であり，ほかの有機化合物のような反応性を示さない。これは，アルカンには結合電子の偏り(分極)が小さく，反応性の高い π 結合も存在しないこと，すなわち官能基がないことに起因する。炭素と水素だけからなる炭化水素は，分子の形状や炭素原子間の不飽和結合(二重結合や三重結合)の有無などによって分類される。炭素原子どうしが鎖状に結合したものを**鎖式炭化水素**(acyclic hydrocarbon)といい，環状に結合した構造が1つでもあるものを**環式炭化水素**(cyclic hydrocarbon)という。環式炭化水素のうち，ベンゼンのような環構造をもつものを**芳香族化合物**(aromatic compound)といい，それ以外を**脂肪族化合物**(aliphatic compound)という。また，炭素どうしの結合がすべて単結合であるものを**飽和化合物**(saturated compound)といい，二重結合や三重結合が1つでもあるものを**不飽和化合物**(unsaturated compound)という。

炭化水素から，1個の水素原子を除いてできる原子団を**炭化水素基**(アルキル基，alkyl group)という。炭化水素基の一般式は，C_nH_{2n+1}- で表すことができる。炭化水素基が特定の原子団と結合すると，その原子団に特有の性質をもつ化合物となる。このような特有の性質を示すもとになる原子団を官能基という。同じ官能基をもった化合物どうしは，互いに化学的性質がよく似ている。そのため，官能基によって有機化合物を分類すると，性質が似た化合物をまとめることができる。官能基の性質を理解することが，有機化合物の反応を理解する第一歩である。

炭素数1から20までの炭化水素(アルカン)は次のとおりである。アルカンの一般式は，C_nH_{2n+2} である。

メタン(methane)，エタン(ethane)，プロパン(propane)，
ブタン(butane)，ペンタン(pentane)，ヘキサン(hexane)，
ヘプタン(heptane)，オクタン(octane)，ノナン(nonane)，
デカン(decane)，ウンデカン(undecane)，ドデカン(dodecane)，
トリデカン(tridecane)，テトラデカン(tetradecane)，
ペンタデカン(pentadecane)，ヘキサデカン(hexadecane)，
ヘプタデカン(heptadecane)，オクタデカン(octadecane)，
ノナデカン(nonadecane)，イコサン(icosane)

英語では，下線で示したように語尾はいずれも“ane”になる。アルカン(alkane)の語尾も ane である[*4]。

炭化水素の命名が様々な有機化合物の命名の基本となる。すべての化合物はユニークな名前をもっているが，化合物を命名する体系的な規則があり，**IUPAC 命名法**(IUPAC nomenclature)とよばれる[*5]。

以下，IUPAC の命名法に従って，アルカンをベースに，alkane の語尾 ane を次のように変えて命名する。二重結合を含む化合物を**アルケン**(alkene)といい，三重結合を含む化合物を**アルキン**(alkyne)という。環式炭化水素は，**シクロアルカン**(cycloalkane)と命名する。また，アルカンから水素1つを取り除いたものを炭化水素基，**アルキル基**(alkyl group)という。

アルケン (C_nH_{2n})	alkene	ethene	propene	
アルキン (C_nH_{2n-2})	alkyne	ethyne	propyne	
シクロアルカン (C_nH_{2n})	cycloalkane	cyclopropane	cyclobutane	
炭化水素基・アルキル基 (C_nH_{2n+1}−)	alkyl	methyl	ethyl	propyl

例えば，次のように命名する。

—	═	≡	△
エタン ethane	エテン ethene (ethylene)	エチン ethyne (acetylene)	シクロプロパン cyclopropane

＊4 炭素数10までのアルカンは英語でも書けるようにしておくことが，これから有機化学を学ぶうえでとても重要である。

＊5 IUPAC は，International Union of Pure and Applied Chemistry(国際純正・応用化学連合)の略で，“アイ ユーパック”と読む。1892年にスイスのジュネーブで命名法に関する最初の勧告がだされて以来，命名法はたびたび改訂されている。

エチレンとアセチレンは，**慣用名**(common name)である。アルケンやアルキンの位置番号は，二重結合や三重結合を形成する炭素原子の小さいほうの番号のみを示す。

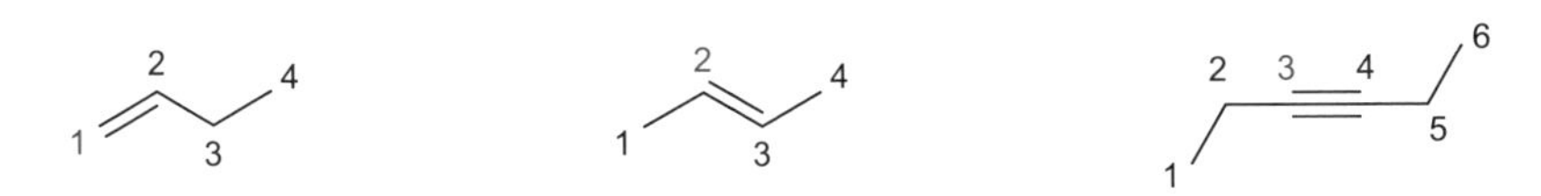

図 1.2 (左より) 1-ブテン，2-ブテン，3-ヘキシン

頻繁に現れる(炭素数の少ない)アルキル基は，次のような略語(abbreviation)が使われる。ここで，アルファベットの先頭を大文字に，2 番目を小文字にするという基本的な規則がある。ハロゲン(F, Cl, Br, I)の総称として X が使われることがある*6。

Me	methyl	メチル	CH_3-
Et	ethyl	エチル	C_2H_5-
Pr	propyl	プロピル	C_3H_7-
Bu	butyl	ブチル	C_4H_9-

*6 Ph は C_6H_5- で，フェニル (phenyl) の略語である。Bn は $C_6H_5CH_2$- で，ベンジル (benzyl) の略語であるが，B と 3 番目の n が組み合わさっている。2 番目の e と組み合わせた Be はベリリウムの元素記号となるからで，このように例外もある。一方で，芳香族置換基を表す Ar はアリール (aryl) の略語で，アルゴンの元素記号と同じであるが，そのまま用いられている。

1.3 官能基とその体系的命名法

官能基(functional group)は，有機化合物の中にある共通した特定の構造をもつ基で，その化合物の特徴的な反応性の要因となる原子や原子団のことである。同じ官能基をもつ化合物は，共通する物理的・化学的性質を有しており，有機化合物の名称は官能基をベースにして命名する*7。代表的な官能基として，アルコール，エーテル，アルデヒド，ケトン，カルボン酸，エステル，アミンなどがある。

*7 そのため，官能基により有機化合物を分類して，それらの構造，性質，および反応などを概説する教科書が非常に多い。

有機化合物をすべて英語で命名できれば，規則性があり体系的であることがよくわかる。ここでは酸素原子を含む代表的な官能基として，**アルコール**(alcohol)，**アルデヒド**(aldehyde)，**ケトン**(ketone)，および**カルボン酸**(carboxylic acid)を取り上げる。

アルカンをベースに，alkane の語尾 e を，次のように変えて命名する。

		メタノール	エタノール	プロパノール	
アルコール (ヒドロキシ基)	alkanol	methanol	ethanol	propanol	ROH
		メタナール	エタナール	プロパナール	
アルデヒド (ホルミル基，アルデヒド基)	alkanal	methanal	ethanal	propanal	RCHO
		プロパノン	ブタノン		
ケトン (カルボニル基)	alkanone	propanone	butanone		RCOR'

カルボン酸 (カルボキシ基)	alkanoic acid	メタン酸 methanoic acid	エタン酸 ethanoic acid	プロパン酸 propanoic acid	RCOOH

ケトンとなるためには，最低3個以上の炭素原子が必要となるので，プロパノン(慣用名アセトン)が最も シンプルなケトンである。

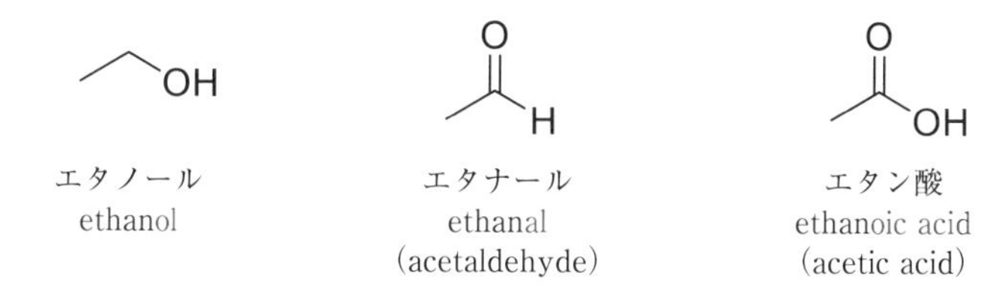

図1.3　炭素数2のアルコール，アルデヒドとカルボン酸

アルデヒド，ケトン，カルボン酸のもとになるアルカンの炭素数を数えるときに，ホルミル基，カルボニル基，およびカルボキシ基には，官能基自体に炭素が1つ含まれていることに注意する(図1.3)。また，体系的な命名法が完成する以前から広く用いられてきた汎用性の高い有機化合物には，体系名だけでなく慣用名も用いられている。知っておいてほしい慣用名には，次のようなものがある。

ホルムアルデヒド(formaldehyde)，アセトアルデヒド(acetaldehyde)
ギ酸(formic acid)，酢酸(acetic acid)，プロピオン酸(propionic acid)

IUPAC命名法

基本的には，次の構成により命名される。

(立体化学)+(置換基)+(主鎖)+(官能基)

IUPAC命名法は，細部にわたり詳細に規定されているが，ここでは大まかなポイントだけを説明する。

①主鎖は，炭素鎖が最も長い部分とする。官能基がある場合は，官能基を含めて主鎖とする。官能基がない場合は，炭素-炭素二重結合を含めて主鎖とする。それもない場合は，炭素-炭素三重結合を含めて主鎖とする。すなわち，官能基，二重結合，三重結合が含まれているかを，この順番で確かめて主鎖を決定する。

②主鎖の端の炭素から順番に位置番号を付ける。このとき，置換基が結合した炭素になるべく小さい番号が付くようにする。位置番号が小さくなるなら，番号のスタートは左からでも右からでもよい。二重結合と三重結合の両方が含まれる場合は，二重結合の位置番号が小さくなるようにする。

③側鎖炭素番号と置換基を決める。

④複数の置換基がある場合は，置換基をアルファベット順に並べ，置換基名の間をハイフン(-)で結んで最後にアルカン名と官能基を記す。置換基をアルファベット順に並べる場合には，倍数接頭辞は無視して並べる。

同じ置換基が2つ以上結合している場合には，その置換基名の前に倍数接頭辞をつけてまとめる。

モノ(mono)，ジ(di)，トリ(tri)，テトラ(tetra)，ペンタ(penta)，
ヘキサ(hexa)，ヘプタ(hepta)，・・・

"1"を表すモノは，ふつう省略するが"1"であることを強調する場合は，表記することもある。"5"を表すペンタ以降は，対応するアルカン(alkane)から"ne"を除いたものであるから，特に覚える必要はない[*8]。

＊8 身近なものにも倍数接頭辞が使われている。その例を次に示す。
モノ(mono)：
　モノレール(monorail)，
　モノポリー(monopoly)
ジ(di)：
　発光ダイオード(diode)，
　ジレンマ(dilemma)
トリ(tri)：
　トリオ(trio)，
　トライアングル(triangle)，
　トリプル(triple)，
　トリレンマ(trilemma)
テトラ(tetra)：
　テトラポッド(tetrapod)，
　テトラパック(Tetra Pak®)

図1.4に種々の有機化合物の命名を示す。①では，2,2,3－のほうが2,3,3－よりも位置番号が小さくなるので，左から番号を付ける。②では，メチル基の位置番号が小さくなるように，左から番号を付ける。③では，アルコールはアルケンよりも優先順位が高いので，ヒドロキシ基の位置番号が小さくなるように右から番号を付ける。④のメチルシクロヘキサンには位置番号は必要ないが，⑤には位置番号が必要である。

ハロゲン置換基は，F はフルオロ(fluoro)，Cl はクロロ(chloro)，Br はブロモ(bromo)，I はヨード(iodo)である。

2-メチルブタン
2-methylbutane

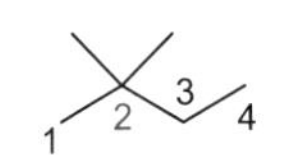
2,2-ジメチルブタン
2,2-dimethylbutane

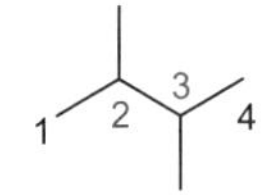
2,3-ジメチルブタン
2,3-dimethylbutane

①
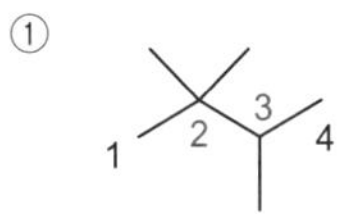
2,2,3-トリメチルブタン
2,2,3-trimethylbutane

2,2,3,3-テトラメチルブタン
2,2,3,3-tetramethylbutane

②
2-メチル-2-ブテン
2-methyl-2-butene

③
3-メチル-2-ブテン-1-オール
3-methyl-2-buten-1-ol

④
メチルシクロヘキサン
methylcyclohexane

⑤
1,2-ジメチルシクロヘキサン
1,2-dimethylcyclohexane

図1.4　種々の有機化合物の命名

また，官能基には優先順位がある。複数の異なる官能基を含む化合物の場合は，最も優先順位の高い官能基をベースとし，その他の官能基は置換基として命名する。おもな官能基を次に示す。上にある官能基ほど，優先順位が高い。例えば，ヒドロキシ基とカルボキシ基の両方をもつ化合物は，優先順位の高いカルボン酸として命名する。

カルボン酸	(carboxylic acid)
酸無水物	(acid anhydride)
エステル	(ester)
酸ハロゲン化物	(acid halide)
アミド	(amide)
ニトリル	(nitrile)
アルデヒド	(aldehyde)
ケトン	(ketone)
アルコール	(alcohol)
アミン	(amine)
エーテル	(ether)
アルケン	(alkene)
アルキン	(alkyne)
ハロゲン化物	(halide)

コラム：牛のゲップで地球温暖化？

全世界で気候変動が深刻さを増しているが，二酸化炭素を減らすだけでは地球温暖化をストップさせることはできない。温室効果ガスは二酸化炭素だけではないからだ。その一つに，物質量当たりの温室効果が二酸化炭素の25倍もあり，温暖化の「時限爆弾」ともいわれるメタンがある。メタンは炭素数の最も少ない炭化水素だが，都市ガスの主成分でもあり，人体からも発生する。メタンの濃度上昇により1750年から2019年までに0.28℃気温が上がった。二酸化炭素の濃度上昇による1.01℃に次ぐ気温上昇である。

牛は，1日に約400Lのメタンを排出するといわれる。牛は，牧草などをいったん胃に飲み込んだ後に口に戻し，かむことを繰り返す「反芻(はんすう)」をしながらゆっくりと消化する。胃の中の微生物の働きで牧草が発酵・分解される際に，副産物としてメタンが発生して，ゲップなどとして大気にでる。ただし，メタン自体は無色無臭である。牛や羊などの反芻動物からのメタンの排出は，二酸化炭素換算で年間約28億tもあり，全世界で発生する温室効果ガスの約5%を占める。ゲップからのメタンを減らすために，牛の鼻にマスクをつけて，触媒装置により二酸化炭素と水に分解するプロジェクトが進行している。また，飼料に海藻を混ぜたり，カシューナッツの殻の成分を加えたりして，牛からでるメタンを削減する研究も行われている。

実は牛のゲップ以外にも，世界中のいろいろなところでメタンが排出されていることがわかってきた。メタンの大気中濃度は，二酸化炭素の200分の1ほどと極めて小さいため，地球上のメタンを正確に捉えることは難しかったが，人工衛星などの監視技術の急速な進歩により，メタンがどこに，どのくらいあるのかがわかってきた。油井や炭鉱は，採掘をやめた後にもメタンを出し続けている。解けだした永久凍土からもメタンが漏れ出している。

二酸化炭素に比べて，少量でも温室効果が高いメタンの削減も喫緊の課題であり，牛のゲップ以外にも隠れているメタンを捉える取り組みが急速に広がり，そのメタンをいかに削減するかが注目を集めている。2021年11月に国連気候変動枠組条約締約国会議(COP26)で，日本を含む100ヵ国以上の賛同を集めて「世界メタン宣言」が出された。2030年までに，メタンの排出を2020年比で30%削減しようという世界的枠組みである。地球温暖化という人類にとって極めて大きな課題に対して，多面的・総合的に考えることの重要性をあらためて思い知らされる。

章末問題

問題 1.1 有機化合物の定義と，1 億種類以上が知られている理由を箇条書きで述べよ。

問題 1.2 次の簡略構造式(示性式)で示されたアルカンの骨格構造式(2.1 節を参照)を書け。

(1) $CH_3(CH_2)_4CH_3$ (2) $(CH_3)_2CHCH_2CH_3$ (3) $(CH_3)_2CHCH(CH_3)_2$
(4) $(CH_3)_3CH$

問題 1.3 次の骨格構造式で示された有機化学物の IUPAC 名を書け。

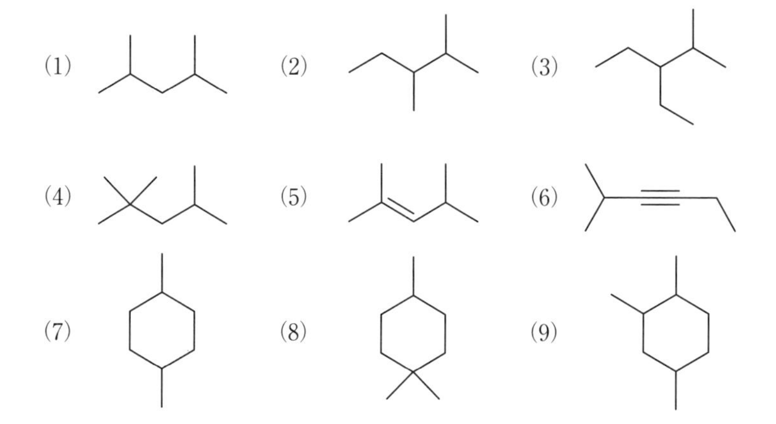

問題 1.4 次の化合物名は誤っている。それぞれの骨格構造式を書いて，正しい IUPAC 名を書け。

(1) 4,4,5-トリメチルヘキサン(4,4,5-trimethylhexane)
(2) 2-エチルペンタン(2-ethylpentane)
(3) 2-フルオロ-3-ブロモブタン(2-fluoro-3-bromobutane)
(4) 4-ペンタノール(4-pentanol)
(5) 1,4-ジメチルシクロブタン(1,4-dimethylcyclobutane)

問題 1.5 次の化合物の骨格構造式をそれぞれ書け。

(1) 2-ブロモ-3-メチルブタナール(2-bromo-3-methylbutanal)
(2) シクロヘキサンカルボアルデヒド(cyclohexanecarbaldehyde)
(3) 2,4-ジブロモ-3-ヘキサノン(2,4-dibromo-3-hexanone)
(4) 2-エチル-6-メチルシクロヘキサノン(2-ethyl-6-methylcyclohexanone)
(5) 2,3,4,4-テトラメチルペンタン酸(2,3,4,4-tetramethylpentanoic acid)

問題 1.6 メチル基とエチル基には異性体はないが，プロピル基とブチル基には異性体がある。それらを骨格構造式ですべて書け。

2　有機化学を学ぶための基盤的ツール

【この章の到達目標とキーワード】
・様々な有機化合物を骨格構造式で書けるようにする。
・骨格構造式で書かれた身のまわりにある有機化合物をみて，その化合物の特徴や官能基の有無などを理解できる。
・有機化学を理解するための最小限のツール(技術)を身につけ，自在に使えるようにする。

キーワード：骨格構造式，孤立電子対，簡略化されたルイス構造式，形式電荷，共鳴

本章では，有機化学を理解するための基本的で最小限のツール(技術，テクニック，作法)を学ぶ。具体的には，骨格構造式，孤立電子対と簡略化されたルイス構造式，形式電荷，そして共鳴の考え方を，ツールとしてしっかりと身につける。これらのツールはいずれも電子(対)が深く関与していることから，電子のふるまい，挙動を理解することが有機化学の神髄であることがよくわかる。これらのツールを駆使することにより，有機化学の様々な重要な反応を理解できるようになる。有機化学を理解することは，反応機構を理解することであるといっても過言ではない。

2.1　骨格構造式

3 次元的な立体構造をとることが多い有機化合物構造の表記法にはいくつかあるが，**骨格構造式**(skeletal structure formula)(結合線構造式(bond-line structure)ともいう)が非常に便利である。骨格構造式を用いれば，分子量が大きく様々なヘテロ原子や官能基を有する複雑な構造の有機化合物を，簡便に書くことができる。

鎖状化合物では，骨格となる炭素鎖を横にジグザグの折れ線で表す。分度器で正確に測る必要はないが，おおよそ 120° で書くと見た目がよい。ジグザグに炭素を書く場合，すべての結合がなるべく離れるようにしたほうが，見た目のバランスがよい。骨格構造式には，大きく次の 4 つの決まりごとがある。

①結合を線 − で表す。二重線 = は二重結合(double bond)，三重線 ≡ は三重結合(triple bond)を表す。

②結合線の末端や頂点は炭素原子を表す。

③炭素原子に結合している水素原子は省略することができる。あくまでも「省略することができる」であって，書くことによってその構造がより明

確になる場合などは，書いてもよい。(例：ホルミル基)

④炭素原子以外のヘテロ原子およびヘテロ原子に結合している水素原子は，必ず書かなくてはならない。

実は高等学校の化学の教科書でも，ベンゼンなどの芳香族化合物は骨格構造式で書かれている。脂肪族化合物についても骨格構造式に慣れることが，有機化学の第一歩である。骨格構造式であっても，メチル基やエチル基を強調したい場合は，“Me”や“Et”と書くことがある(図 2.1)。

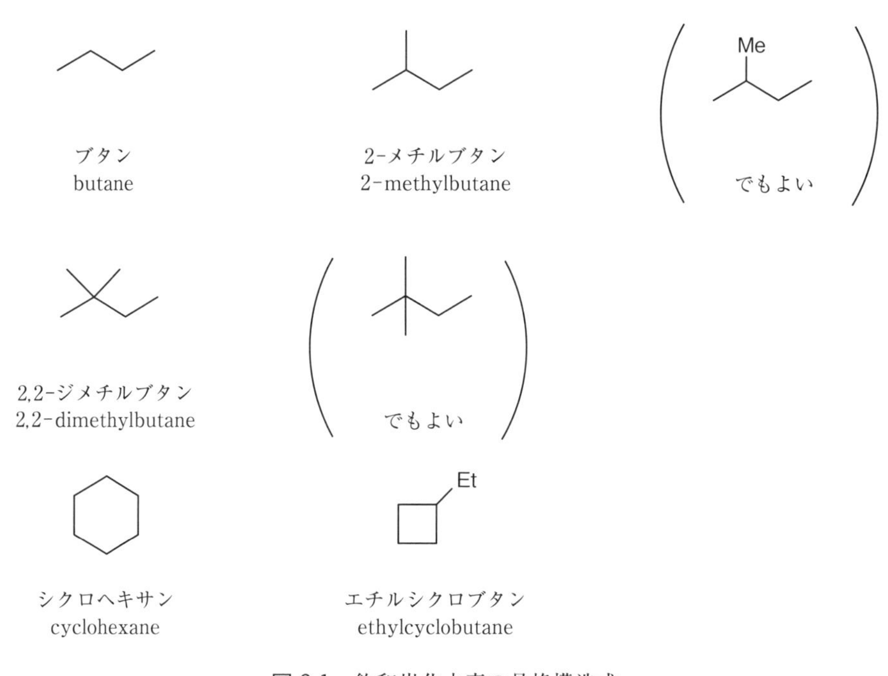

図 2.1　飽和炭化水素の骨格構造式

2.2 形式電荷

化合物の反応性について議論する場合，どの原子が形式的に電荷を有しているかが重要となる。化合物中の原子それぞれが有する電荷で，その原子が「所有」している(受けもっている)最外殻電子数と，その原子の価電子数との差が**形式電荷**(formal charge)となる。まず，対象となる原子が実際に所有している最外殻の電子数を数える。**孤立電子対**(lone pair)[*1] には，電子が2個あることに注意する。次の式(2.1)で形式電荷を求めることができる。

*1 孤立電子対の英語は，正確には lone electron pair であるが，lone pair(ローンペア)が多く使われる。

$$\text{形式電荷} = (\text{価電子数}) - \left(\text{孤立電子対の電子数} + \text{結合電子数} \times \frac{1}{2}\right) \quad (2.1)$$

ここで結合電子数を $\frac{1}{2}$ と半分にするのは，残りの半分の電子は共有結合している相手の原子が所有しているからである。

孤立電子対は，非共有電子対(unshared electron pair)あるいは非結合電子対(nonbonded electron pair)ともいわれる。本書では以降，孤立電子対を用いる[*2]。

＊2 口頭での「非共有(結合)電子対」は，最初の「非(ひ)」が発音されたのかわかりにくいが,「孤立電子対」にはそのようなおそれがない。

形式電荷が0の場合は明示しない。形式電荷はプラスでもマイナスでもありうる。形式電荷の表記は+，−であるが，ノートに手書きする場合はそれぞれに○をつけて，⊕,⊖としたほうが強調されてわかりやすいし，見間違うことがない。形式電荷があれば，書くことを習慣づけることを勧める。

骨格構造式において，ヘテロ原子が有している孤立電子対は書かないことが多いが，形式電荷を求める場合には孤立電子対の有無は理解しておくことが重要である。一般に，孤立電子対は明示しないで省略することがあるので，省略されている孤立電子対をまず書くことからはじめる。孤立電子対をすべて書いた骨格構造式を，簡略化されたルイス構造式という。**ルイス構造式**[*3](Lewis formula)とは，共有電子対と孤立電子対をともに表記したもので，点電子式ともいう。結合に関与していない孤立電子対が化学種[*4]のどこにあるかを理解することは，有機化学においてとても重要である。

＊3 ルイス(Lewis, G.N., 1875-1946)は，元素記号の周りに価電子を点で表記する構造式を提唱した。原子の化学的性質に重要な価電子を明示する表記法である。

＊4 電気的に中性な分子や化合物だけでなく，イオン，ラジカル，原子団などを含めた総称を**化学種**(chemical species)という。

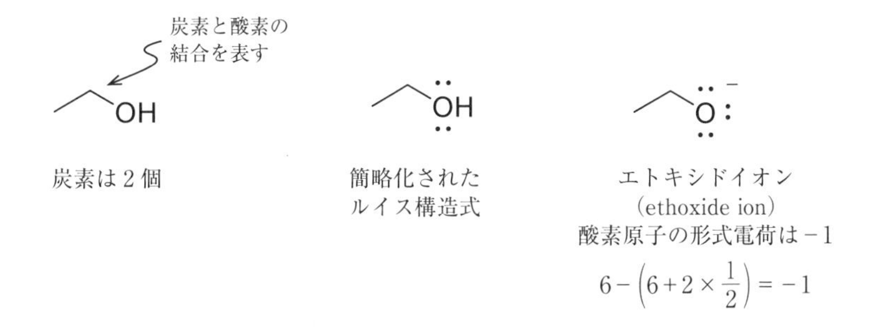

炭素は2個

簡略化されたルイス構造式

エトキシドイオン(ethoxide ion)
酸素原子の形式電荷は−1

$$6-\left(6+2\times\frac{1}{2}\right)=-1$$

エタノールのルイス構造式は H:C:C:O:H (各Cの上下にH，Oの上下に孤立電子対) であるが，簡略化されたルイス構造式が書ければ，これから有機化学を学ぶうえで問題はない。ルイス構造式が「簡略化されたルイス構造式」をさすことも多い。

酸素原子の形式電荷は−1

$$6-\left(6+2\times\frac{1}{2}\right)=-1$$

炭素原子の形式電荷は1

$$4-\left(0+6\times\frac{1}{2}\right)=1$$

炭素原子の形式電荷は−1

$$4-\left(2+6\times\frac{1}{2}\right)=-1$$

2.3 共　鳴

共鳴構造式(resonance strucure)は実在するものではない[*5]。実在する化合物の性質を直接的に表記する方法がないために，複数の仮想の共鳴構造式を考えて，それらを重ね合わせて1つの化合物の性質を最もよく表現できる方法として考え出されたのが，共鳴の概念である。

*5 共鳴構造式は，極限構造式(limiting structure)あるいは限界構造式(canonical structure)ともいう。

ベンゼン(benzene)で具体的に考えてみる。ベンゼン C_6H_6 の構造は，単結合と二重結合が交互に存在する形(図2.2のAまたはB)で書かれるが，それぞれはベンゼンの真の姿を表記しているのか？の答えは，ノーである。ベンゼンの6つの炭素は等価であり，6つの等しい炭素-炭素結合距離をもつ正六角形であることが知られている。「分子の真の構造を単一の構造式で表すことができない場合，仮想的な複数の構造式の重ね合わせで真の構造を表現する」という考え方が**共鳴**(resonance)である。

ベンゼン(benzene)は上記2つの共鳴構造式の共鳴混成体である。

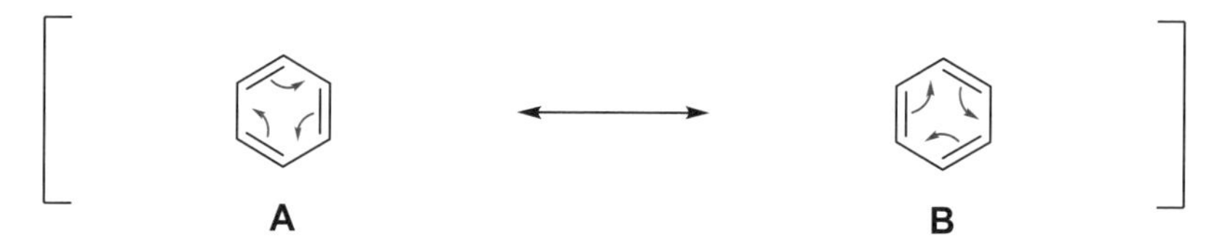

図2.2　ベンゼンの共鳴混成体[*6]

*6 図2.2の6つの巻き矢印は，ここに書かれた「時計回り」ではなく，「反時計回り」でもよい。どちらにするかは好みの問題であるが，どちらかに統一して決めて使ったほうが間違いは少なくなる。

ベンゼンは上のように表して，「構造Aと構造Bの共鳴混成体として存在する」と考える。このとき，AとBを**共鳴構造式**といい，「**A**と**B**は共鳴混成体に寄与している」という。これにより，ベンゼンが正六角形の構造をもち，π 電子が6個の炭素原子の間に**非局在化**(delocalization)していることを表現できる。図2.2において，ベンゼンの共鳴で用いている曲がった矢印を**巻き矢印**(curved arrow)という[*7]。ベンゼンの共鳴構造式Aにおいて，3つの電子対の移動，すなわち3つの巻き矢印で共鳴構造式Bになる。また，共鳴構造式Bから3つの巻き矢印で共鳴構造式Aに戻る。電子が非局在化すると，電子が特定の結合に束縛されずに分子全体を動きまわることができ，その分子は安定化する。これを**共鳴安定化**(resonance stabilization)といい，安定化エネルギーを**共鳴エネルギー**(resonance energy)という。

*7 巻き矢印(curved arrow)は“曲がった矢印”ともいわれるが，本書では“巻き矢印”を用いる。

共鳴構造式は，お互いに双頭の矢印 ⟷ で結び，複数の共鳴構造式からなる共鳴混成体全体を角括弧(かくかっこ)[ ]で括るのが正式であるが，括弧は省略されることもある。

巻き矢印[*8]は，1つの共鳴構造から別の共鳴構造ができることを説明するための便宜的道具で，電子2個の移動，すなわち電子対が移動する始点と終点を

*8 有機電子論により，反応機構(reaction mechanism)を説明するためにも巻き矢印を使用するが，この場合は，実際に電子密度の変化が起こる。また，反応機構を巻き矢印で説明する場合には，共鳴とは異なり，結合の切断やあらたな結合の生成が起こる。

表す。すべての矢印は頭(矢印の先)と尾をもっている。尾は電子対がどこから移動し始めるかを，頭はどこに移動するかを示している。始点は必ず電子対(電子 2 個)であり，その電子対は，結合電子対と孤立電子対の 2 つの場合がある。*9

共鳴構造式を書くときの決まりは，次のとおりである。

①電子対のみを動かし，原子の位置や骨格は固定する。

②単結合は決して切断しない。

③オクテット則(8 電子則)を超えることはできない*10。10 電子は認められないが，6 電子は認められることに注意する。

*9 化学では様々な矢印が用いられる。

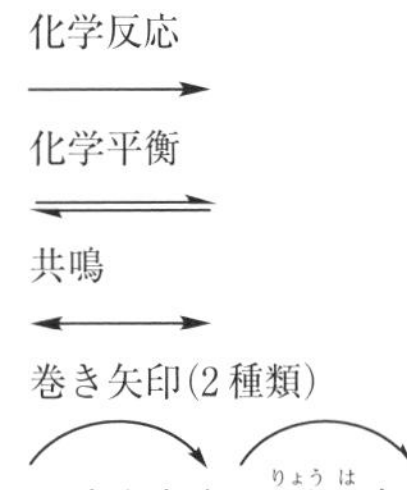

左側の巻き矢印は両羽矢印で，電子対(電子 2 個)の動きを表す。右側の片羽矢印は釣針型矢印ともいい，不対電子(電子 1 個)の動きを表す。

*10 原子価殻に 8 個の電子が入り，貴(希)ガスと同じ電子配置をとるとイオンや分子が安定になることをオクテット則(octet rule)という(第 I 部 3.4 節 p.23 参照)。

巻き矢印のスタートは孤立電子対か，共有電子対のいずれかである。ただし，単結合の共有電子対ではない。ベンゼンの共鳴のように単結合が二重結合に置き換わり，二重結合が単結合に変化する。1 つの共鳴混成体を構成している共鳴構造式は，2 つとは限らない。化合物や化学種によりその数は様々である。最後の共鳴構造式から電子対の動き(巻き矢印)で，最初の共鳴構造式に戻すことができる。また，共鳴により形式電荷は移動することが多い。

例えば，アリルカチオンとアリルアニオンの共鳴混成体は，それぞれ次のように書くことができる。

また，シクロペンタジエニルカチオンとシクロペンタジエニルアニオンの共鳴混成体は，それぞれ次のように書くことができる。最後の共鳴構造式にも巻き矢印を書いて，最初の共鳴構造式になることを確認すると，すべての共鳴構造式をもらすことなく書ける。

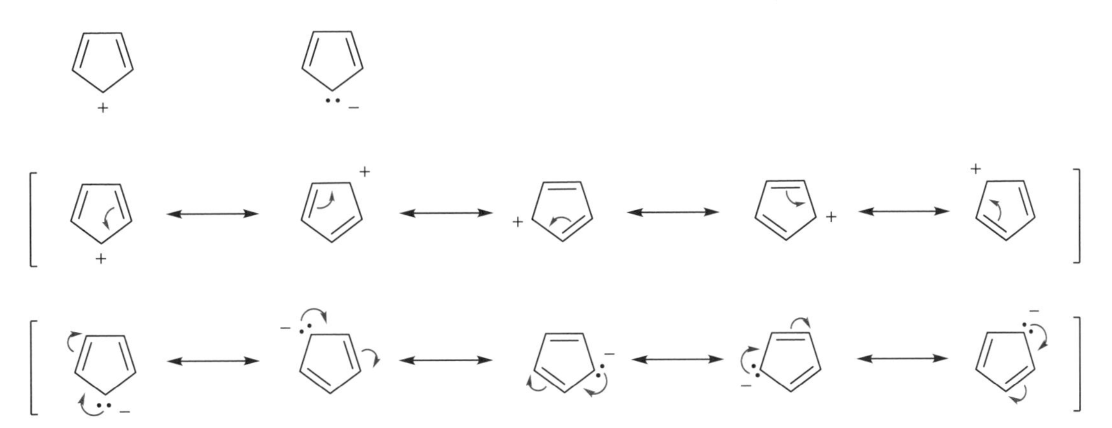

シクロペンタジエニルカチオンやシクロペンタジエニルアニオンは，それぞれ 5 つの共鳴構造式からなる共鳴混成体をつくる。シクロペンタジエニルカチオンやシクロペンタジエニルアニオンは，π 電子が広く非局在化することができ，共鳴安定化している。非局在化できるのは，π 結合(二重結合や三重結合の

結合電子対)と孤立電子対である。巻き矢印を使って，実際に共鳴構造式を書きながら共鳴混成体をつくる練習をすることが，有機化学を理解する近道である。

次に，共鳴構造式の相対的重要性を評価する。すなわち，共鳴混成体全体に対する寄与(contribution)には，等しい場合を含めて大小関係がある。

1) 寄与が最も大きい共鳴構造式は，共有結合(電子で満たされたオクテット)を最大数もつものである。

例えば，プロトン化されたアセトンの共鳴混成体(図 2.3)において，左の共鳴構造式の共有結合の数は 5 であるのに対して，右の共鳴構造式のそれは 4 であり，左の共鳴構造式のほうが，寄与が大きい。

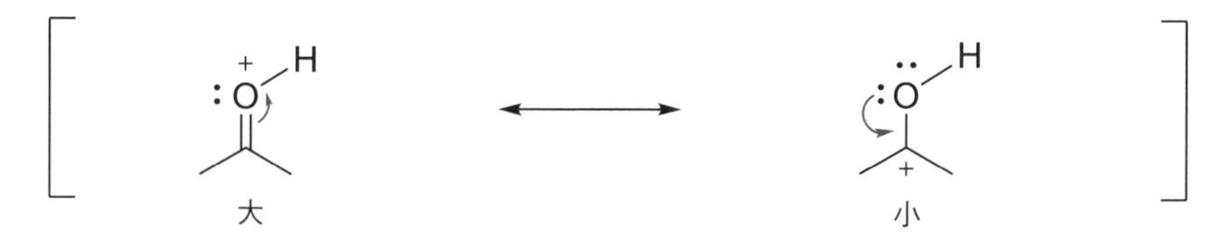

図 2.3　プロトン化されたアセトンの共鳴混成体

2) 形式電荷が少ない共鳴構造式のほうが，寄与が大きい。

例えば，アセトアミドの 3 つの共鳴構造式(図 2.4)では，一番左の共鳴構造式には形式電荷がないので最も寄与が大きい。真ん中と右の共鳴構造式は，それぞれ形式電荷が 2 つあるが，共有結合数の多い真ん中の共鳴構造式が，次に寄与が大きくなる。

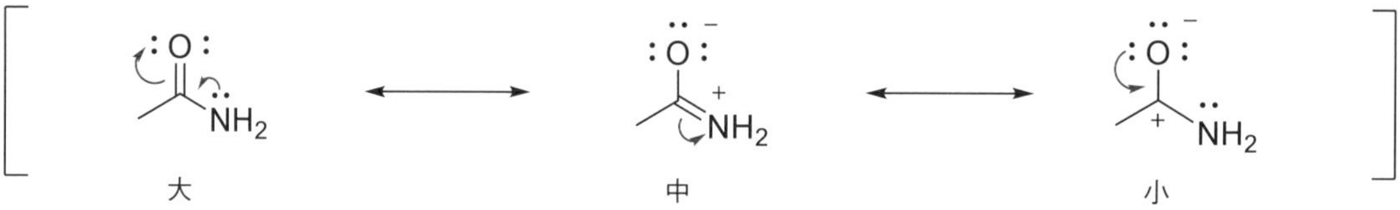

大　　中　　小

図 2.4　アセトアミドの共鳴混成体

3) ほかの条件が同じであれば，電気陰性度の大きい原子上に負電荷がある共鳴構造式のほうが，寄与が大きい。

例えば，アセトンのエノラートイオンの共鳴混成体(図 2.5)において，酸素のほうが炭素よりも電気陰性度が大きいので，左の共鳴構造式のほうが，寄与が大きい。

大　　小

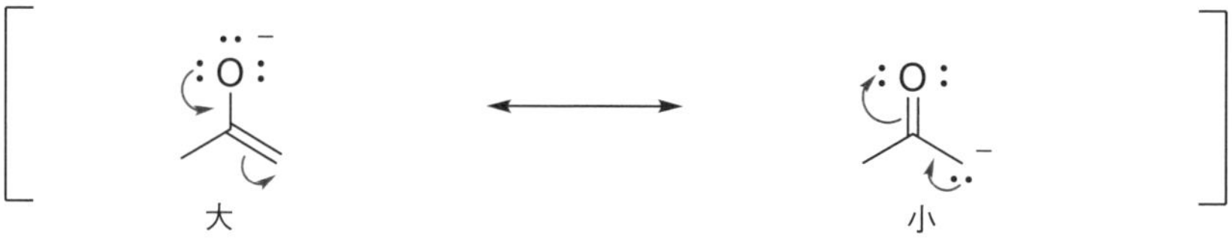

図 2.5　アセトンのエノラートイオンの共鳴混成体

4) 寄与の大きさが等しい共鳴構造式は等価(equivalent)であるといわれ*11，共鳴混成体に等しく寄与する。ベンゼンの2つの共鳴構造式は等価である。

例えば，ニトロメタンの共鳴混成体(図2.6)において，2つの共鳴構造式の寄与は等しく，それぞれの共鳴構造式は等価である。

*11 等価(equivalent)とは化学において極めて重要な概念であり，化学的に同じ環境にある原子や原子団を等価という。「エタンの2つの炭素は等価である」「プロパンには2種類の等価な炭素がある」「ベンゼンの6つの炭素は等価である」などのように使う。等価でない関係は，非等価(nonequivalent)という。

図2.6　ニトロメタンの共鳴混成体

コラム：SDGsとグリーンケミストリー

SDGsという言葉が新聞やニュースなどに取り上げられることが多くなっている。これは2015年9月の国連で採択された「持続可能な開発目標」(Sustainable Development Goals)の略語で，2030年までに持続可能でよりよい世界をめざす国際目標である。17の目標と169のターゲットが設定されており，貧困解消やジェンダー平等，気候変動抑制や生態系の保護，安全な水やエネルギーの確保など多くの問題が列挙されている。

一方，化学では以前からグリーンケミストリー(Green Chemistry)という考え方があり，化学物質が人々の健康に与える影響を低減するとともに，環境汚染を削減し環境負荷の最小化を実現するものづくりをめざすものである。アナスタス(Anastas, P. T., 1962-)とワーナー(Warner, J. C., 1962-)は，1998年にグリーンケミストリーの12箇条を提唱した。その内容は，できる限り廃棄物を出さない，人体と環境への影響が少ない化学物質を使用する，触媒反応を利用する，などである。

1. 廃棄物は出してからの処理ではなく，出さない
2. 原料をなるべく無駄にしない形の合成をする
3. 人体と環境に害の少ない反応物・生成物にする
4. 機能が同じなら，毒性のなるべく小さい物質をつくる
5. 補助物質はなるべく減らし，使うにしても無害なものを
6. 環境と経費への負荷を考え，省エネを心がける
7. 原料は，枯渇性資源ではなく再生可能な資源から得る
8. 途中の修飾反応はできるだけ避ける
9. できるかぎり触媒反応をめざす
10. 使用後に環境中で分解するような製品をめざす
11. プロセス計測を導入する
12. 化学事故につながりにくい物質を使う

(Anastas, P. T., Warner, J. C.(渡辺 正・北島昌夫訳)「グリーンケミストリー」(丸善, 1999年)より引用)

その後，グリーン・サステイナブルケミストリー(Green Sustainable Chemistry, GSC)という用語も注目を集めている。環境と社会の持続性に貢献するための化学技術について，化学メーカーだけでなく，大学や研究機関の研究者も意識して取り組んでいる化学の最重要課題の一つである。

　このように私たちは，地球環境と共生しながら健康を含む暮らし全体を振り返り，未来社会をどのように構築していくのかを深く考える必要がある。自分自身の意識や行動をどのように変えるのか，それを社会全体の動向にどのようにつなげていくのか，を私たち一人ひとりが熟考することが強く求められている。

章末問題

問題 2.1　次の化学種に形式電荷があれば，書き加えよ。孤立電子対はすべて書かれている。

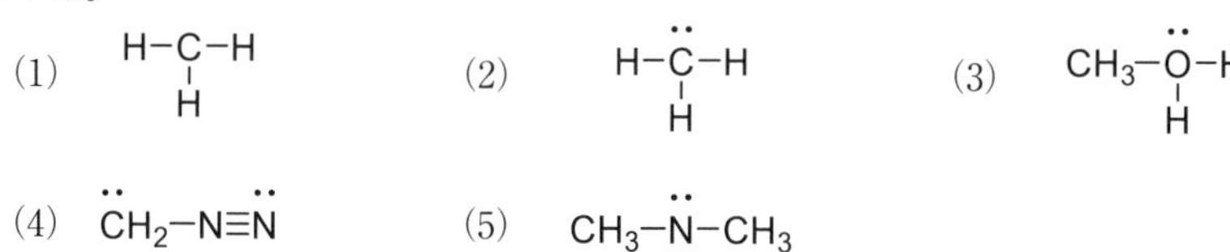

問題 2.2　次の化合物で省略されている孤立電子対を明示せよ。

(1) 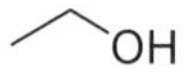　(2) 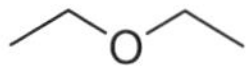　(3)

(4) 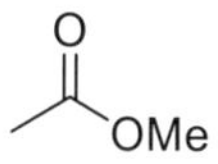　(5) 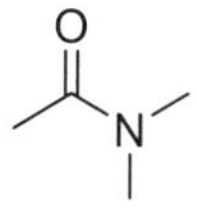　(6)

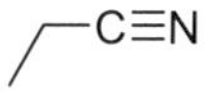

問題 2.3　次の共鳴混成体を完成させるように，必要な巻き矢印をすべて書け。

(1)

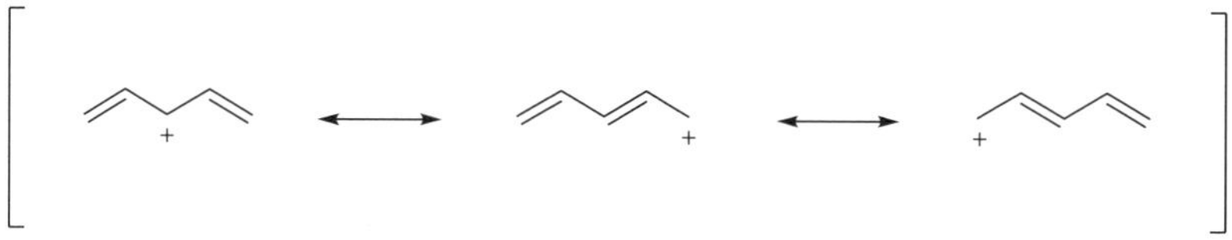

(2)

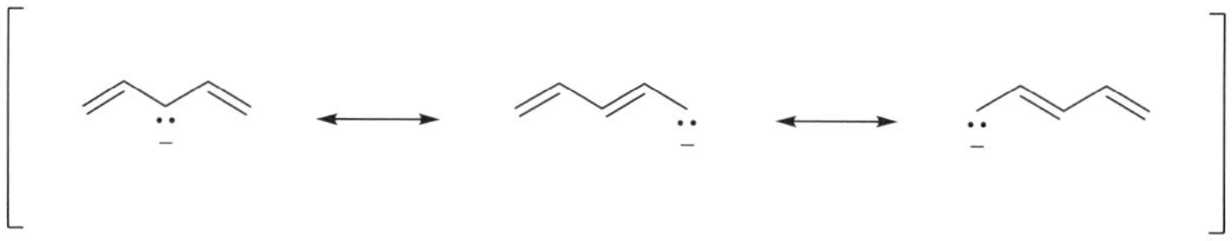

(3)

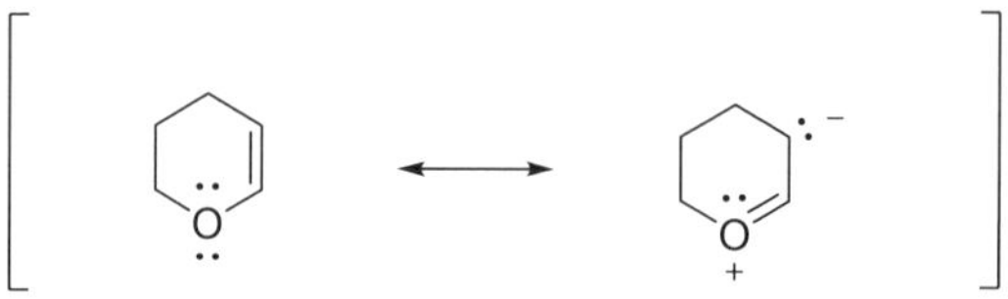

(4)

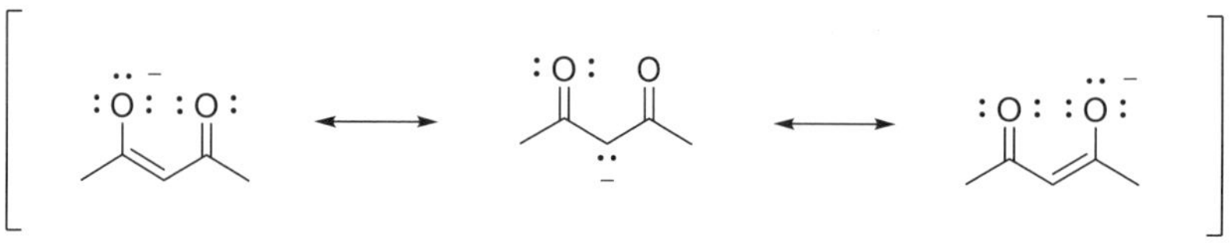

(5)

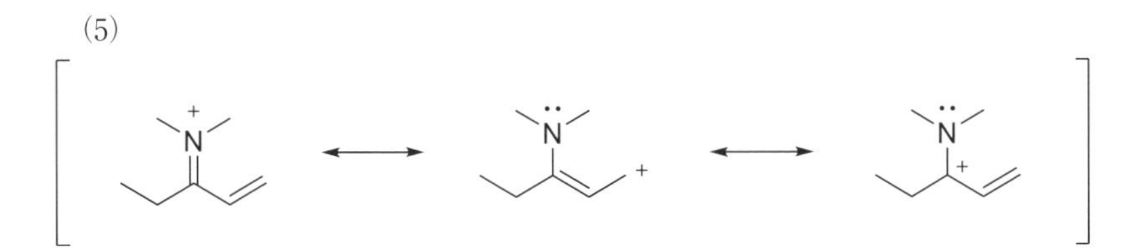

問題 2.4　次の化合物（化学種）の共鳴構造式をすべて書け。そのとき，巻き矢印を必ず明示すること。

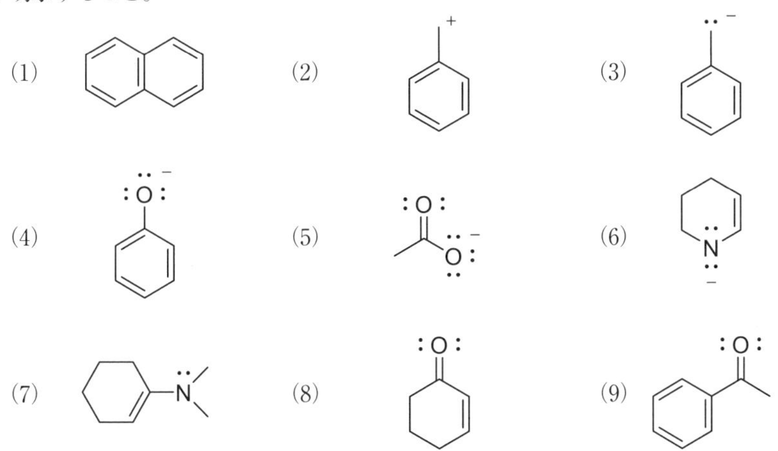

問題 2.5　ペンタンには，次に示すように両端の炭素原子（①）どうし，2 番目の炭素原子（②）どうしは等価であり，あわせて 3 種類の等価な炭素原子がある。

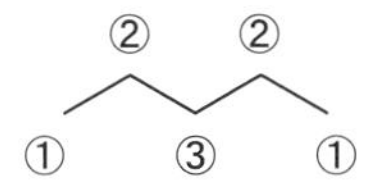

下の化合物にはそれぞれ何種類の等価な炭素原子があるか。

3 有機化合物の構造と異性体

【この章の到達目標とキーワード】
・有機化合物には様々な構造があり，それらの3次元構造を表現する方法があることを理解する。

キーワード：構造異性体，立体異性体，立体配置，立体配座，エナンチオマーとジアステレオマー，シス体とトランス体，回転異性体と立体配座異性体，キラル，不斉炭素，*RS* 順位則(CIP 則)，光学活性，右旋性，左旋性，ラセミ体，*EZ* 表記，ニューマン投影式，アンチ立体配座，ゴーシュ立体配座，ねじれ形立体配座，重なり形立体配座，アトロプ異性体，フィッシャー投影式，メソ体，いす形立体配座，舟形立体配座，結合角ひずみと重なりひずみ，渡環ひずみ，アキシアルとエクアトリアル，1,3-ジアキシアル相互作用

3.0 多様な有機化合物

有機化合物がどの部分で反応するのかをすばやく予測するためには，その構造を知らなければならない。本章では，有機化合物の構造とその表現法を解説する。

炭素を中心に水素，酸素，窒素などで構成される有機化合物が多種多様であることは，各元素のつながり方に起因する。例えば，分子式 C_5H_{12} で表される炭化水素は，炭素のつながり方のちがいにより，同じ分子式でも直鎖状と分枝状の化合物3種類が存在する(図 3.1)。さらに，正四面体構造の中心炭素に違った種類の原子または原子団 a, b, c, d が結合すると，それぞれの配置のちがいにより右手と左手の関係(鏡像)に相当する化合物も存在し，ますます化合物の種類が増えてくる(図 3.2)。

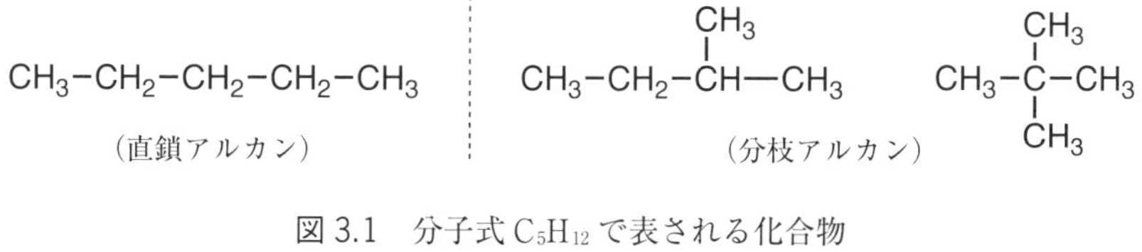

$CH_3-CH_2-CH_2-CH_2-CH_3$
(直鎖アルカン)

$CH_3-CH_2-CH(CH_3)-CH_3$　　$CH_3-C(CH_3)_2-CH_3$
(分枝アルカン)

図 3.1　分子式 C_5H_{12} で表される化合物

ここで，sp^3 混成による四面体構造のメタンを破線と実線くさび形で表記すると，化合物を紙面上で立体的に表現できる[*1]。すなわち，2本の実線は紙面上にある結合，くさび実線(◣)は紙面の手前，くさび破線(⋰)は紙面の向こ

*1 破線と実線くさび形を使って表現する方法を，破線-くさび形表記法(hashed-wedged line notation)という。

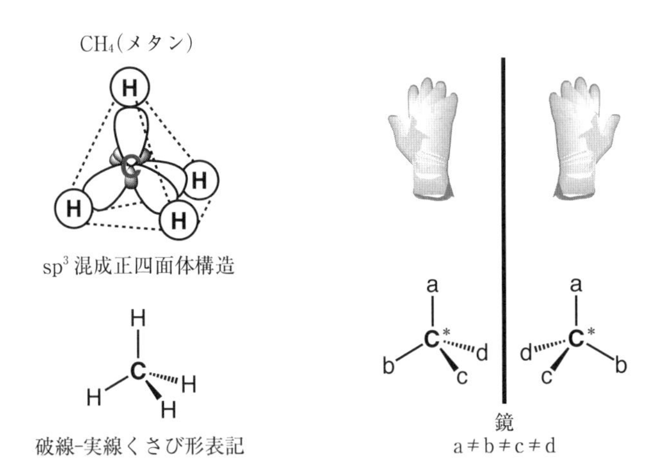

図 3.2 メタンの構造と炭素の正四面体構造に起因する鏡像関係

う側に出た結合を意味する。これによって，四面体構造の炭素化合物を 3 次元的に表現できる。

3.1 異性体とは

同じ分子式でも結合の仕方のちがいにより構造が異なる化合物のことを，お互いに**異性体**(isomer)とよぶ。異性体はその結合様式のちがいから，図 3.3 に示すように分類することができる。

異性体は個々の原子のつながり方が異なる**構造異性体**(constitutional isomer または structural isomer)と，原子のつながり方は同じで空間的配置が異なる**立体異性体**(stereoisomer)に大きく分けられる。立体異性体はさらに**ジアステレオマー**(diastereomer)と**エナンチオマー**(enantiomer)に分けられる。例えば，シクロペンタンに 2 個のメチル基が置換した 1,3-ジメチルシクロペンタンを考えてみよう。このとき，シクロペンタン環を平面と考えたとき，2 個のメチル基がそれぞれ同じ側に置換した化合物と互いちがいに置換した**立体配置**(configuration)の異なる 2 種類の化合物が考えられる。メチル基が同じ側に置換した化合物を**シス体**(cis form)，互いちがいに置換した化合物を**トランス体**(trans form)という。このシス体とトランス体はお互いに重ね合わせることができない(鏡に映った鏡像の関係ではない)。このような関係の立体異性体のことを，ジアステレオマー(diastereomer)とよぶ。また，2-ブテンのように，二重結合を介してそれぞれのメチル基が同じ側に置換したシス-2-ブテンと対角線上に置換したトランス-2-ブテンもメチル基の立体配置が異なり，重ね合わせることができない(鏡像の関係にない)。よって，それぞれはジアステレオマーの関係である[*2]。他にも，ブタンの C-2 炭素と C-3 炭素の結合を軸として回転して得られる**立体配座**(conformation)[*3] の異なる無数の**回転異性体**(rotational isomer または rotamer)や，メチルシクロヘキサンのようにメチル基の立体配座が異なる**立体配座異性体**(conformational isomer)も，広い意味ではジ

*2 二重結合を介した置換基の立体配置が異なる異性体のことを**幾何異性体**(geometric isomer)とよぶ。

*3 原子のつながり方と配置が同じ化合物における原子の空間配列を**立体配座**という。

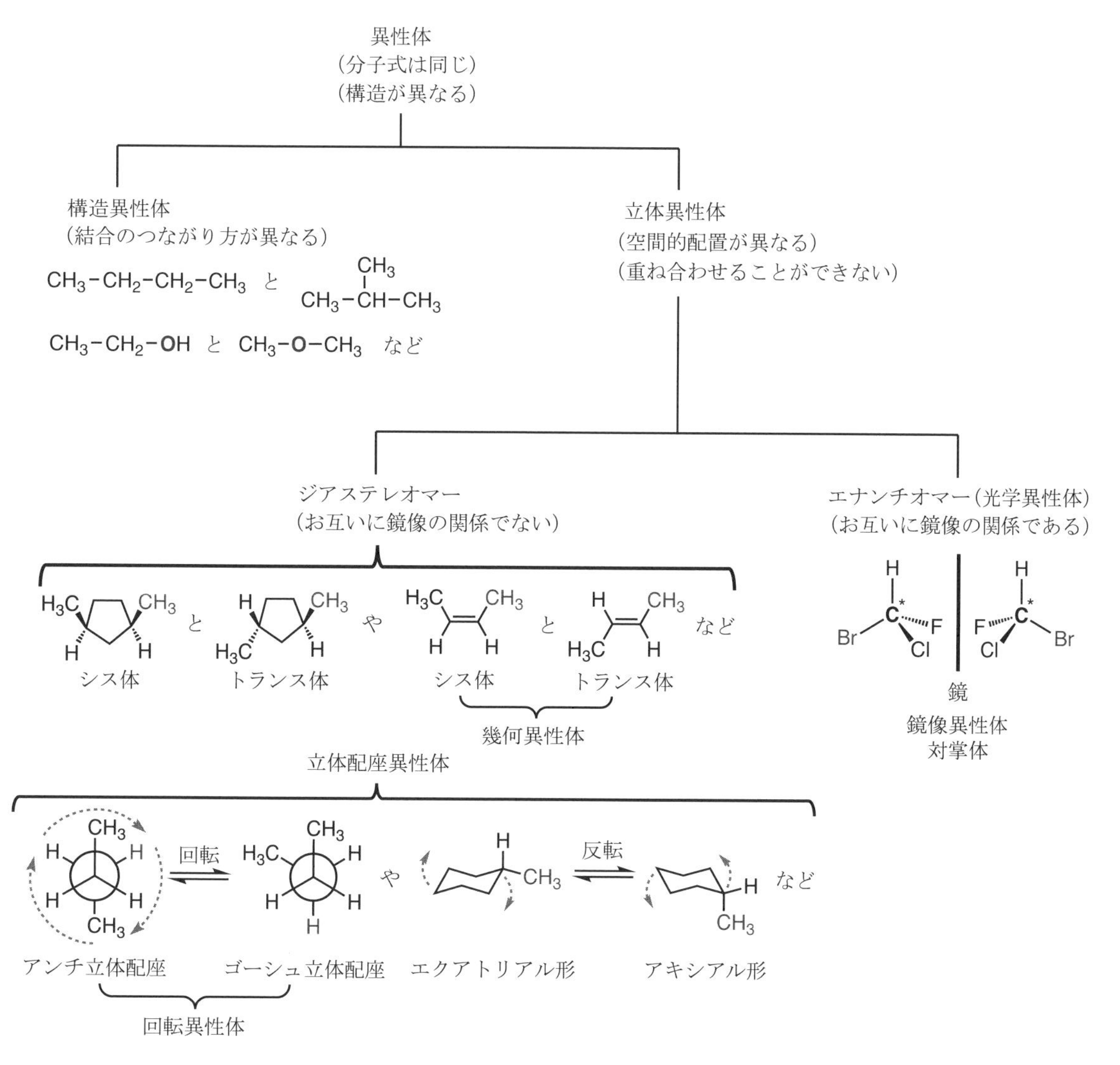

図 3.3 異性体の分類

アステレオマーである。しかし，どちらも室温では極めて速い化学平衡にあり，単離することはできない。

飽和炭化水素の中心炭素は sp^3 混成軌道で構成されており，正四面体構造をとっている(図 3.2)。そのため，4 つの頂点に結合した原子または原子団がすべて異なると，その結合の仕方によってお互いに重ね合わせることができない鏡像の関係にある化合物ができる。鏡像関係にある化合物は**キラル**(chiral)であるといい，お互いに**エナンチオマー**(enantiomer)とよぶ。このとき，中心炭素は**不斉中心**(asymmetric center または stereocenter)であり，その炭素のことを**不斉炭素**(asymmetric carbon)とよぶ[*4]。また，ある化合物が鏡に写った鏡像と重ね合わせることができるとき，その化合物は同一分子であり，**アキラル**(achiral)であるという。アキラルな化合物は分子内に**対称面**(**鏡面**)が存在するので，キラルな化合物と容易に区別できる。

4 一般に，構造式中の不斉炭素には「」を付けて表す。

3.2　エナンチオマーと *RS* 順位則

エナンチオマーどうしは沸点，融点，密度などの物理的性質は同じであるので区別できないが，唯一，**旋光**(optical rotation)が異なる。旋光とは，片方の純粋なエナンチオマー溶液に平面偏光 *5 を透過すると，偏光面が右か左に回転する現象のことで，この平面偏光との相互作用が**光学活性**(optical activity)とよばれる *6。偏光面が右側(時計回り)に回転するエナンチオマーを**右旋性**(dextrorotatory)(+)，左側(反時計回り)に回転するエナンチオマーを**左旋性**(levorotatory)(−)という。残念なことに，乳酸と乳酸ナトリウムの関係からわかるように(図 3.4)，キラル分子の立体配置と光学活性にはまったく関係がなく，エナンチオマーの旋光は測定してみなければわからない *7。一般に，有機化学反応で不斉炭素を含む化合物が生成するとき，(+)-エナンチオマーと(−)-エナンチオマーの 1：1 混合物が得られる。この混合物のことを**ラセミ体**(racemate)または**ラセミ混合物**(racemic mixture)という。なお，エナンチオマーの正確な立体配置(絶対配置)は，その単結晶を作成して X 線結晶解析を行い，各原子の正確な位置を決めることによって知ることができる *8。

H, C*, CH_3, HO, COOH　→（NaOH / H_2O）→　H, C*, CH_3, HO, COONa

(*R*)-(−)-乳酸　$[\alpha]^{25}_{D} = -3.8$　左旋性

(*R*)-(+)-乳酸ナトリウム　$[\alpha]^{25}_{D} = +13.5$　右旋性

図 3.4　(*R*)-(−)-乳酸と(*R*)-(+)-乳酸ナトリウムの旋光性

しかし，エナンチオマーの旋光性や絶対配置がわからなくても，エナンチオマーどうしを構造式で書き表して区別する必要がある。もし，不斉炭素に結合した置換基 a, b, c, d に優先順位を決めることができるならば，エナンチオマーどうしの相対的配置を書き表して区別できる。例えば，置換基の優先順位を a＞b＞c＞d とすると，最も優先順位の低い置換基 d(一般には水素や孤立電子対)を不斉中心の一番奥に配置したとき，手前に出てくる 3 つの置換基 a, b, c が時計回り(clockwise)に配列している不斉中心の立体配置を ***R***（ラテン語の「右」rectus の頭文字)，反時計回り(counterclockwise)に配列している不斉中心の立体配置を ***S***（ラテン語「左」sinister の頭文字)と表記する(図 3.5)。

不斉炭素に結合している置換基 a, b, c, d の優先順位は，次の ***RS* 順位則**(*RS* sequence rule)に従って決める。

順位則 1：不斉中心に直接結合している原子番号の大きい原子のほうが優先する。よって，一般には水素の優先順位が最も低く，場合によっては孤立電子対がさらに低い。

*5 平面偏光とは，あらゆる方向の振動の総合(束)である自然光を，偏光フィルター(スリット)に通すことによって得られる単一面内で振動している光のこと。

*6 旋光は通常室温で，旋光計により測定される。

*7 実測の旋光度は，濃度，試料セルの長さ，溶媒，温度，光の波長に依存するので，標準化した**比旋光度** [*α*] を用いる。*α*：実測の旋光度，*l*：試料セルの長さ，*c*：試料濃度とするとき，比旋光度 [*α*] は

$$[\alpha]^{25}_{D} = \frac{\alpha}{l \times c}$$

となる。ただし，測定温度：25℃，光源：ナトリウム D 線である。

*8 (3*S*, 4*S*)-4-アセチル-6,6-ジフェニル-1,2-ジオキサン-3-オールの単結晶 X 線構造解析図(ORTEP 図)(Nishino *et al., Bull. Chem. Soc. Jpn.* **1991**, *64*, 1800-1809.)

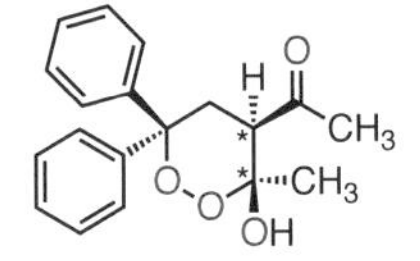

融点 165-166℃

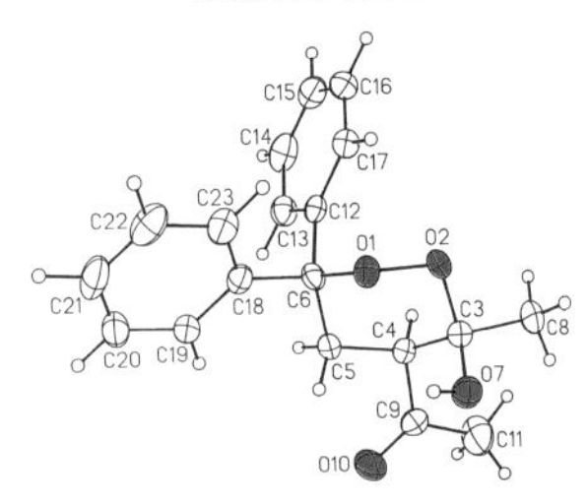

ORTEP 図

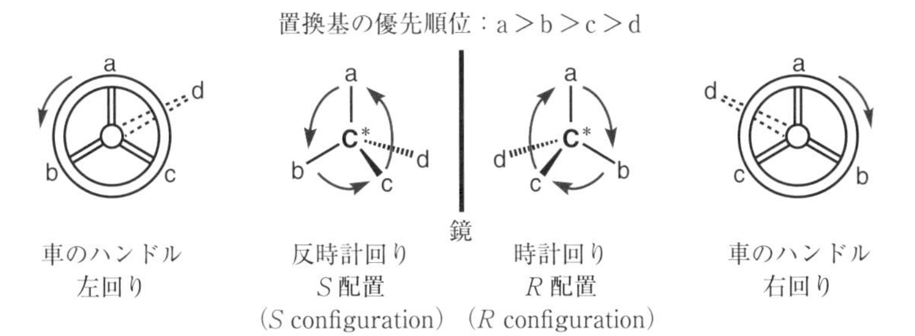

図 3.5 不斉炭素の立体化学(*RS* 表記法)

例えば，1-ブロモ-1-クロロエタン(**1**)の不斉炭素(C*)に結合している置換基は臭素，塩素，メチル基と水素である(図 3.6)。順位則 1 に従って置換基の優先順位は，①臭素＞②塩素＞③メチル基＞④水素 となる。水素の優先順位が最も低いので，化合物 **1** の水素が紙面奥にくるように回転すると(赤点線矢印)，臭素，塩素，メチル基が手前に並び(**1′**)，優先順位の高いほうから低いほうへ右回りになっている(赤矢印)。よって，この化合物は(*R*)-1-ブロモ-1-クロロエタン(**1**)である。このとき，不斉炭素の立体化学 *R, S* を括弧でくくったイタリック体で化合物名の先頭に書き，ハイフンでつないで表記する。同様に，1-ブロモ-1-エタノール(**2**)では，置換基優先順位は，①臭素＞②ヒドロキシ基＞③メチル基＞④水素 となるので，化合物 **2** の水素を同様に向こう側に回転(赤点線矢印)した **2′** で考えると，今度は手前にでた置換基の臭素，ヒドロキシ基，メチル基は左回りに配置されている(赤矢印)。よって，この化合物は(*S*)-1-ブロモ-1-エタノールである(図 3.6)。

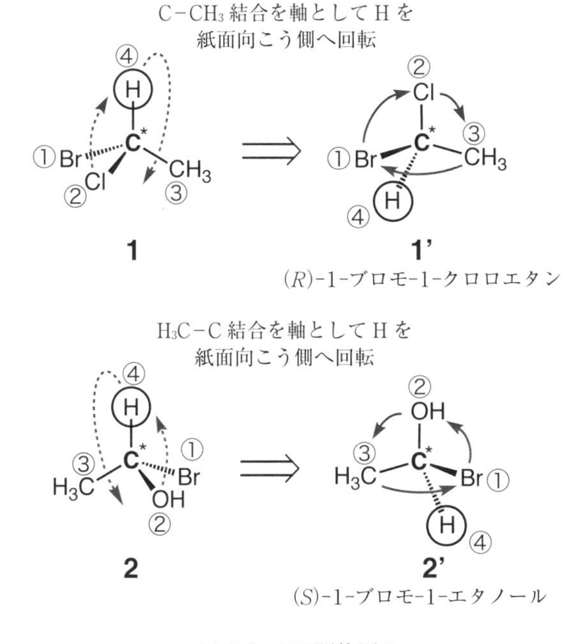

図 3.6 *RS* 順位則 1

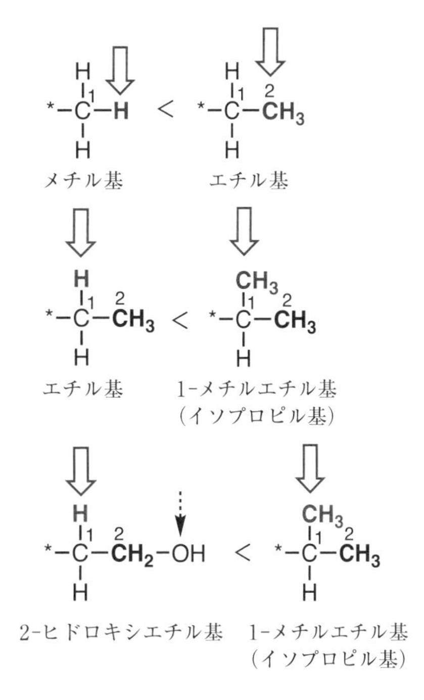

図 3.7 *RS* 順位則 2

順位則2：不斉中心に直接結合している2つの原子が同じ順位の場合，ちがいがでるまで置換基の鎖をたどる(図3.7)。

例えば，メチル基とエチル基を比較すると，メチル基では水素が3個置換しているのに対して，エチル基ではC-1炭素に水素2個とメチル炭素1個が置換しているので，優先順位はエチル基のほうが高い。エチル基と1-メチルエチル基(イソプロピル基)[*9]を比較すると，エチル基のC-1炭素に水素2個＋メチル炭素1個に対して1-メチルエチル基のC-1炭素には水素1個＋メチル炭素2個が結合しているので，1-メチルエチル基のほうが優先順位は高い。また，2-ヒドロキシエチル基と1-メチルエチル基を比較すると，2-ヒドロキシエチル基のC-1炭素には水素2個＋メチレン炭素1個に対して1-メチルエチル基のC-1炭素には水素1個＋メチル炭素2個が結合している。よって，1-メチルエチル基の優先順位が高い。

*9 イソプロピル基とは1-メチルエチル基の慣用名。

これまでの順位則に従えば，化合物3は(*R*)-2-ブロモブタンであり，化合物4は(*S*)-3-イソプロピル-4,4-ジメチル-1-ペンタノールとなる(図3.8)。

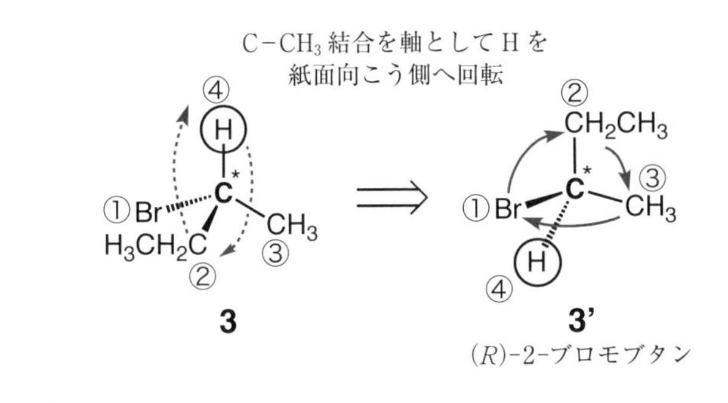

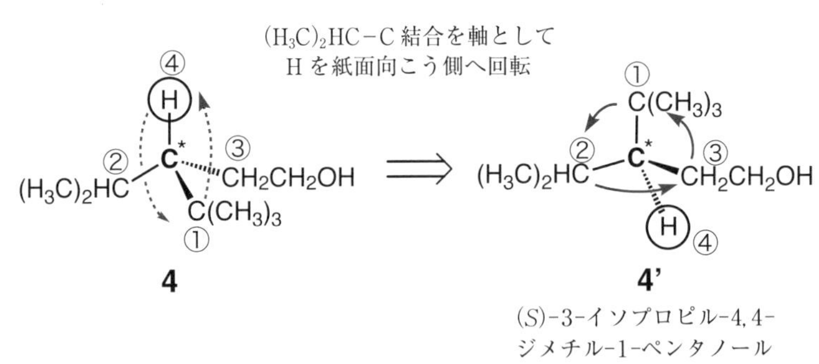

図3.8 化合物3と4の立体化学表記

順位則3：不斉中心に直接結合している原子に二重結合や三重結合がある場合，不飽和結合は単結合とみなし，不飽和結合の両方の原子に多重結合で結ばれているもう一方の原子が二重，三重に置換しているとみなす(図3.9)。

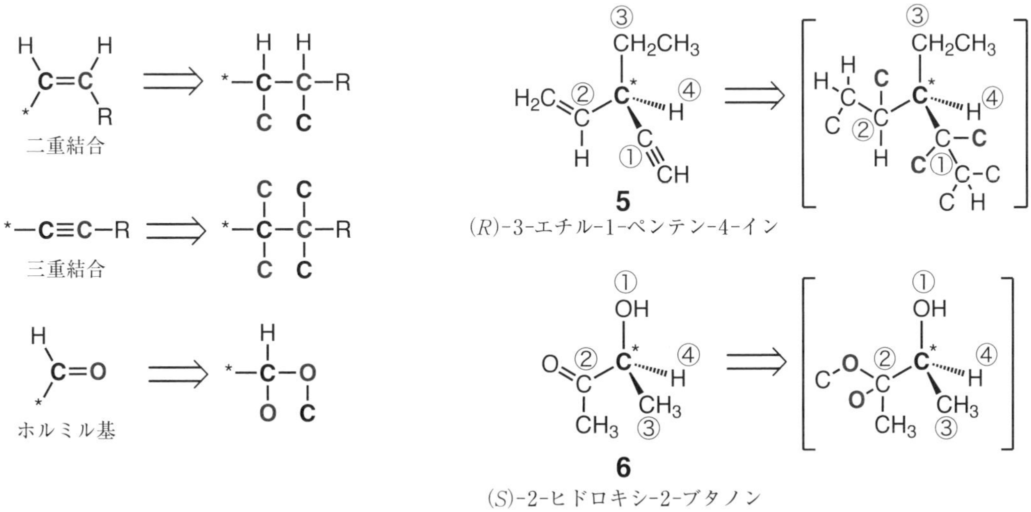

二重結合

三重結合

ホルミル基

5
(*R*)-3-エチル-1-ペンテン-4-イン

6
(*S*)-2-ヒドロキシ-2-ブタノン

図 3.9　*RS* 順位則 3 とその例

例えば，化合物 **5** では不斉炭素に水素，エチル基(CH_3CH_2−)，エテニル基($H_2C=CH$−)，エチニル基($HC\equiv C$−)が置換している。そこで順位則 3 に従うと，エチル基 C-1 炭素には水素 2 個＋メチル炭素 1 個，エテニル基 C-1 炭素には水素 1 個＋C-2 炭素 2 個，エチニル基 C-1 炭素には C-2 炭素 3 個が置換しているとみなす。よって，優先順位は エチニル基＞エテニル基＞エチル基＞水素 となり，化合物 **5** の立体中心は *R* 配置である。また，化合物 **6** ではヒドロキシ基(OH)，アセチル基(CH_3CO−)，メチル基，水素が不斉炭素に置換している。これまでの順位則に従うと，優先順位は ヒドロキシ基(OH)＞アセチル基(CH_3CO−)＞メチル基＞水素 となり，化合物 **6** の立体中心は *S* 配置となる。

この立体中心を表記する *RS* 順位則はカーン(Cahn, R.S., 1899-1981)，インゴールド(Ingold, C., 1893-1970)，プレログ(Prelog, V., 1905-1998)の 3 人によって開発されたもので，**カーン・インゴールド・プレログ**(Cahn-Ingold-Prelog)**則**(**CIP 則**)ともよばれる。

3.3　二重結合ジアステレオマー：*EZ* 表記

炭素-炭素二重結合に関するジアステレオマーについて，同じ置換基が二重結合に置換している場合にはシス-トランスという幾何異性体として表現できる。しかし，異なる置換基が二重結合に置換している場合には，*RS* 順位則を拡張して置換基の優先順位を決め，それによって二重結合の立体配置を表現する。例えば，二重結合 C-1 炭素に a と b，C-2 炭素に c と d が置換しているアルケンを考える。このとき，C-1 炭素の優先順位が a＞b，C-2 炭素の優先順位が c＞d とすると，二重結合炭素に置換している置換基の優先順位は a と c が高い。図 3.10 に示すように，置換基 a と c が二重結合に対して同じ側(ドイツ語で Zusammen)に置換している化合物を *Z* 体(*Z* form)という。一方，置換基

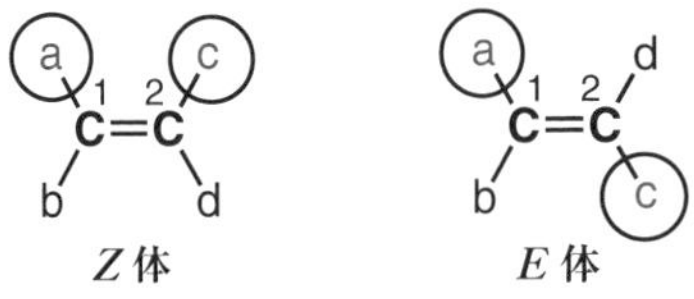

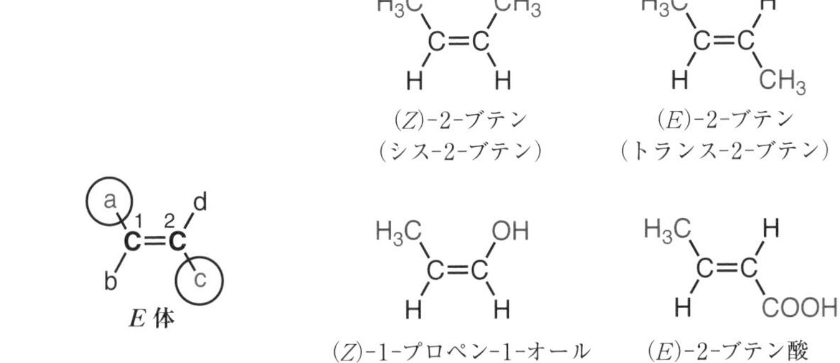

図 3.10　幾何異性体(*EZ* 表記法)：
優先順位 C-1：a ＞ b，C-2：c ＞ d

図 3.11　いろいろな幾何異性体

＊10 二重結合ジアステレオマーを IUPAC 名で表記するとき，立体化学 *EZ* は括弧でくくったイタリック体で化合物名の先頭に書き，ハイフンでつないで表記する。

a と c が二重結合に対して反対側(ドイツ語で Entgagen)に置換している化合物を *E* 体(*E* form)という。ちょうど，幾何異性体のシス体が *Z* 体に，トランス体が *E* 体に相当する(図 3.11)＊10。

3.4　立体配座異性体の表現：ニューマン投影式

炭素−炭素単結合は室温で自由回転しており，それぞれの炭素に置換している置換基の空間的配列(**立体配座**)は無数に存在する。置換基の立体配座は単結合の炭素を重ねた方向から眺めると，よく理解できる。例えば，ブタン C_4H_{10} を例にとり，C-2 炭素と C-3 炭素が重なる方向から眺めると，C-1 メチル基と C-4 メチル基の配列は C-2 炭素と C-3 炭素の単結合の自由回転によって無数に存在していることがわかる。このとき，置換基の空間的配列を理解する表記法として**ニューマン投影式**(Newman projection)がある。ブタンの C-2 炭素と C-3 炭素を重ねて書いた構造式を，ニューマン投影式に直すと A のようになる(図 3.12)。すなわち，C-2 炭素を手前の 3 つの結合の交点で表し，後ろの C-3 炭素を大きめの円で書き表す。

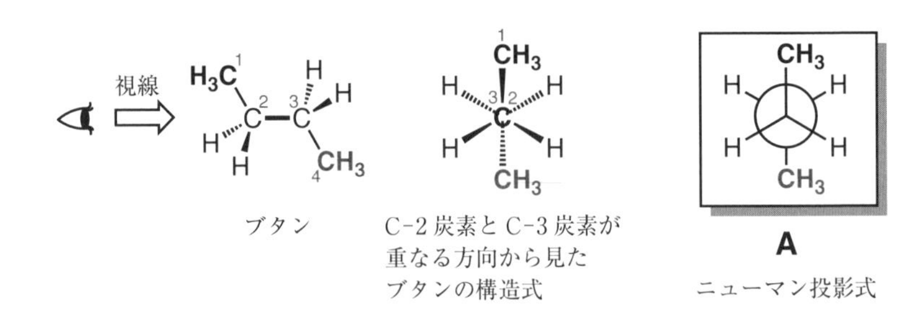

図 3.12　破線-くさび形表記法とニューマン投影式の関係

ニューマン投影式の書き方は，

(ⅰ) まず後ろの炭素を大きな円で描き，

(ⅱ) 次に 120° の結合角で 3 つの結合を書く。このとき，交点を円の中心とし，1 つの結合は垂直方向に配置する。

(iii) 3つの結合の先端に置換基を書く。

(iv) 手前の置換基の間に後ろの3つの結合を描く。このとき，結合は円周に接し，その延長線上にC-2炭素の交点がくるように描く。

(v) 最後に，後ろのC-3炭素の結合の先端に置換基を書けば，ニューマン投影式が完成する(図3.13)。

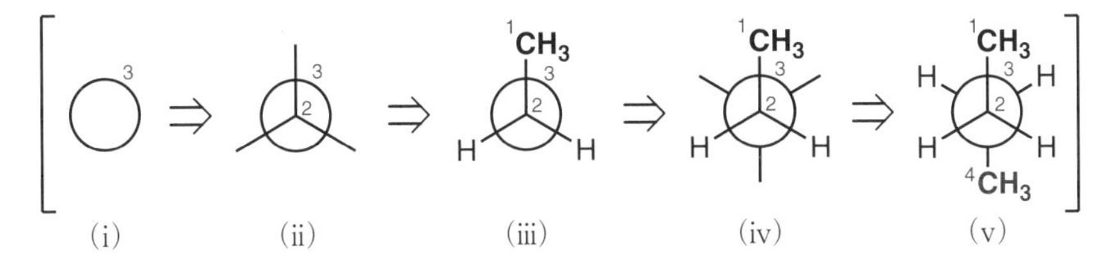

図3.13　ニューマン投影式の書き方

ブタンC_4H_{10}の無数の立体配座を考えたとき，Aは手前のメチル基と後ろのメチル基がちょうど結合の間にあり，しかも180°の一番遠い位置にある。この立体配座をアンチ立体配座(anti conformation)といい，各原子の反発が最も少ない安定な立体配座である(図3.14)。手前のC-2炭素を固定して，後ろのC-3

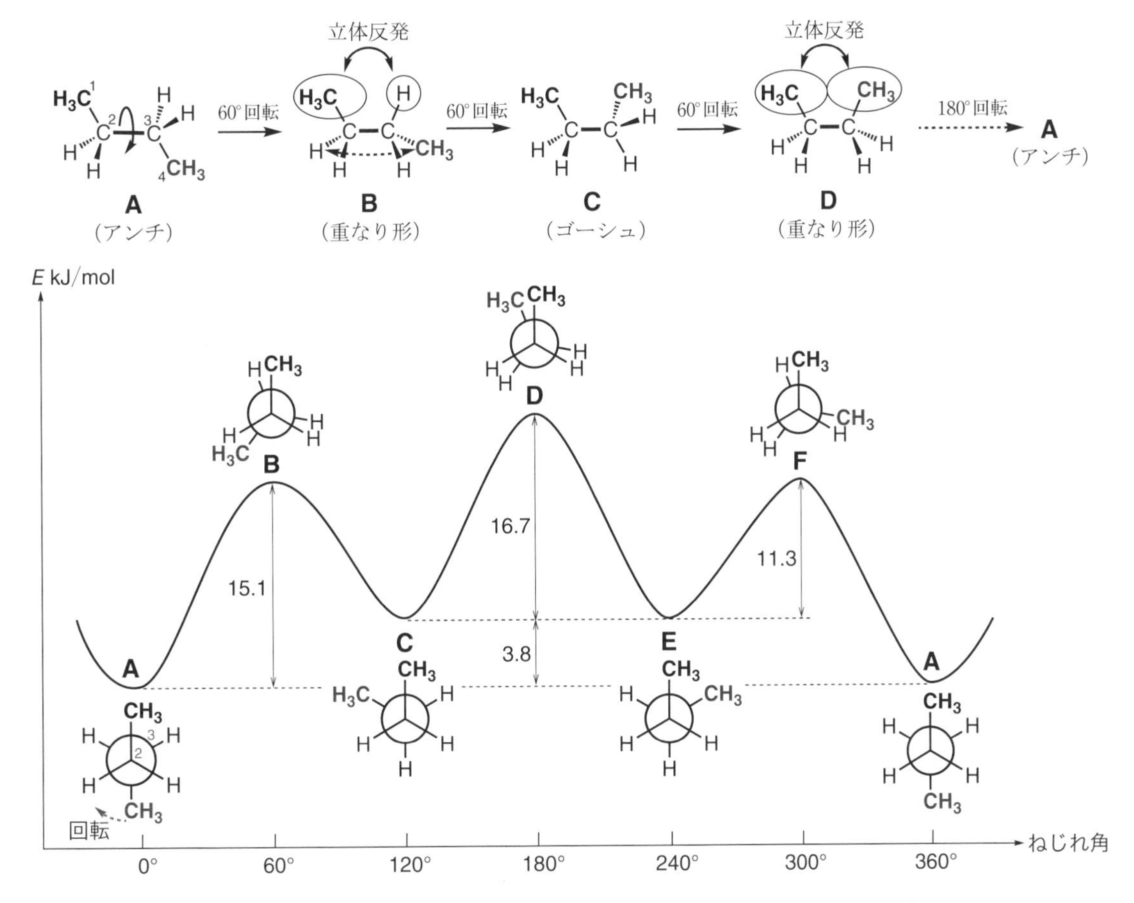

図3.14　ブタンのC-2炭素とC-3炭素の自由回転による様々な立体配座とポテンシャルエネルギー図

炭素を60°回転させると，立体配座Bとなる。このとき，手前のメチル基と後ろの水素が空間的に重なる位置にくるので，立体反発が生じてすぐ回転し，立体配座Cとなる。立体配座Cは置換基がちょうど結合の間にきているが，メチル基どうしが空間的に近いので，アンチ立体配座よりも不安定である。この立体配座を**ゴーシュ立体配座**(gauche conformation)という。さらに60°回転すると，今度はかさ高いメチル基どうしが空間的に重なった最も不安定な立体配座Dとなる。このメチル基どうしの大きな立体反発の相互作用を**立体障害**(steric hindrance)という。さらに60°回転すると，ふたたびゴーシュ立体配座Eとなり，同様の回転をへてふたたびアンチ立体配座Aにもどる[*11]。この一連の回転運動とポテンシャルエネルギーの関係を図3.14に示す。ここで，アンチ立体配座AやゴーシュT立体配座CやEのように，置換基がちょうど結合の間にくる立体配座を**ねじれ形立体配座**(staggered conformation)といい，B, D, Fのように置換基が重なった立体配座を**重なり形立体配座**(eclipsed conformation)という[*12]。

立体配座異性体のなかには置換基どうしの立体障害が大きく，室温では自由回転できない化合物もある。例えば，ビフェニルのオルト位に置換基があると立体障害が生じ，ベンゼン環どうしの自由回転が妨げられる(図3.15)。そのため，不斉炭素は存在しないが，それぞれの鏡像異性体を単離することができる。このような現象を**アトロプ異性**(atropisomerism)といい，それぞれのエナンチオマーを**アトロプ異性体**(atropisomer)とよぶ[*13]。

*11 ブタンは室温でアンチ形が72%，ゴーシュ形が28%占める。最も安定なアンチ形配座Aと最も不安定な重なり形配座Dとの回転障壁は20.5 kJ/molあるが，C-2炭素とC-3炭素の単結合は自由回転できるので，ブタンの立体配座異性体を単離することはできない。

*12 ニューマン投影式で重なり形立体配座を書くとき，完全に重なったように書くのではなく，B, D, Fのように後ろの置換基を少しずらした形で表現するのが一般的である。

*13 置換基の立体障害で結合軸の自由回転が妨げられることにより生じる不斉現象を**軸不斉**(axial chirality)という。

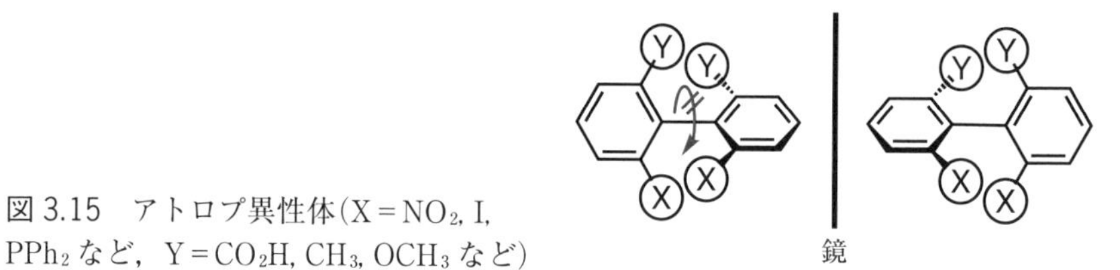

図3.15 アトロプ異性体($X = NO_2$, I, PPh_2など，$Y = CO_2H$, CH_3, OCH_3など)

3.5 立体配座異性体の表現：フィッシャー投影式

3次元的な破線-くさび形表記法で書いたエナンチオマーを，2次元的な平面構造に書き直すと，不斉中心の*RS*配置を容易に理解できる。それが不斉炭素を十字形の交点で表す**フィッシャー投影式**(Fischer projection)である(図3.16)。

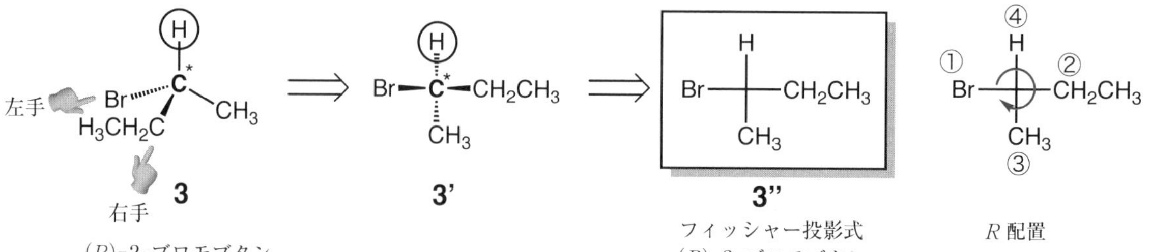

左手 右手 **3** (*R*)-2-ブロモブタン ⟹ **3'** ⟹ **3''** フィッシャー投影式 (*R*)-2-ブロモブタン　*R*配置

図3.16 破線-くさび形表記法とフィッシャー投影式の関係

破線-くさび形表記法で書いた2-ブロモブタン(3)のブロモ基を左手，エチル基を右手で持ち，紙面の手前に引っ張ると，上に水素と下にメチル基が紙面の向こう側に配置された構造3′になる。この3′を紙面の上から押さえ付けて平面にした構造式3″がフィッシャー投影式である。不斉炭素は十字形の交点で表す。不斉中心の立体化学は，優先順位の最も低い水素が上にあるので左右と下の置換基の優先順位だけを *RS* 順位則に従って考え，*R* 配置であると容易に理解できる。

フィッシャー投影式を書くとき，十字形の左右の置換基は紙面の手前にでており，上下の置換基は紙面の向こう側に配置されていることに注意する必要がある。そこで，不斉中心が1個のとき，優先順位の最も低い置換基dが上にくるように，残り3つのうちの2つの置換基を左右の手で持ち，手前に引っ張るという操作を考えてフィッシャー投影式に変換する(図3.17)。このとき，優先順位が最低の置換基dが上にきているので，残りの左右abと下cの置換基が十字形を右回りの優先順位であれば *R* 配置，左回りであれば *S* 配置となる。また，フィッシャー投影式を90°回転すると，不斉中心の立体化学は *S* 配置であれば *R* 配置に，*R* 配置であれば *S* 配置に変わる(図3.17中段)。フィッシャー投影式を180°回転すると，立体化学はもとにもどる。さらに，置換基を1回入れ替えると，立体配置は逆転し，もう一度入れ替えると，もとの立体配置にもどる(図3.17下段)。このように，フィッシャー投影式では置換基の回転や入れ替えを繰り返して優先順位の最も低い置換基dを上に配置することで，残りの左右abと下cの置換基の優先順位から不斉中心の立体化学を確実に知ることができる。

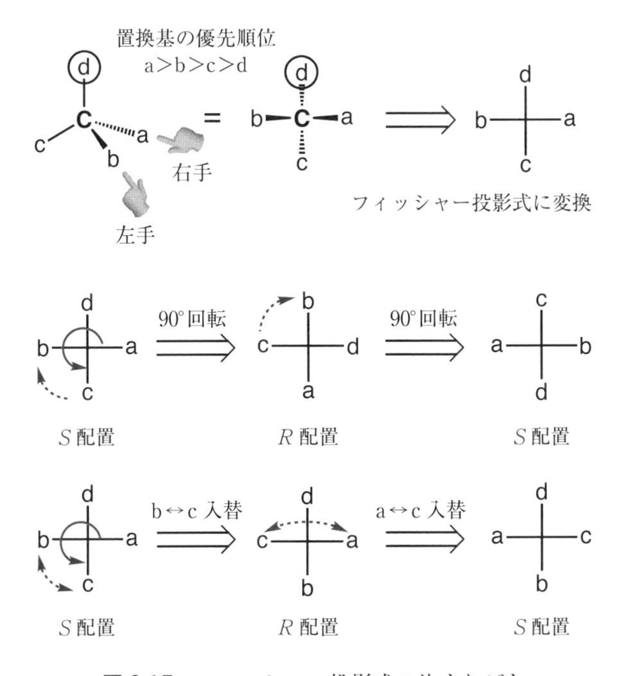

図3.17　フィッシャー投影式の決まりごと

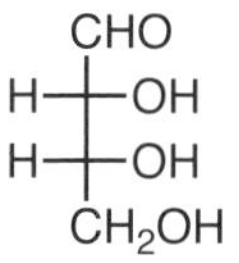

CHO
H—|—OH
H—|—OH
CH_2OH

D-エリトロース
(2*R*,3*R*)

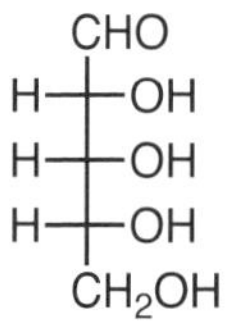

CHO
H—|—OH
H—|—OH
H—|—OH
CH_2OH

D-リボース
(2*R*,3*R*,4*R*)

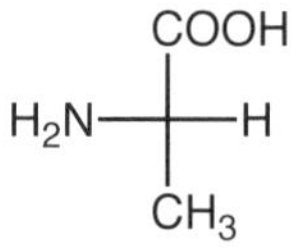

COOH
H_2N—|—H
CH_3

L-アラニン
(*S*)

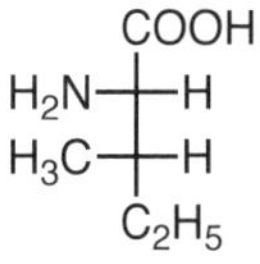

COOH
H_2N—|—H
H_3C—|—H
C_2H_5

L-イソロイシン
(2*S*,3*S*)

図 3.18　糖やアミノ酸のフィッシャー投影式

糖やアミノ酸を構造式で書くとき，古くからフィッシャー投影式が使われてきた(図 3.18)。ここで，不斉炭素を 2 個以上含む化合物をフィッシャー投影式で書くとき，次の 4 つの決まりごとがある。

(i) 一番長い炭素鎖を縦に描く。

(ii) 不斉炭素を十字形の交点で表す。

(iii) 十字形で表した不斉炭素の左右の置換基はつねに紙面の手前側にでている。

(iv) フィッシャー投影式で表した一番上と一番下の置換基は紙面の後ろ側にでている。

例えば，立体異性体の一つである(2*S*,3*S*)-2-ブロモ-3-クロロブタン(**7**)を破線-くさび形表記法で書くと，**7**-(2*S*,3*S*)のようになる(図 3.19)。この化合物 **7**-(2*S*,3*S*)をフィッシャー投影式に変換するためには，まずニューマン投影式で考え，ねじれ形 **7a** となる。決まりごと(iii)より十字形で表した不斉炭素の左右の結合はつねに紙面の手前側にでているので，重なり形 **7b** に変換する必要があり，決まりごと(i)に従って炭素鎖を縦に置いた破線-くさび形構造の **7c** が得られる。これを紙面の上から押し付けて平面にすると，**7**-(2*S*,3*S*)のフィッシャー投影式 **7d** が書ける。また，化合物 **7d** のエナンチオマーは **8d** である。このエナンチオマー **8d** を破線-くさび形表記に直すと **8c** となり，ニューマン投影式では不安定な重なり形 **8b** である。これを安定なねじれ形配座 **8a** に変換し，破線-くさび形表記法に変換すれば，化合物 **7**-(2*S*,3*S*)のエナンチオマー **8**-(2*R*,3*R*)が書ける(図 3.19)。

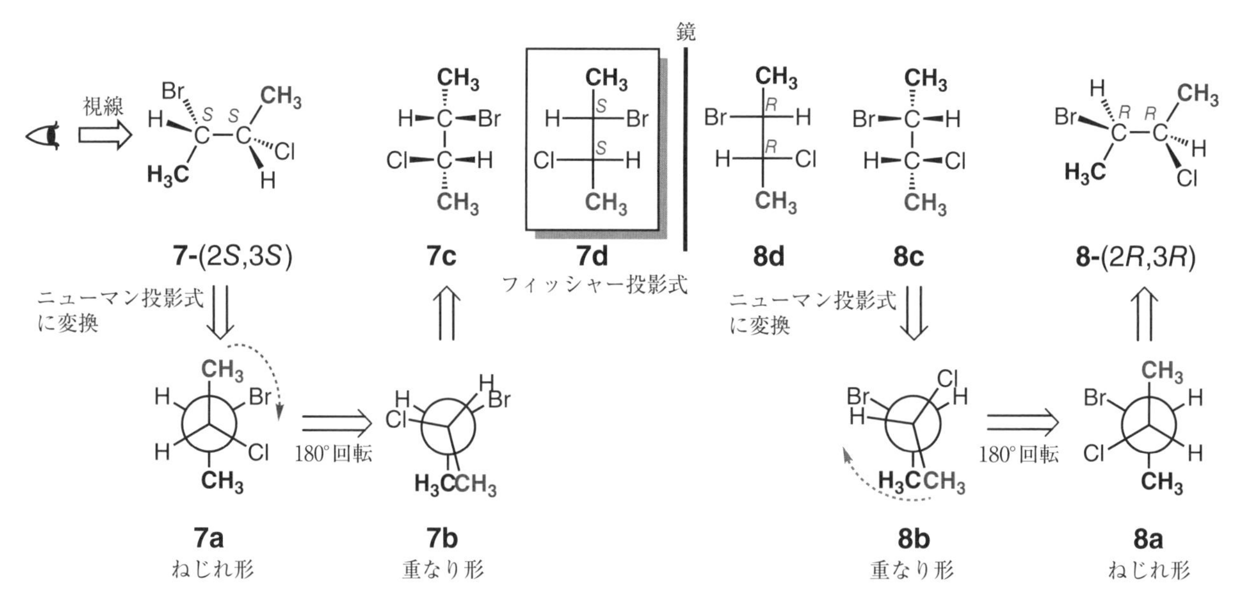

図 3.19　(2*S*,3*S*)-2-ブロモ-3-クロロブタン(7)とそのエナンチオマー(8)のニューマン投影式とフィッシャー投影式の関係

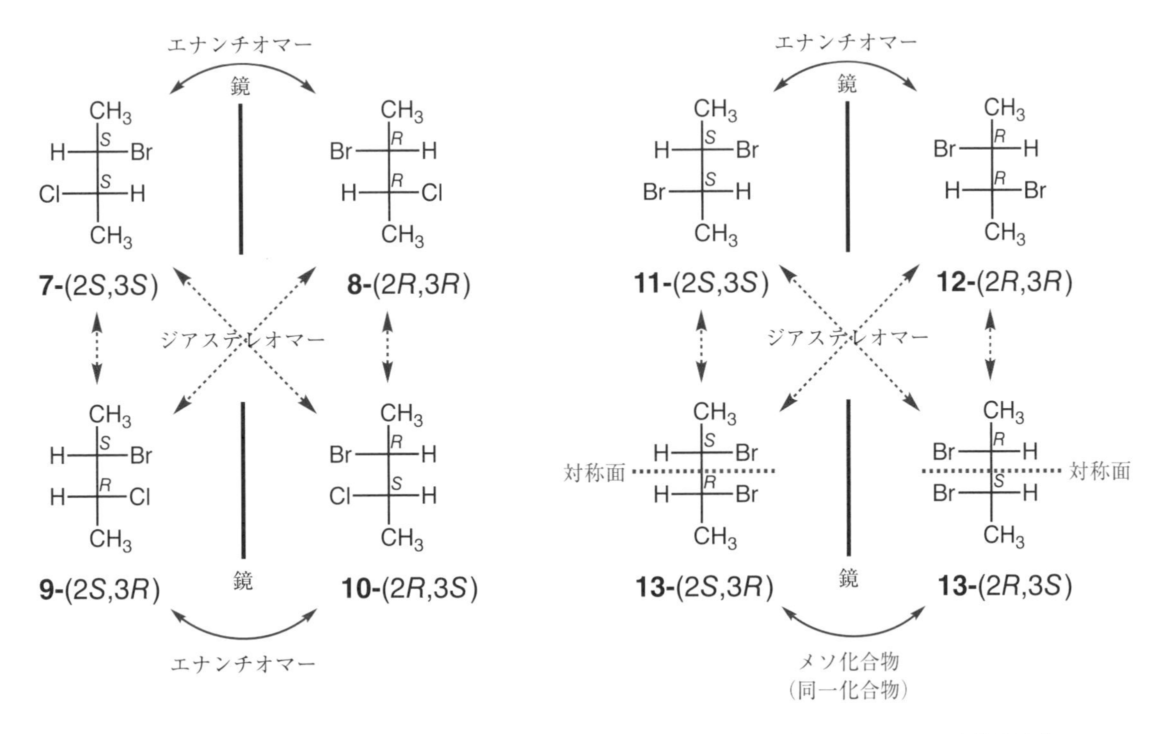

図 3.20 2-ブロモ-3-クロロブタンの立体異性体

図 3.21 2,3-ジブロモブタンの立体異性体

不斉炭素が 2 個ある 2-ブロモ-3-クロロブタンの立体異性体は他にいくつあるだろうか？ 答えはもう一組のエナンチオマー **9**-(2*S*,3*R*) と **10**-(2*R*,3*S*) が考えられる（図 3.20）。エナンチオマーどうしは分子内に対照面がないのですべてキラル分子である。しかし，**7**-(2*S*,3*S*) と **9**-(2*S*,3*R*)，**8**-(2*R*,3*R*) と **10**-(2*R*,3*S*) や **7**-(2*S*,3*S*) と **10**-(2*R*,3*S*)，**8**-(2*R*,3*R*) と **9**-(2*S*,3*R*) は立体異性体の関係にあるが，鏡像異性体の関係にはないので，お互いにジアスレレオマーである。

このように n 個の不斉炭素が存在すると，その立体異性体の数は 2^n 個存在することになる。しかし，同じ置換基をもつ不斉炭素が 2 個以上ある立体異性体では少しちがってくる。例えば，2,3-ジブロモブタンを考えてみよう（図 3.21）。2-ブロモ-3-クロロブタンと同様に不斉炭素が 2 個存在するので $2^2=4$ 個の立体異性体 **11**-(2*S*,3*S*) と **12**-(2*R*,3*R*)，**13**-(2*S*,3*R*) と **13**-(2*R*,3*S*) が考えられる。しかし，**11**-(2*S*,3*S*) と **12**-(2*R*,3*R*) はエナンチオマーの関係にありキラルであるが，**13**-(2*S*,3*R*) と **13**-(2*R*,3*S*) は分子内に対称面が存在するので同一化合物であり，アキラルである。このように，2 個以上の不斉中心を有する化合物のなかには分子内に対称面をもつ立体異性体が存在し，アキラルな立体異性体を含む。ここで，分子内に対称面が存在する立体異性体のことを**メソ化合物**（meso compound）または単に**メソ体**（meso form）とよぶ。以上の結果から，2,3-ジブロモブタンの立体異性体は 3 個となる。

3.6 立体配座異性体の表現：シクロヘキサンの場合

アルカン C_nH_{2n+2}（$n \geqq 3$）の両末端炭素を結合すると，シクロアルカン C_nH_{2n}（$n \geqq 3$）となる。これは分子内に二重結合を含むアルケン C_nH_{2n}（$n \geqq 2$）の構造異性体である。シクロアルカンのなかでシクロペンタン（$n=5$），シクロヘキサン（$n=6$），シクロヘプタン（$n=7$）は安定で，それらの骨格を含む化合物は広く自然界に存在している。これは環状構造であるにもかかわらず，いろいろな立体配座をとることができ，しかも sp^3 混成軌道の結合角 109.5° に近い結合角をとりうるからである。特に，シクロヘキサンにはひずみがなく *14，最も安定なシクロアルカンである。

*14 シクロアルカンのひずみには，重なりひずみ（eclipsing strain）と結合角ひずみ（bond-angle strain）からなる環ひずみ（ring strain）と渡環ひずみがある。

シクロヘキサンが平面六角形構造であるとすると，結合角は 120° の A のような構造になる（図 3.22）。これは sp^3 混成軌道の結合角 109.5° より大きい（結合角ひずみ）。これをニューマン投影式で書くと，不安定は重なり形立体配座 A′ となる（重なりひずみ）。しかし，C-1 炭素を下に，C-4 炭素を上にひねると，sp^3 混成軌道の結合角 109.5° に近い結合角をもつ立体配座 B となる。これをニューマン投影式に直すと B′ となり，安定なねじれ形立体配座になっている。また，立体配座 B の C-1 炭素を上にひねると，新しい立体配座 C となる。しかし，立体配座 C の C-1 炭素と C-4 炭素の内側を向いた水素は空間的に近い位置にあり，立体反発を生じる。この相互作用を渡環ひずみ（transannular strain）という。また，ニューマン投影式に直すと，重なり形立体配座 C′ となり不安定である（重なりひずみ）。次に，立体配座 C の C-4 炭素を下にひねると，再び安定なねじれ形立体配座 D となる。立体配座 BCD は斜め上から眺めた構造式として書いてあり，真横から見るとちょうど立体配座 B と D はリクライニングチェア，立体配座 C はボートのように見える。それで，安定な立体配座 B と D をいす形立体配座（chair conformation），不安定な立体配座 C を舟形立体配座（boat conformation）とよぶ。

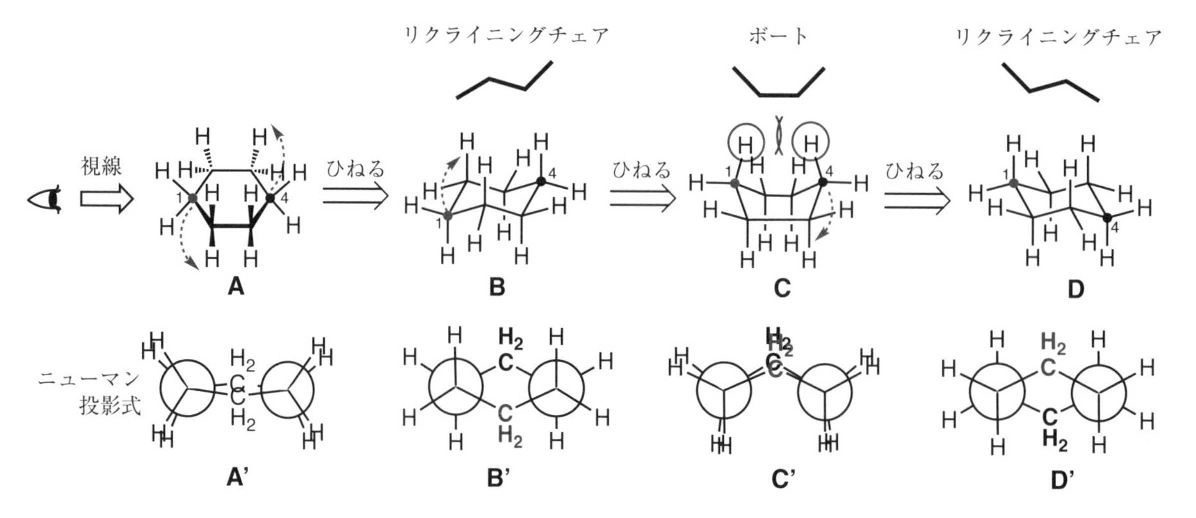

図 3.22 シクロヘキサンの立体配座とニューマン投影式

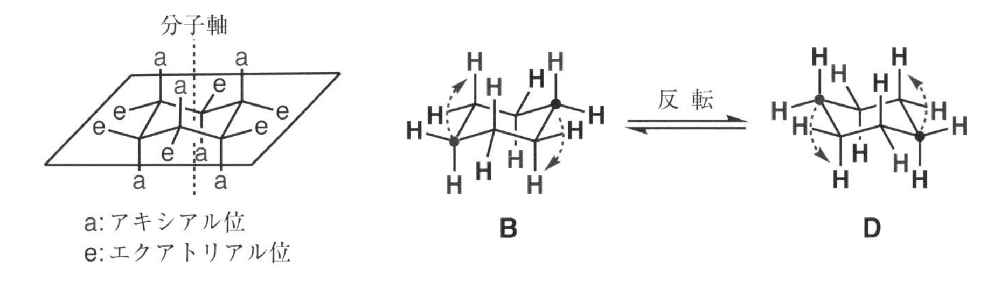

図 3.23　シクロヘキサンの分子軸と反転

いす形立体配座の水素は 2 種類あり，分子軸方向(分子平面に対して垂直方向)の結合をアキシアル(axial)，水平方向(赤道面方向)の結合をエクアトリアル(equatorial)とよぶ(図 3.23)。安定ないす形立体配座 B は舟形立体配座 C をへてもう一方の安定ないす形立体配座 D へ**反転**(flipping)している *15。いす形立体配座 B のアキシアル水素は反転してもう一方のいす形立体配座 D になるとエクアトリアル水素となるので，お互いに立体配座異性体の関係にある。しかし，水素は区別できないし，反転速度は極めて速いので，それぞれの立体配座異性体を単離することはできない。

*15 環の反転は 20℃で 1 秒間に 200,000 回起こっている。

シクロヘキサンのいす形立体配座は次のようにして書く(図 3.24)。

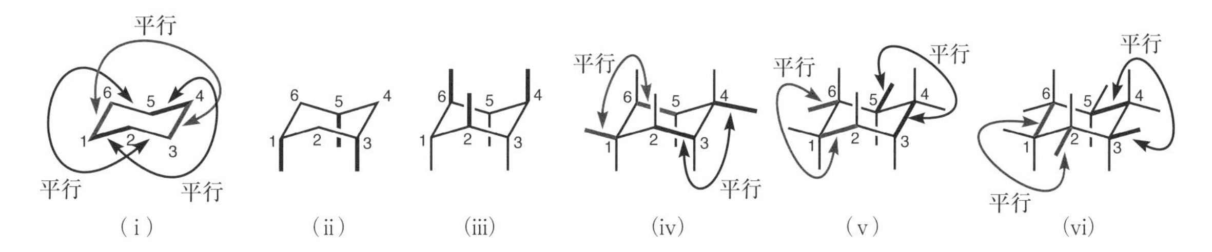

図 3.24　シクロヘキサン骨格と水素軸の書き方

(i)　1 つのいす形の骨格を書く(C-1 炭素が斜め下方向，C-4 炭素が斜め上方向)。このとき，C1-C6 と C3-C4 結合，C1-C2 と C4-C5 結合，C2-C3 と C5-C6 結合が平行になるように書く。

(ii)　下向きの炭素からアキシアル軸を下向きに書く。

(iii)　上向きの炭素からはアキシアル軸を上向きに書く。

(iv)　C-1 炭素と C-4 炭素のエクアトリアル軸を書く。このとき，C-1 エクアトリアル軸は C5-C6 結合と，C-4 エクアトリアル軸は C2-C3 結合と平行になるように書く。

(v)　C-6 炭素と C-5 炭素のエクアトリアル軸を書く。このとき，C-6 エクアトリアル軸は C1-C2 結合と，C-5 エクアトリアル軸は C3-C4 結合と平行になるように書く。

(vi)　最後に C-2 炭素と C-3 炭素のエクアトリアル軸を書く。このとき，C-2 エクアトリアル軸は C1-C6 結合と，C-3 エクアトリアル軸は C4-C5 結合と平行になるように書く。

3.7 置換シクロヘキサンの安定性

シクロヘキサンは室温で速い反転を繰り返しているが，置換シクロヘキサンではどうであろうか。メチルシクロヘキサンの安定立体配座はEとFが考えられる（図3.25）。しかし，立体配座異性体Eではメチル基がアキシアル位にあり，3位と5位のアキシアル水素と空間的に近い位置にあるので立体反発が生じる（E′）。この相互作用は渡環ひずみの一種で，**1,3-ジアキシアル相互作用**（1,3-diaxial interaction）とよぶ。一方，立体配座異性体Fではメチル基がエクアトリアル位にあり，立体反発はなく安定である。したがって，この<u>反転は非等価</u>であり，立体配座異性体Fのほうに平衡が片寄っている。置換シクロヘキサンでは立体配座異性体が等価でない場合があり，置換基は優先的にエクアトリアル位を占めようとする[*16]（図3.25）。

＊16 *tert*-ブチル基のような大きな置換基は，シクロヘキサンのエクアトリアル位を占める。*tert*-ブチル基とは1,1-ジメチルエチル基の慣用名。"*tert*"とは *tertiary* の略で，第三級を意味する。接頭辞としてイタリック体で表記する。

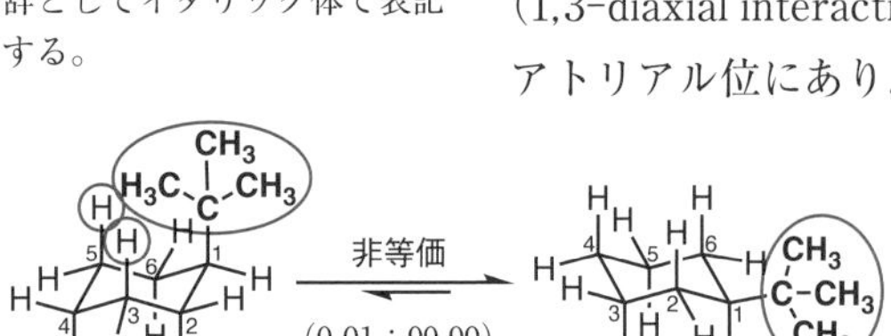

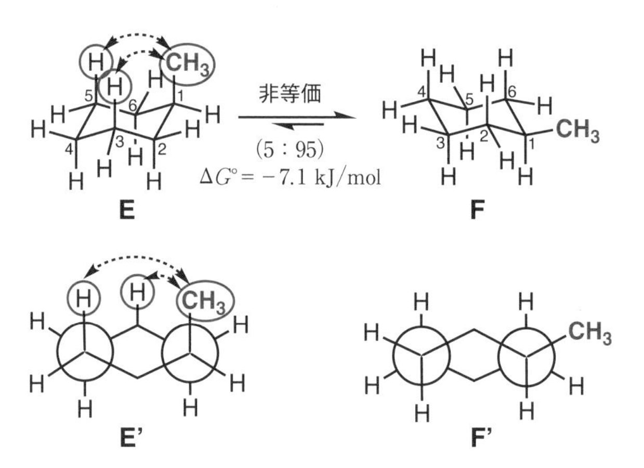

図3.25 メチルシクロヘキサンの反転

コラム：グルタミン酸ナトリウムとメントール

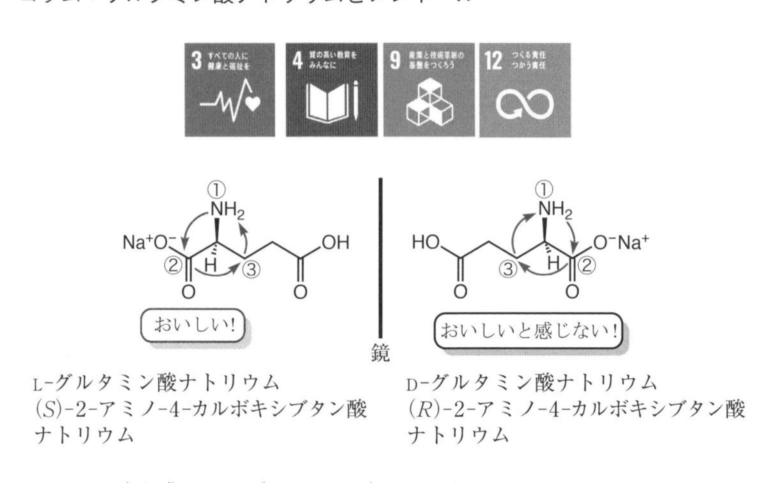

うま味を感じるL-グルタミン酸ナトリウムとそのエナンチオマー

1907 年，池田菊苗（東京帝国大学理学部化学科教授）は昆布出汁のうま味成分がグルタミン酸であることを発見した。グルタミン酸（2-アミノペンタン二酸）はアミノ酸の一種であり，そのナトリウム塩は水に溶けやすく，人の舌に触れると強いうま味を感じる。そのため，料理のうま味調味料成分として広く使われている。グルタミン酸ナトリウムのアミノ基が置換した C-2 炭素は不斉炭素のため，エナンチオマーが存在する。*S* 体である L-グルタミン酸ナトリウムはうま味を感じるが，その光学異性体の *R* 体はうま味を感じない（前頁の図）。このように，有機化合物の立体化学は極めて重要な機能を担っている。

歯磨き粉や湿布薬，サプリメントなどに広く使われている清涼感のある香気成分は *l*-メントールである。もともとこの成分はハーブの一種であるシソ科ハッカ属のニホンハッカ *Mentha canadensis* L. を乾燥し，水蒸気蒸留することによって得られるハッカ油主成分のモノテルペンである。メントールの構造は 2-イソプロピル-5-メチルシクロヘキサン-1-オールであり，3 つの不斉炭素をもつ。よって，8 個の立体異性体が存在し，その中で（1*R*,2*S*,5*R*）の立体配置をもつ化合物のみが清涼感を示す（下図）。現在ではロジウム触媒を使う不斉異性化反応を鍵反応として，清涼感のある（1*R*,2*S*,5*R*）の立体異性体のみが化学工業的に製造されている。

ニホンハッカ
（熊本大学薬学部薬草パーク）

冷涼な香味と清涼感

5*R*
1*R*
OH
2*S*

l-メントール
（1*R*, 2*S*, 5*R*）-2-イソプロピル-5-メチルシクロヘキサン-5-オール

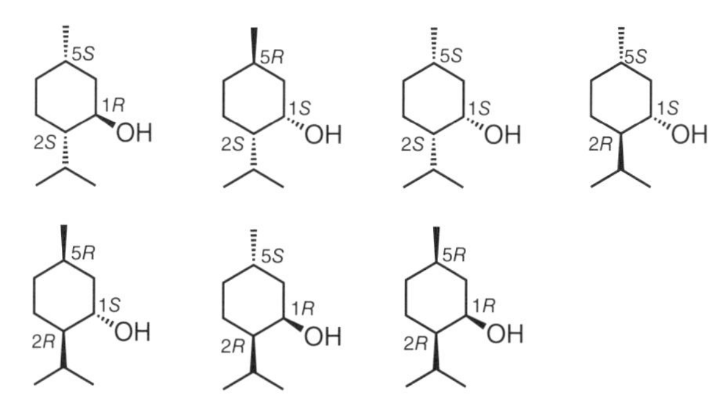

清涼感を示す *l*-メントールとその立体異性体

章末問題

問題 3.1 分子式 C_6H_{14} で表される炭化水素の構造異性体をすべて書け。

問題 3.2 次の化合物を IUPAC 命名法に従って命名せよ。

(1) H

(2) H, CH_3, H_3C, H

(3) H, CH_3

(4) CH_3, H_3CH_2C–C–$CH_2CH_2CH_3$

(5) H, H, H_3C, CH_2CH_3

(6) Cl, H, H_3C, CH_3

問題 3.3 次の(a)～(h)の各組の分子について，それらが同一物か，構造異性体か，ジアステレオマー(立体配座異性体)か，エナンチオマー(鏡像異性体)かを示せ。ただし，示された立体配座は反転や回転はできないものとする。

(a) $H_3CH_2CH_2C$–CH(CH_3)–CH_3　　H_3CH_2C–C(CH_3)(H)–CH_2CH_3

(b) H_3C, H　　H, CH_3

(c) Cl, H_2C–H_2C, OH, H, H　　Cl, H_3C–HC, OH, H, H

(d) CH_3, Br, H, H, H, H, H　　CH_3, H, H, H, H, H, Br

(e) H_3C–C(Cl)(Br)–$CH_2CH_2CH_3$　　H_3C–C(Br)(H)–CH_2–C(Cl)(H)–CH_3

(f) H, OCH_3, C, H_3C, Cl　　H_3C, OCH_3, C, H, Cl

(g) Cl, H, H, CH_3　　H, CH_3, Cl, H

(h) CH_3, Cl, C, H, Cl　　CH_3, H, C, Cl, Cl

問題 3.4 ジメチルシクロプロパン(dimethylcyclopropane)の異性体をすべて書き(ヒント：4つある)，不斉炭素の横には「*」を付けよ。また，それぞれの異性体はキラルかアキラルかを構造式の下に書け。さらに，エナンチオマーとジアステレオマーの関係にある分子はどれかを示せ。

問題 3.5 次の化合物の不斉中心は R 配置か S 配置かを化合物の下に書け。

(a) CH_3, H_3CO, C*, H, Cl

(b) CCl_3, Cl_2HC, C*, CH_3, CH_2Cl

(c) H, H_3C, C*, CHO, Br

(d) H_3C, H, C*

(e) O, H_3C, C*, OH, H_3C, H

(f) O, H_3C, C*, CH_2–OH, H_3C, H

(g) O, C*, CH_3, H, OCH_3, CH_3O

(h) H, Cl, *, CH_3, CH_3

問題 3.6　次の化合物(1)～(3)の不斉炭素の右側に「*」を付け，その立体配置を構造式の下に(R),(S)で示せ。また，優先順位の最も低い置換基が上にくるように，(1)～(3)の化合物をフィッシャー投影式で書け。

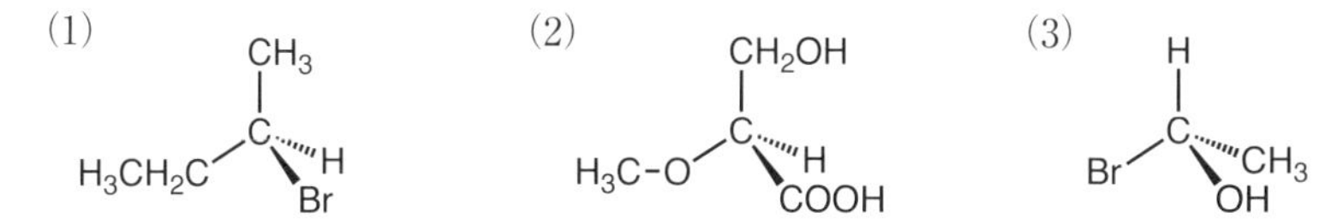

問題 3.7　2-フルオロ-3-ヨードブタン(2-fluoro-3-iodobutane)のすべての立体異性体をフィッシャー投影式で書け。また，不斉炭素の右横に立体配置 R, S も明記せよ。さらに，それぞれの異性体について，エナンチオマーの関係とジアステレオマーの関係を示せ。

問題 3.8　2-フルオロ-3-ヨードブタン(2-fluoro-3-iodobutane)の立体異性体のうち，R,R 体について破線-くさび形表記法による構造式を書け。また，それをニューマン投影式のねじれ形立体配座で書け。

問題 3.9　2,5-ジメチルヘキサン(2,5-dimethylhexane)の C3-C4 を軸とする配座異性体について，最も エネルギーの低いアンチ形，次に低いゴーシュ形，最もエネルギーの高い重なり形立体配座をそれぞれニューマン投影式で書け。ただし，末端の 1-メチルエチル基(イソプロピル基)は略号 ≻ を使ってよい。

問題 3.10　1,1-ジメチルシクロヘキサン(1,1-dimethylcyclohexane)とシス-1,4-ジメチルシクロヘキサン(*cis*-1,4-dimethylcyclohexane)の片方の配座異性体からもう片方の配座異性体へ反転させるとき，この平衡は等価か非等価かをそれぞれのいす形立体配座とそれに相当するニューマン投影式を使って説明せよ。また，トランス-1,4-ジメチルシクロヘキサン(*trans*-1,4-dimethylcyclohexane)の場合はどうかを同様に説明せよ。

4 有機化合物の結合

【この章の到達目標とキーワード】

・炭素骨格としての構造だけでなく，電子分布がその有機化合物の反応部位や反応性を決定していることを理解する。

キーワード：電気陰性度，分極，極性，ホモリシス開裂(均一開裂)，ラジカル，超共役，ヘテロリシス開裂(不均一開裂)，巻き矢印(両羽矢印と片羽矢印)，カチオン，アニオン，非局在化，共役，反応部位，反応性，電子豊富，求核剤，ラジカル連鎖機構，官能基

4.1 化学結合はどうやってできるか？

化学結合をつくるうえでの簡単な原理は，

1) 正と負の相反する電荷は互いに引き合う

2) 同種の電荷は互いに反発する

である。したがって，電気的に陰性の分子やその部位に電気的陽性の分子やその部位が近づき，ある一定の原子間距離に達したとき，急激なエネルギー放出が起こって，新たな化学結合が形成される(図 4.1) *[1]。

*1 第 I 部 無機化学「3.3 水素分子における共有結合」参照。

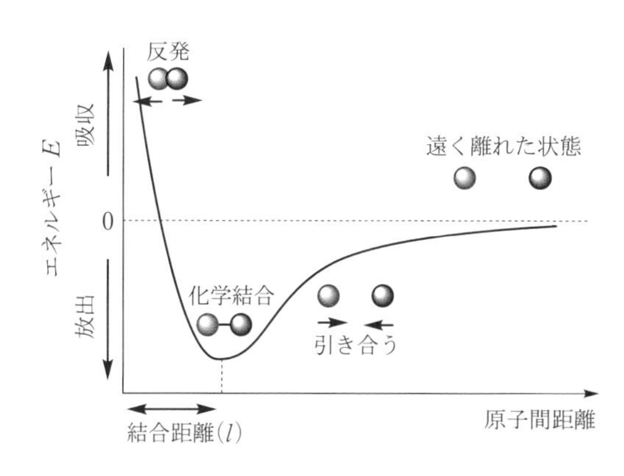

図 4.1　二原子が化学結合するときのエネルギー変化

共有結合をつくるときも同様の変化が起こる。2 個の水素原子が近づいてきて一定の距離になったとき，一方の電子がもう一方の陽子に引かれて共有されて水素分子が形成される。このとき，435 kJ/mol の熱が放出される(図 4.2)。

逆に，水素分子の共有結合を切断して水素原子にするためには，2 個の水素原子が結合して水素分子になるときに放出されたエネルギーを加えなければな

$$\mathrm{H\cdot + \cdot H \longrightarrow H{-}H} \qquad \Delta H^\circ = -435\ \mathrm{kJ/mol}$$

$$\mathrm{H\cdot + \cdot CH_3 \longrightarrow H{-}CH_3} \qquad \Delta H^\circ = -439\ \mathrm{kJ/mol}$$

$$\mathrm{H\cdot + \cdot CH_2CH_3 \longrightarrow H{-}CH_2CH_3} \qquad \Delta H^\circ = -423\ \mathrm{kJ/mol}$$

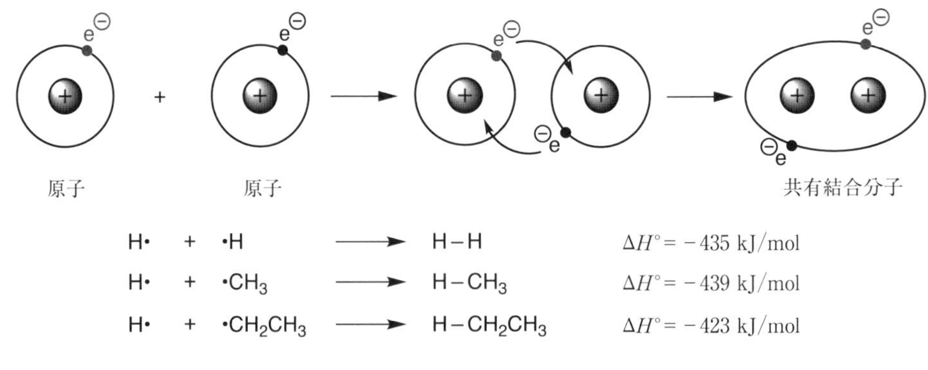

図 4.2　二原子から共有結合分子ができるときの様式と生成熱(ΔH°)

らない。すなわち，水素-水素共有結合にはその分のエネルギーが蓄えられていると考えることができる。この共有結合を切るために必要なエネルギーを**結合解離エネルギー**(bond-dissociation energy)とよび，符号は付けないで DH° と表す(図 4.3)。

$$\mathrm{H{-}H \longrightarrow H\cdot + \cdot H} \qquad DH^\circ = 435\ \mathrm{kJ/mol}$$

$$\mathrm{H{-}CH_3 \longrightarrow H\cdot + \cdot CH_3} \qquad DH^\circ = 439\ \mathrm{kJ/mol}$$

$$\mathrm{H{-}CH_2CH_3 \longrightarrow H\cdot + \cdot CH_2CH_3} \qquad DH^\circ = 423\ \mathrm{kJ/mol}$$

図 4.3　水素とアルカンの結合解離エネルギー(DH°)

4.2　共有結合は分極している

炭素の**電気陰性度**(electronegativity)[*2] は 2.6 であるが，酸素(3.4)や窒素(3.0)，硫黄(2.6)やハロゲン(フッ素：4.0; 塩素：3.2; 臭素：3.0; ヨウ素：2.7)などのヘテロ原子のそれは炭素より大きい。したがって，炭素-ヘテロ原子の共有結合は**分極**(polarization)しており，**双極子**(dipole)[*3] をなす(図 4.4)。有機化学では，分子中のいくぶん陽性な部分を「$\delta+$」，いくぶん陰性な部分を「$\delta-$」で表す。電気陰性度の差が大きい有機分子では，その結合電子が $\delta-$ 側へ偏っているので分子内で分極が起こり，**極性分子**(polar molecule)とよばれる。塩化メチルのような分子では炭素-塩素結合が大きく分極しており，双極子を形成している。よって，塩化メチルの分子間には強い相互作用がはたらく(**双極子-双極子相互作用**)。同様に，メタノールも双極性分子であり，極性がある。特に，メタノールのヒドロキシ基は水分子と同じように分子間で水素結合をつくるので，塩化メチルよりもさらに強い分子間力がはたらく。そのため，沸点が高い**極性溶媒**(polar solvent)として利用される[*4]。

一方，炭素と水素から構成されるアルカン類は非極性分子であり，分子量が大きくなるにつれて融点，沸点，密度の物理定数が大きくなる。これは，アルカン分子どうしが近づくと表面を覆う電子雲に弱い分極が生じ，互いに引き合

*2 第Ⅰ部 無機化学 図 3.6 ポーリング(Pauling)の電気陰性度参照。

*3 正極と負極をもった棒磁石のような分子や部分構造。第Ⅰ部 無機化学「3.6.2 結合の極性と双極子モーメント」参照。

*4 プロトン(水素イオン)を与えることのできる極性溶媒を**プロトン性溶媒**(protic solvent)，与えることのできない極性溶媒を**非プロトン性溶媒**(aprotic solvent)とよぶ(図 4.4)。

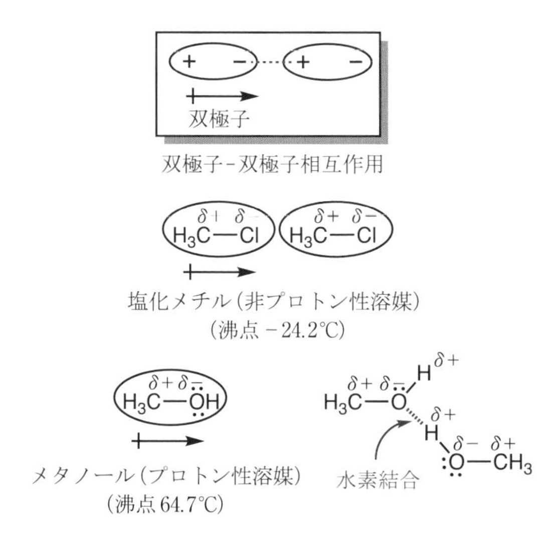

図 4.4　ファンデルワールス力——極性分子(塩化メチルやメタノール)の場合*5

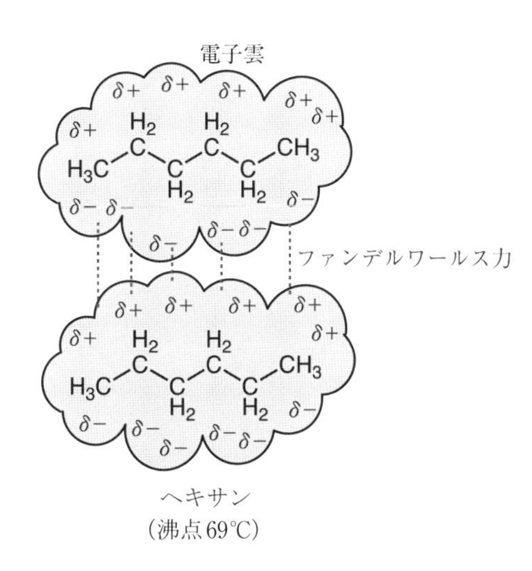

図 4.5　ファンデルワールス力——非極性分子(ヘキサン)の場合

うようになる(図 4.5)。そのため，分子が大きくなるにつれて分子の表面積が大きくなり，分子間にはたらくファンデルワールス(van der Waals)力(分子間力)*6 が増大するためである。このファンデルワールス力は極めて弱い相互作用である。

*5 ⟼ は有機化学で用いられる双極子矢印。例えば

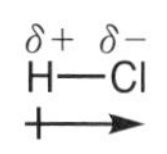

のように使う。

*6 ロンドン(London)力(誘起双極子-誘起双極子相互作用)ともよばれる。

4.3　共有結合の開裂——ホモリシス開裂

有機化合物が反応するとき，まず結合の切断からはじまる。水素分子に 435 kJ/mol の熱を加えると，共有結合が解離して水素原子になる。このとき，共有電子を 1 個ずつそれぞれに分割するように切断される。このような切断を**ホモリシス開裂**(homolytic cleavage)または**均一開裂**とよび，結合電子の移動を巻き矢印(**片羽矢印または釣針型矢印**)で書く。片羽矢印は **1 電子移動**を表す。塩素分子の結合は水素分子のそれよりも弱く，熱や光エネルギーでホモリシス開裂を容易に起こして塩素原子を生成する。塩素原子の表記では**孤立電子対**(lone electron pair)は省略できるが，ホモリシス開裂後の**不対電子**(unpaired electron)は省略しない(図 4.6)。

メタンの C-H 結合は大きな結合解離エネルギー $DH°$ をもっている。メタンがホモリシス開裂を起こすと，メチルラジカル(methyl radical)($\cdot CH_3$)とよばれる化学種が生成する。ラジカル(radical)とは不対電子をもった 2 個以上の原子からなる化学種のことであり，**フリーラジカル**(free radical)ともよばれる。

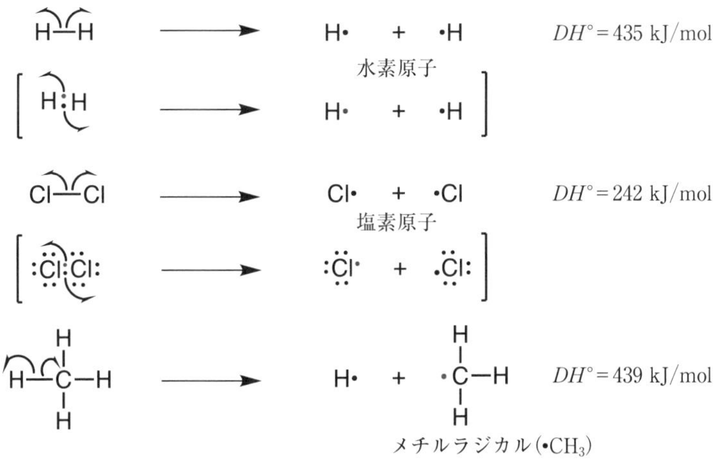

$$H\text{—}H \longrightarrow H\cdot + \cdot H \quad DH° = 435\ \text{kJ/mol}$$

水素原子

$$[\ H{:}H \longrightarrow H\cdot + \cdot H\ ]$$

$$Cl\text{—}Cl \longrightarrow Cl\cdot + \cdot Cl \quad DH° = 242\ \text{kJ/mol}$$

塩素原子

$$[\ {:}\ddot{Cl}{:}\ddot{Cl}{:} \longrightarrow {:}\ddot{Cl}\cdot + \cdot\ddot{Cl}{:}\ ]$$

$$H\text{—}CH_3 \longrightarrow H\cdot + \cdot CH_3 \quad DH° = 439\ \text{kJ/mol}$$

メチルラジカル(•CH$_3$)

図 4.6　共有結合のホモリシス開裂

4.4　アルキルラジカルの安定性と超共役

アルカンの第一級炭素，第二級炭素，第三級炭素[*7]に結合している水素がホモリシス開裂を起こすと，第一級アルキルラジカル(1°ラジカル)，第二級アルキルラジカル(2°ラジカル)，第三級アルキルラジカル(3°ラジカル)が生成する(図 4.7)。エタン，プロパン，2-メチルプロパンの C-H 結合がホモリシス開裂を起こすと，エチルラジカル，プロピルラジカル，イソプロピルラジカル(1-メチルエチルラジカル)，*tert*-ブチルラジカル(1,1-ジメチルエチルラジカル)が生成する。それぞれの結合解離エネルギー *DH*° は第一級水素，第二級水素，第三級水素の順に小さくなっている(図 4.7)。

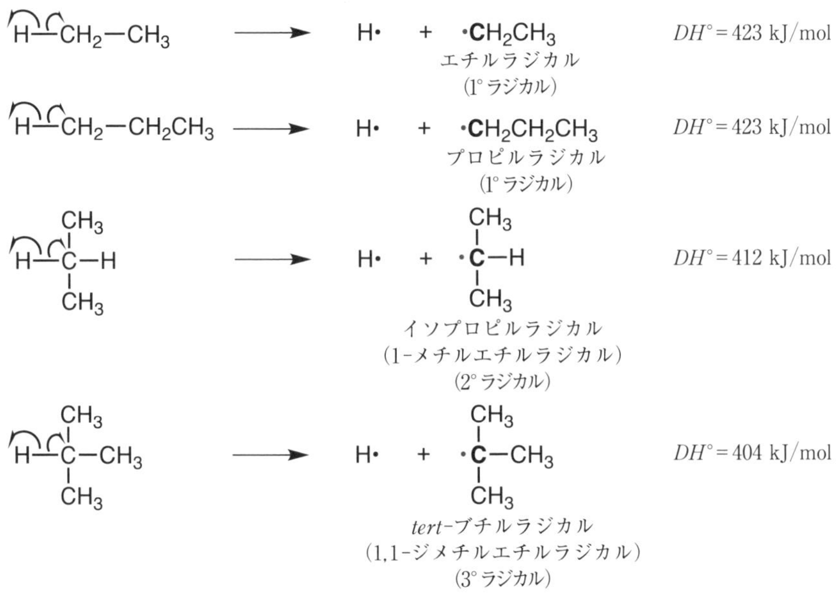

＊7 第一級炭素(1°)とはこの炭素に結合している炭素が 1 個，第二級炭素(2°)は 2 個，第三級炭素(3°)は 3 個の炭素が結合している炭素のこと。それぞれの炭素に結合している水素を第一級水素，第二級水素，第三級水素という(p.120 傍注 16 参照)。

$$H\text{—}CH_2\text{—}CH_3 \longrightarrow H\cdot + \cdot CH_2CH_3 \quad DH° = 423\ \text{kJ/mol}$$

エチルラジカル
(1°ラジカル)

$$H\text{—}CH_2\text{—}CH_2CH_3 \longrightarrow H\cdot + \cdot CH_2CH_2CH_3 \quad DH° = 423\ \text{kJ/mol}$$

プロピルラジカル
(1°ラジカル)

$$H\text{—}CH(CH_3)_2 \longrightarrow H\cdot + \cdot CH(CH_3)_2 \quad DH° = 412\ \text{kJ/mol}$$

イソプロピルラジカル
(1-メチルエチルラジカル)
(2°ラジカル)

$$H\text{—}C(CH_3)_3 \longrightarrow H\cdot + \cdot C(CH_3)_3 \quad DH° = 404\ \text{kJ/mol}$$

tert-ブチルラジカル
(1,1-ジメチルエチルラジカル)
(3°ラジカル)

図 4.7　アルカンの C-H 結合の強さ

これはこの順にC-H結合が弱くなっていることを示している。いい換えると，この順に相当するアルキルラジカルができやすいということであり，第三級アルキルラジカルが最も安定である。第二級アルキルラジカル，第一級アルキルラジカルになるにつれて不安定となる(図4.8)。

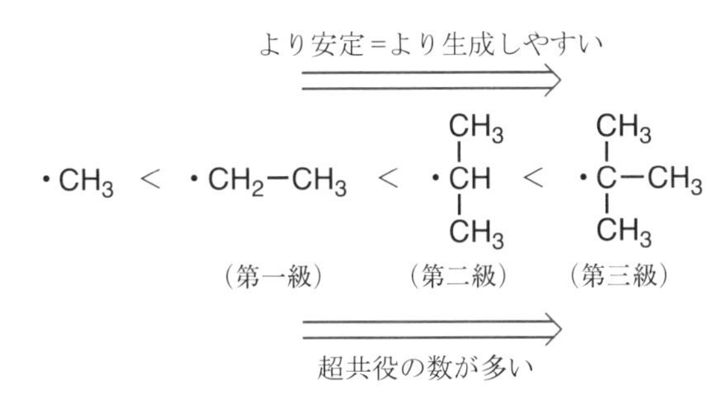

図4.8　アルキルラジカルの安定性

アルキルラジカルの安定性は何に由来するのだろうか。メタンのホモリシス開裂で生成するメチルラジカルはほぼ平面構造のsp^2混成軌道をとっており，平面三角形構造に垂直にでた残りのp軌道に不対電子は存在している(図4.9)。

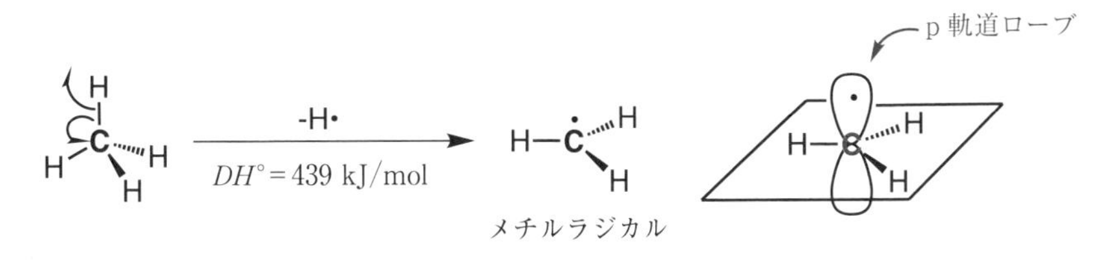

図4.9　メチルラジカルの構造

エチルラジカルもメチルラジカルと同様に，p軌道に不対電子が存在している。このとき，隣のメチル基が回転して不対電子の入ったp軌道とC-Hのσ結合が平行の位置にくると，p軌道ローブ*8とC-Hのσ結合のsp^3混成軌道ローブにゆるい重なりが生じ，σ電子と不対電子の**非局在化**(delocalization)が起こる。この非局在化は隣のメチル基が120°回転するたびに起こる。そのため，エチルラジカルの不対電子は非局在化されるため，メチルラジカルよりも安定である。この現象を**超共役**(hyperconjugation)とよぶ(図4.10)。ただし，超共役することによってC-Hのσ結合が切断されるわけではない。

*8 第I部 無機化学「1.2 量子数と電子の軌道」参照。ローブ(lobe)で電子雲を表す。

イソプロピルラジカルでは超共役できるC-Hのσ結合が6個あり，エチルラジカルよりもさらに安定である。*tert*-ブチルラジカルでは超共役できるC-Hのσ結合が9個存在し，最も安定なラジカルとなり生成しやすい(図4.10)。

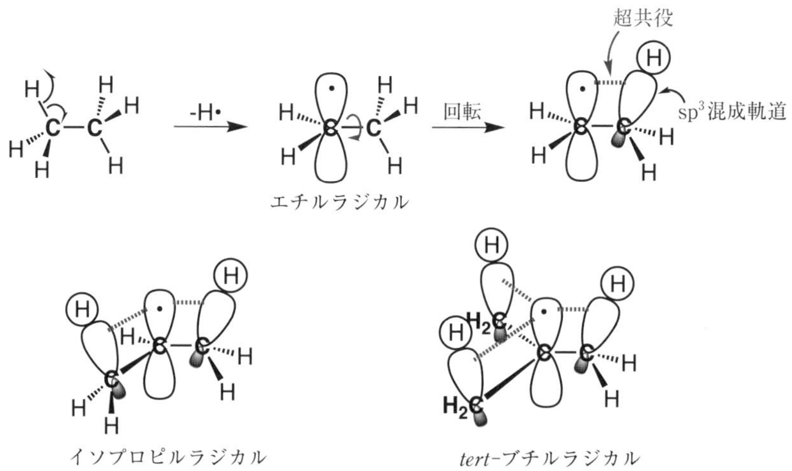

超共役
sp^{3}混成軌道
回転
エチルラジカル
イソプロピルラジカル
tert-ブチルラジカル

図 4.10 アルキルラジカルの超共役

4.5 共有結合の開裂——ヘテロリシス開裂

有機化合物が反応するときのもう一つの開裂様式として，共有結合に使われている 2 個の結合電子対を片方の原子だけに与えて切断する開裂様式がある。これを**ヘテロリシス開裂**(heterolytic cleavage)または**不均一開裂**とよぶ。塩化水素 HCl が水に溶けるとき，電気陰性度の大きい塩素($\delta-$)のため分極している塩化水素の水素($\delta+$)をめがけて，水分子の酸素($\delta-$)の孤立電子対が攻撃してくる(図 4.11 赤矢印)。そのため，塩化水素の共有結合は切断され，共有電子は塩素側へ移動して塩化物イオン(アニオン)を生成すると同時に，水分子の孤立電子対がプロトン(H^+)を捕まえてオキソニウムイオン(カチオン)となる。ここで塩化水素は水分子にプロトンを与えたので酸であり，水分子は塩化水素からプロトンを受け取ったので塩基である[*9]。結合電子の移動は巻き矢印(両羽矢印)で書く。両羽矢印は 2 電子移動を表す。このように，ヘテロリシス開裂では共有結合の共有電子対が片方へ移動してしまうので，**カチオン**(cation)(陽イオン)と**アニオン**(anion)(陰イオン)が生成する。水中で生成した塩化物

*9 第 I 部 無機化学「6.1 酸と塩基の定義」参照。

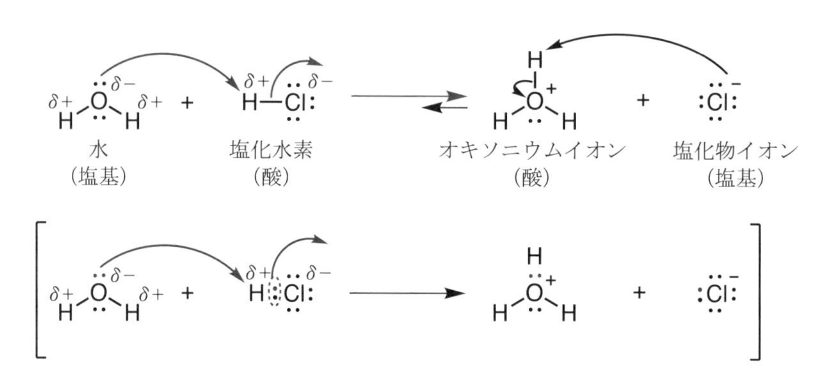

図 4.11 塩化水素 HCl が水に溶けるときの反応様式(ヘテロリシス開裂)

イオンはオキソニウムイオンの水素をプロトンとして捕まえ，ヘテロリシス開裂を再び起こして水と塩化水素にもどる(図 4.11 黒矢印)。ここで，塩化物イオンはオキソニウムイオンからプロトンを受け取ったので塩基であり，オキソニウムイオンは塩化物イオンにプロトンを与えたので酸である。すなわち，塩化水素が水に溶ける反応は可逆的である。しかし，オキソニウムイオンと塩化物イオンは水中で強いイオン結合を形成するため，塩酸水溶液となる。そのため，平衡は大きく右へ傾いており，塩酸は強酸性を示す。

アンモニア NH_3 が水に溶けるときも同様に，分極した水分子(酸)の水素($\delta+$)をアンモニア(塩基)の窒素($\delta-$)の孤立電子対が攻撃し，水分子がヘテロリシス開裂を起こす(図 4.12 赤矢印)。その結果，水酸化物イオン(アニオン)とアンモニウムイオン(カチオン)が生成する。生成した水酸化物イオン(塩基)はアンモニウムイオン(酸)から水素をプロトン(H^+)として奪い，ヘテロリシス開裂を起こしてアンモニアと水分子に再びもどることによって化学平衡が達成される(図 4.12 黒矢印)。しかし，酸素の電気陰性度は窒素より大きいので，水酸化物イオンはアンモニウムイオンからプロトンを引き抜いて水分子にもどりやすい。その結果，この平衡は左へ傾いており，アンモニア水は弱塩基性を示す(Web 補足 4.5 参照)。

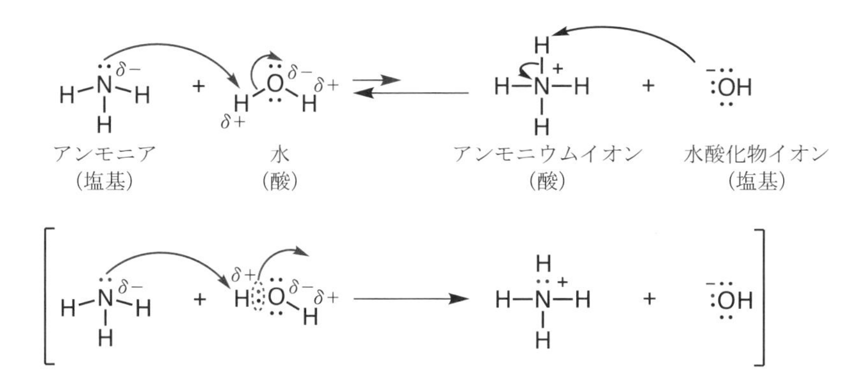

図 4.12 アンモニア NH_3 が水に溶けるときの反応様式(ヘテロリシス開裂)

4.6 共役という安定化——電子は広く自由に動きたい！

sp^2 混成軌道を使ったエテン(C_2H_4)の不飽和二重結合は，結合軸方向の σ 結合と結合軸に対して垂直方向の π 結合からできている[*10]。π 結合電子は p 軌道ローブに存在し，比較的動きやすく安定な sp^3 混成軌道の σ 結合になろうとするので反応性に富む。

*10 第 I 部 無機化学「4.2.2. sp^2 混成軌道」参照。

1,3-ブタジエンは 2 個のエテンが単結合でつながれた構造をしている。アルケン類の安定性は，二重結合に白金 Pt 触媒で水素を付加したときに放出される水素化熱(π 結合に含まれるエネルギー)を比較することによって容易に理解できる。すなわち，二重結合を 1 個もつ 1-ブテンの実際の水素化熱 $\Delta H°$ は

-127 kJ/mol (発熱)であり，二重結合を2個もつ1,4-ペンタジエンのそれは $\Delta H^\circ = -254$ kJ/mol (発熱)なので，1-ブテンの2倍の水素化熱が放出される。しかし，2個の二重結合が単結合でつながれた1,3-ブタジエンでは $\Delta H^\circ = -239$ kJ/mol しか発熱せず，1-ブテンの水素化熱の2倍より15 kJ/molだけ少ない(図4.13)。これは1,3-ブタジエンの二重結合がその分だけ安定化していることを意味する。

$CH_2{=}CH_2$ (エテン) + H_2 $\xrightarrow{Pt}$ $CH_3{-}CH_3$　　$\Delta H^\circ_{実測値} = -125$ kJ/mol

$CH_2{=}CH{-}CH_2{-}CH_2$ (1-ブテン) + H_2 $\xrightarrow{Pt}$ $CH_3{-}CH_2{-}CH_2{-}CH_3$　　$\Delta H^\circ_{実測値} = -127$ kJ/mol

$CH_2{=}CH{-}CH{=}CH_2$ (1, 3-ブタジエン) + H_2 $\xrightarrow{Pt}$ $CH_3{-}CH_2{-}CH_2{-}CH_3$　　$\Delta H^\circ_{実測値} = -239$ kJ/mol　$\Delta H^\circ_{計算値} = -127 \times 2 = -254$ kJ/mol

$CH_2{=}CH{-}CH_2{-}CH{=}CH_2$ (1, 4-ペンタジエン) + H_2 $\xrightarrow{Pt}$ $CH_3{-}CH_2{-}CH_2{-}CH_2{-}CH_3$　　$\Delta H^\circ_{実測値} = -254$ kJ/mol　$\Delta H^\circ_{計算値} = -127 \times 2 = -254$ kJ/mol

図4.13　アルケン類の水素化熱

それではなぜ2個の二重結合が単結合でつながれた1,3-ブタジエンは安定化しているのであろうか。その理由は，1,3-ブタジエンのC2－C3結合は単結合なので自由回転しているが，二組のπ結合を形成する4つの2p軌道が同一平面に並ぶと，C2－C3結合にも弱いπ軌道の重なりが生じるためである。そのため，4個のπ結合電子は分子全体に広がり，**非局在化する**(delocalized)(図4.14)。π電子を局在させるためにはエネルギーが必要であるが，逆にπ電子が自由に広く動けるようになると，二重結合は安定化する。このように，π結合電子が非局在化する現象を**共役**(conjugation)といい，1,3-ブタジエンのように二重結合と単結合が交互に並んだアルケン類を**共役ジエン類**(conjugated dienes)とよぶ[*11]。共役ジエン類の繰り返しがさらに延長された化合物を，総称

*11 1,3-ブタジエンでは，単結合に対して二重結合が互いちがいに配置されたs-トランス立体配座と，同じ側に配置されたs-シス立体配座がある。頭文字のsは単結合(single bond)を意味する(Web補足 4.6参照)。

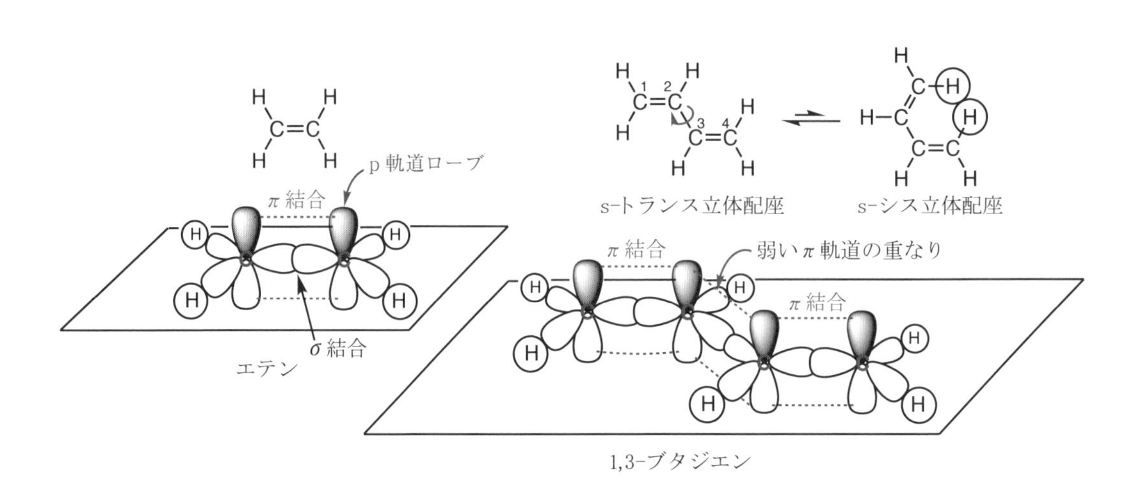

図4.14　1,3-ブタジエンの共役

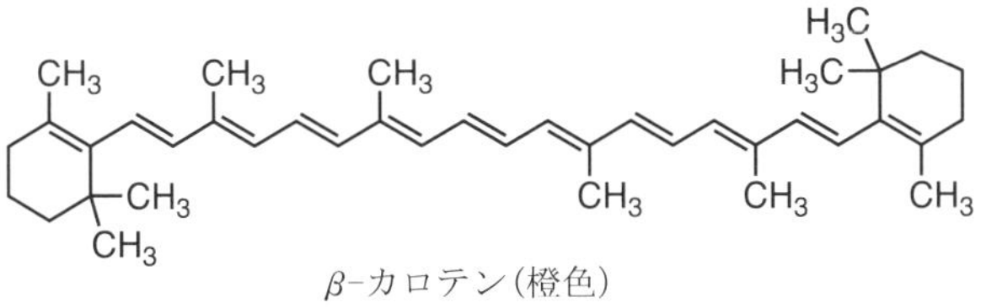

β-カロテン(橙色)

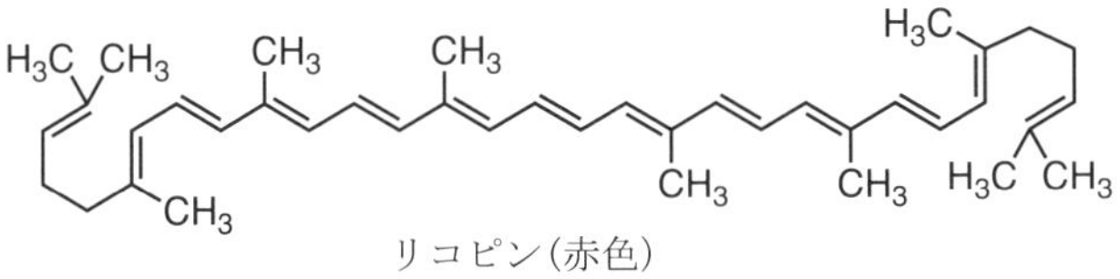

リコピン(赤色)

図 4.15 天然の共役ジエン類

して共役ポリエン類(conjugated polyenes)とよぶ。典型的な共役ポリエンとしてはニンジンに含まれる橙色成分の β-カロテンやトマトの赤色成分であるリコピンがある(図 4.15)[*12]。

*12 共役系が伸びることによって π 電子系がさらに安定化し，長波長の可視光を吸収するようになる。

4.7 有機化合物の反応性――アルカンの反応性

有機化合物が反応して新しい結合をつくるとき，「正と負の相反する電荷は互いに引き合う」という原理に従う。しかし，アルカン類のように極性をもたない化合物ではどのような反応が起こるだろうか。最もありふれた化学反応は空気中の酸素と化合する燃焼であるが，アルカン類の燃焼は大変複雑である。それでは比較的単純なメタンの塩素化反応を例にとり，アルカン類の反応性について考えてみよう。

極性のないメタンと塩素を混ぜて加熱(Δ)または光照射($h\nu$)すると[*13]，反応は発熱的に進行して塩化メチルと塩化水素を生成する(図 4.16)。

*13 有機化学反応で，加熱する操作を Δ (デルタ)，光照射を $h\nu$(エイチニュー)と慣例的に表記する。ν は n のギリシャ文字。

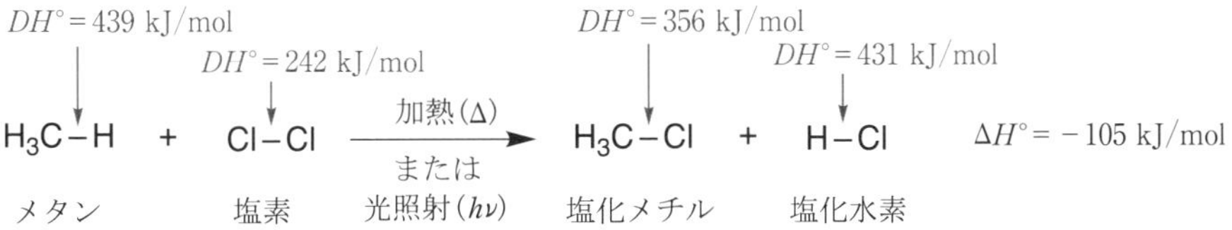

$DH° = 439$ kJ/mol (H$_3$C−H)　$DH° = 242$ kJ/mol (Cl−Cl)　$DH° = 356$ kJ/mol (H$_3$C−Cl)　$DH° = 431$ kJ/mol (H−Cl)

$$H_3C-H + Cl-Cl \xrightarrow[\text{または 光照射}(h\nu)]{\text{加熱}(\Delta)} H_3C-Cl + H-Cl \qquad \Delta H° = -105\ \text{kJ/mol}$$

メタン　塩素　塩化メチル　塩化水素

図 4.16 メタンの塩素化

極性のない化合物にエネルギーを加えると，最も弱い結合がホモリシス開裂を起こす。メタンと塩素の混合物では塩素-塩素結合が最も弱いので，この結合が最初にホモリシス開裂を起こして塩素原子を生成する(**開始反応**(initiation))。塩素原子は最外殻電子が 7 個しかない不安定な状態なので，安定なオクテット[*14]を満たそうとして直ちにメタンから**水素引き抜き**(hydrogen abstraction)を起こして塩化水素となる。水素を引き抜かれたメタンからは**メチルラジカル**が生成する。不対電子をもつメチルラジカルもオクテットを満たし

*14 第 I 部 無機化学「3.4 より複雑な分子の結合――ルイス構造式」参照。

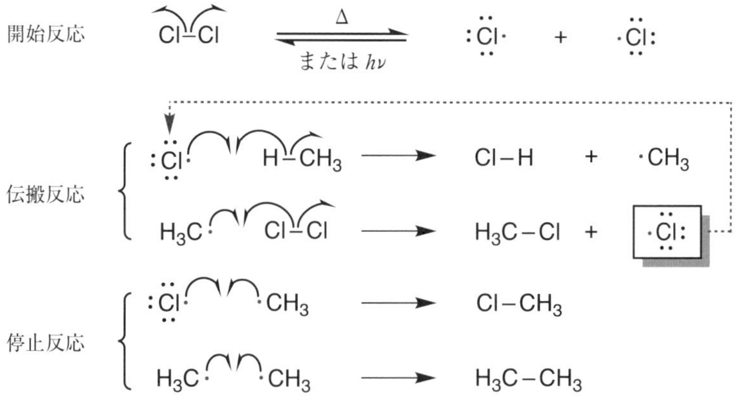

開始反応 $Cl-Cl \xrightleftharpoons[\text{または } h\nu]{\Delta} :\ddot{Cl}\cdot + \cdot\ddot{Cl}:$

伝搬反応
$:\ddot{Cl}\cdot \ \ H-CH_3 \longrightarrow Cl-H + \cdot CH_3$
$H_3C\cdot \ \ Cl-Cl \longrightarrow H_3C-Cl + \cdot\ddot{Cl}:$

停止反応
$:\ddot{Cl}\cdot \ \ \cdot CH_3 \longrightarrow Cl-CH_3$
$H_3C\cdot \ \ \cdot CH_3 \longrightarrow H_3C-CH_3$

図 4.17 ラジカル連鎖機構によるメタン CH_4 の塩素化

ていないので，直ちに結合の弱い塩素分子から塩素原子を引き抜き，塩化メチルとなる。このとき生成した塩素原子は再び，メタンから水素を引き抜き，理論的にはメタンがなくなるまで反応は連続的に進行する(**伝搬反応**(propagation))。塩素原子によるメタンからの水素引き抜き反応はやや不利であるが，次の塩化メチルの生成は大変有利であるため，伝搬反応は進行する。最終的にはラジカルどうしのカップリングが起こってラジカル種がなくなるので，この塩素化は停止する(**停止反応**(termination))。この一連の反応は**ラジカル連鎖機構**(radical chain mechanism)として知られている(図 4.17)。

アルカンの燃焼はビラジカルとして知られる酸素分子(·O-O·)[*15]のラジカル連鎖機構で起こり，最終的には二酸化炭素と水になる。

*15 第 I 部 無機化学「4.3.1 分子軌道がつくられるまで」参照。

4.8 有機化合物の反応性――極性をもった化合物の反応性

有機化合物に含まれる**官能基**(functional group)は，「正と負の相反する電荷は互いに引き合う」という化学結合をつくる原理がはたらく「化学反応を示す部位」である(Web 補足 4.8 表 4.1 参照)。炭素-炭素二重結合(sp^2 混成)や三重結合(sp 混成)はそれ自身，**電子豊富**(electron rich)な不飽和結合($\delta-$)なので，陽性分子を引き付ける。その結果，**付加反応**(addition reaction)を起こして飽和結合(sp^3 混成)になり，安定化しやすい(図 4.18)。詳しくは次章以降で解説する。

メタンの塩素化反応(図 4.16)で生成する塩化メチルは，電気陰性度の大きい塩素官能基のために分極している。したがって，相対的に炭素-水素結合が弱

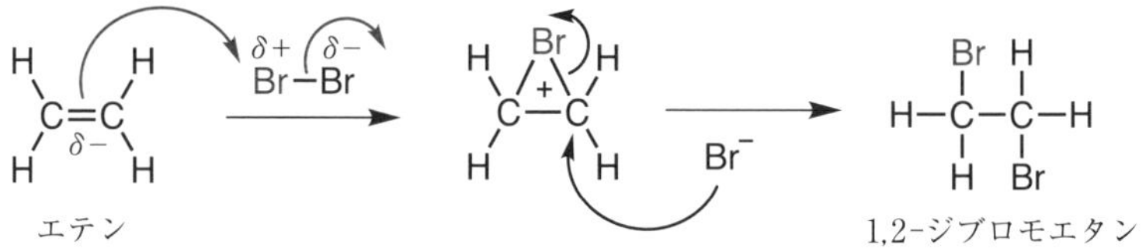

$H_2C{=}CH_2\,(\delta-) \xrightarrow{\overset{\delta+}{Br}-\overset{\delta-}{Br}}$ (ブロモニウムイオン中間体) $\xrightarrow{Br^-}$ $H-\underset{H}{\overset{Br}{C}}-\underset{Br}{\overset{H}{C}}-H$

エテン　　　　1,2-ジブロモエタン

図 4.18 エテン C_2H_4 の臭素付加反応

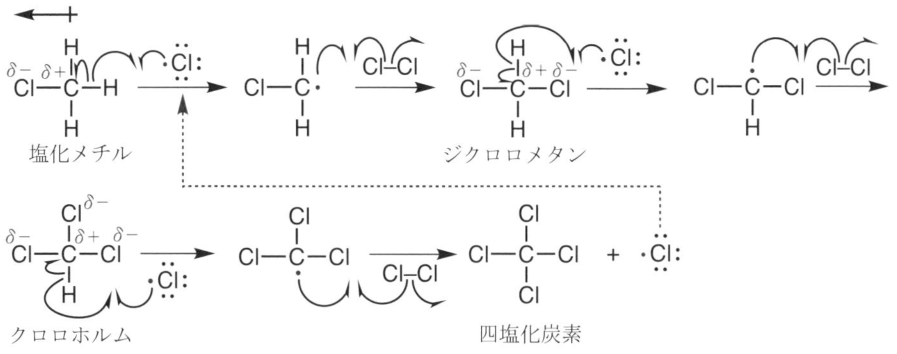

塩化メチル
ジクロロメタン
クロロホルム
四塩化炭素

図 4.19　塩化メチル CH_3Cl のポリ塩素化

くなっており，塩素ガスが過剰に存在すると，ラジカル連鎖反応がさらに進行する(図 4.19)。最終的にポリ塩素化(polychlorination)が起こって[*16]，四塩化炭素が生成する。

一般に，電気陰性度の大きいハロゲン官能基を置換したハロゲン化アルキルは分極しているので，陽性(δ+)の炭素[*17]は陰性の求核剤(Nu^-:)[*18]の攻撃を受けやすい(図 4.20)。酸素や窒素を含む官能基も，その電気陰性度のために分極している。アルコールやエーテルも，ハロゲン化アルキルと同様の反応性を示す。特に，アルデヒドやケトンなどのカルボニル基は強く分極しており，そのため求電子的なカルボニル炭素(δ+)は陰性の求核剤(Nu^-:)の攻撃を受けやすい(図 4.20)。したがって，様々な有機化合物を合成するとき，カルボニル化合物はよく利用される。

カルボン酸とアルコールを使ったエステル化反応は，典型的な官能基の性質を利用した有機化学反応の一例である。例えば，酢酸とエタノールから酢酸エチルが合成される反応では，まず触媒の濃硫酸を加えることでカルボン酸カルボニル基をプロトン化し，分極を強く誘起する。そのため，カルボニル炭素の

*16「ポリ」とは「多数」を意味する。

*17 陽性(δ+)の炭素は陰性(δ−)の電子や試薬を引き寄せる性質があるので，このような炭素を求電子的(electrophilic)であるという。

*18 核(+)を求めて攻撃する試薬(−)を求核剤(nucleophile)という。

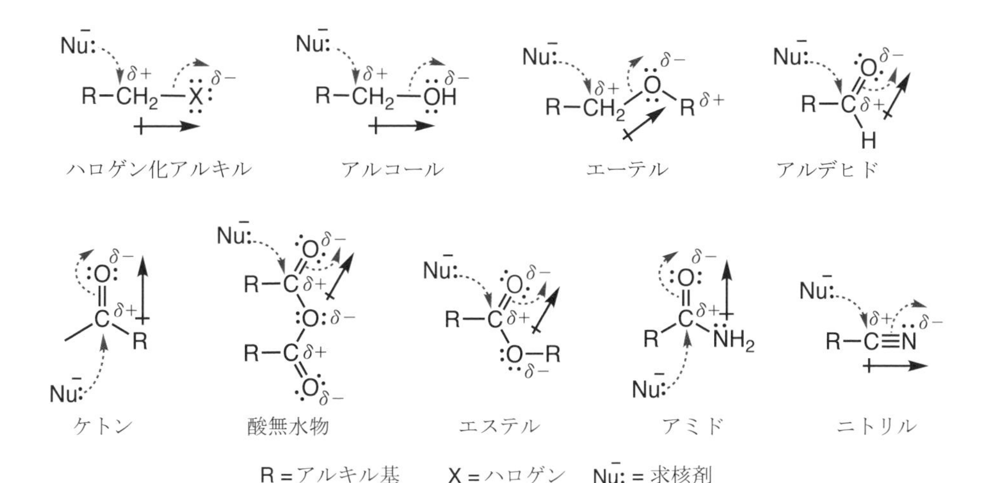

図 4.20　ヘテロ原子を含む官能基の分極と反応性

図 4.21　酢酸 CH_3COOH とエタノール CH_3CH_2OH の反応（エステル化反応）

求電子的性質が増すことになる。続いて，エタノールのヒドロキシ基（$\delta-$）がカルボニル炭素（$\delta+$）を攻撃し，その後脱水して酢酸エチルが生成することで反応は完結する（図 4.21）。

このように，有機分子の電荷の偏りが反応部位を決定しており，有機分子の電荷の偏りを理解することは有機化学反応を予測するうえで極めて有効である。第 5 章以降では有機化学を代表する反応を詳しく取り上げて解説する。

コラム：カーボンニュートラル

日本政府は国連気候変動枠組条約第 26 回締約国会議（COP26）で 2030 年度における二酸化炭素（CO_2）排出量を 2013 年度に比べて 46 %削減し，2050 年までにカーボンニュートラル（ゼロカーボン）をめざすと宣言した（下図）。地球上に生きている生命体は炭素からなる有機体であり，身体を作り生命活動を維持するために空気中の CO_2 を光合成によって固定したり，他の有機体を捕食して消化吸収し，自身の成長および生命維持活動に利用している。生命体が生命活動を終えれば，再び微生物によって分解されたり，焼却されたりして CO_2 として空気中に放出される。すなわち，地球上の生命体の炭素源は常に循環しており，大気中に占めるこの分の CO_2 量の増減は差引「ゼロ」である。しかし，人は経済活動を行うために，大量の化石燃料由来の有機物を消費し，CO_2 として大気中に放出している。化石燃料は太古の地球由来の生命体が地中に固定された炭素源であり，それを使えば，当然現在の大気中の CO_2 量は増加する。したがって，カーボンニュートラルを達成するためには，極力 化石燃料に依存しないこと，エネルギー源として再生可能エネルギーを使用すること，化石燃料を使って CO_2 を発生したとしても，その CO_2 を回収固定できる技術開発を行うこと，グリーンカーボンやブルーカーボンとよばれる森林植物やアマモなどの海藻藻場への CO_2 固定など，積極的に取り組んでいくことが必要である。地球上に生息する生命体は空気中の酸素を吸収し，CO_2 を排出するいわゆる呼吸を行っている。一方で，人も含

めて有機体である生命体やそれらが生産した有機物は，空気中でつねに酸素にさらされているので，酸化反応を受けている。呼吸や酸化反応は酸素のビラジカル的性質(·O-O·)に由来する。地球上の有機物に酸素の攻撃が起こると，続いてホモリシス開裂が繰り返され，最終的にはCO_2と水となる。地球上はフラスコ内の化学反応の場と同じであり，つねに化学平衡が成り立っている。

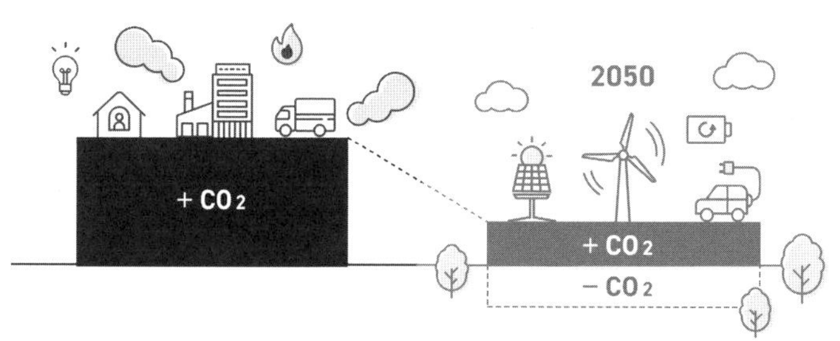

カーボンニュートラル実現に向けて
(https://ondankataisaku.env.go.jp/carbon_neutral/about/ より引用)

章末問題

問題 4.1　次の各反応について不対電子の動きを巻き矢印(片羽矢印)で示し，生成するイオン結合化合物または共有結合化合物をルイス構造式(電子点式表記法)で書け。

(1)　Na·　+　·C̈l:　⟶

(2)　·Ca·　+　2 ·C̈l:　⟶

(3)　·CH₃　+　·B̈r:　⟶

(4)　N̈H₃　+　H–C̈l:　⟶

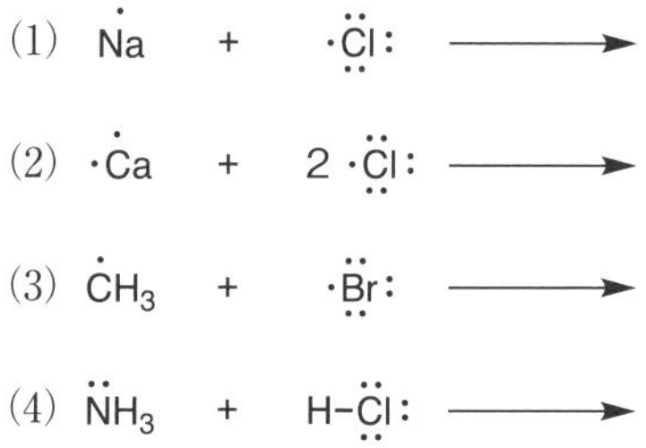

問題 4.2　次の化合物を，ルイス構造式(電子点式表記法)で書け。

(a)　三フッ化ホウ素(BF_3)

(b)　メチルカチオン($\overset{+}{C}H_3$)

(c)　メチルアニオン($\overset{-}{C}H_3$)

問題 4.3　メタノールのプロトン化(protonation)によってメタノール陽イオンが生成する反応式を，巻き矢印(両羽矢印)を使って書け。また，メタノール陽イオンをルイス構造式(電子点式表記法)で記せ。なお形式電荷(どの原子が＋か？)を正確に示せ。

問題 4.4　2-プロパノン(アセトン)を塩基(:B⁻)と反応することで得られるアセトンのアニオンの共鳴構造式を書き，共鳴構造式中の電子対の動きを巻き矢印(両羽矢印)で示せ。また，寄与の大きい共鳴構造式はどれかを共鳴構造式の下に(寄与大)として示し，その理由も述べよ。

$H_3C-C(=O)-CH_2-H$ + :B⁻ ⇌ [$H_3C-C(=O)-\ddot{C}H_2^-$] + HB

2-プロパノン(アセトン)　　塩基　　“アニオン”

問題 4.5　次の化合物の分極の様子を，$\delta+$ および $\delta-$ を使って構造式に書き込め。

(1) $CHCl_3$（H–C(Cl)(Cl)–Cl）　(2) H_3C–OH（H–C(H)(H)–OH）　(3) H–C(H)(H)–C≡N

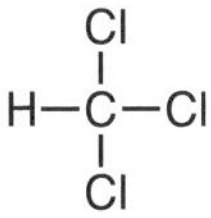

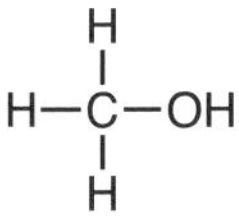

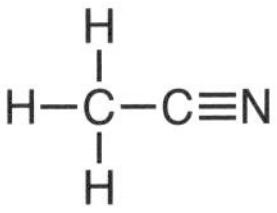

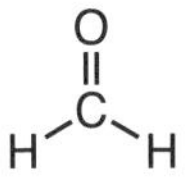

(4) $H_2C=O$　(5) ブロモベンゼン（C₆H₅–Br）

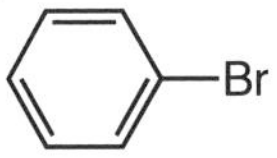

問題 4.6　(1)ジメチルオキソニウムイオンの共役塩基と，(2)アセトンの共役酸の構造式をそれぞれ示せ。

(1) H_3C–$\overset{+}{\ddot{O}}$(H)–CH_3　(2) H_3C–C(=Ö:)–CH_3

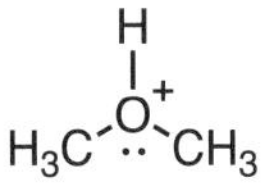

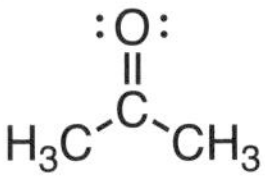

問題 4.7　次の反応について，電子の動きを巻き矢印(両羽矢印)で示し，それぞれの生成物ができることを示せ。また，ルイス酸およびルイス塩基としてはたらいている化学種はどれかをその化学種の下に記せ。

(1) H_3C–C(=Ö:)–CH_3 + Cl–Al(Cl)–Cl ⟶ H_3C–C(=$\overset{+}{O}$:–$\overset{-}{Al}Cl_3$)–CH_3

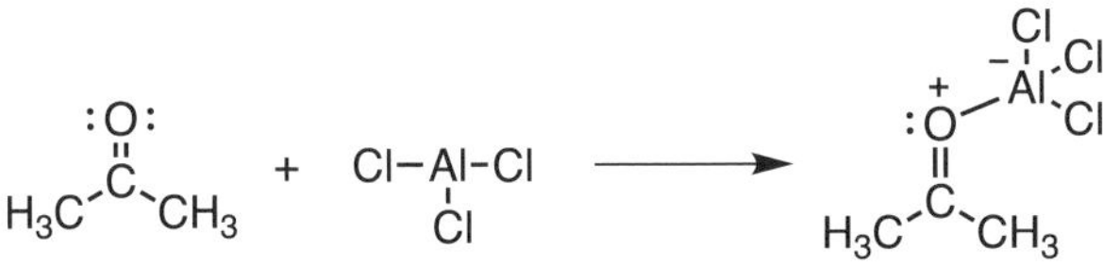

(2) H_3C–CH_2–Br: + $^{-}$:OH ⟶ H_3C–CH_2–OH + :Br:$^{-}$

問題 4.8　イソプロピルラジカル(·CH(CH₃)₂)はメチルラジカル(·CH₃)より安定である。その理由を簡単に説明せよ。

問題 4.9　エタンと塩素の反応から塩化エチルが生成する反応機構(ラジカル連鎖機構)について，巻き矢印(片羽矢印)を使った反応式で示せ。ただし，エタンは大過剰使用しているものとする。

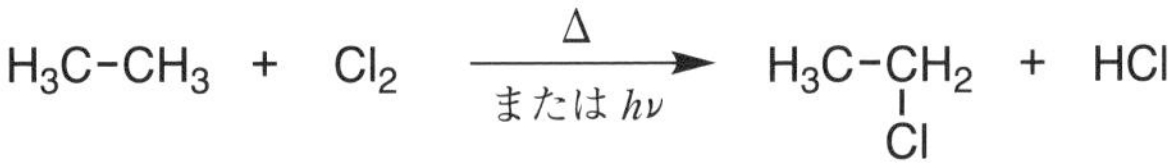

$$H_3C{-}CH_3 + Cl_2 \xrightarrow[\text{または } h\nu]{\Delta} H_3C{-}CH_2Cl + HCl$$

問題 4.10　2,3-ジメチルブタンのモノクロロ化反応について，生成物 A と B の相対的な収率の比を求めよ。ただし，反応性の比は，第三級水素：第一級水素＝5：1 とする。

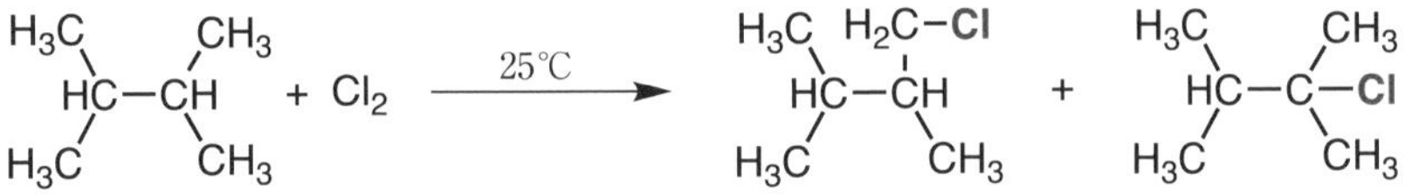

$$(CH_3)_2CH{-}CH(CH_3)_2 + Cl_2 \xrightarrow{25℃} (CH_3)_2CH{-}CH(CH_3){-}CH_2Cl\ (\mathbf{A}) + (CH_3)_2CH{-}CCl(CH_3)_2\ (\mathbf{B})$$

2,3-ジメチルブタン　**A**　**B**

5 有機化合物の反応 1

——アルケンの反応，ハロゲン化アルキルの反応——

【この章の到達目標とキーワード】
・求核剤，求電子剤とは何か，どのようなものがあるかを説明できる。
・アルキル基の電子供与性とカルボカチオンの安定性について説明できる。
・アルケンに対する HBr の付加反応における位置選択性を，カルボカチオン中間体の安定性と結びつけて説明できる。
・求核置換反応(S_N1 反応と S_N2 反応)と脱離反応(E1 反応と E2 反応)の起こりやすさを，基質の立体的なかさ高さや，カルボカチオン中間体の安定性と結びつけて説明できる。

キーワード：求核性，求電子性，求核剤，求電子剤，付加反応，超共役，求核置換反応，S_N1 反応，S_N2 反応，脱離反応，E1 反応，E2 反応

5.1 概　　要

(1) 様々な反応をどのように学んでいくのか

有機化学では様々な反応が登場する。高校の化学においても，多くの反応を学ぶ(図 5.1)。例えば「カルボン酸とアルコールを混合し，そこに濃硫酸を少量加えて加熱すると，脱水縮合反応が進行してエステルが生成する」と習い，それを「覚えた」のではないか。しかし，なぜこの反応が進むのか，なぜ濃硫酸を加える必要があるのかは学ばない。アルケンに対する臭化水素の付加反応や，ベンゼンのニトロ化反応についても同様であろう。大学の化学ではさらに多くの反応を学ぶが，特に，医薬品や機能性材料など，有用な有機化合物を合成するうえで重要な，炭素と炭素をつなぐ反応(炭素–炭素結合生成反応)が新たに加わる。先人の不断の努力により，そのバリエーションは豊富である。これらを前にすると，すべて覚えなくてはいけないのか，という不安にかられるかもしれない。

大学の有機化学では「なぜ」「どのように」反応が進行するのかを学ぶ[*1]。実は，多くの反応が「**電子豊富**(electron rich)なものと**電子不足**(electron deficient)なものが結合する」という極めてあたりまえの原理に基づいて起こる[*2]。極端ないい方かもしれないが，はじめて出会う反応でも，反応する分子の“どこが電子豊富”で，もう一方の分子の“どこが電子不足”なのかを見抜くことができれば，その反応を概ね理解できたことになる。異なる反応であっても類似性に気づき，知識の整理と理解が進んでいくであろう。

*1 有機化学の反応の多くは，**付加反応**(addition reaction)，**脱離反応**(elimination reaction)，**置換反応**(substitution reaction)，**転位反応**(rearrangement reaction)のどれかに該当する。

*2 このような反応を**イオン反応**(ionic reaction)や**極性反応**(polar reaction)とよぶ。ほかにも，ラジカルのかかわる**ラジカル反応**(radical reaction)や**ペリ環状反応**(pericyclic reaction)がある。6.2 節で扱う**ディールス・アルダー付加環化反応**(Diels-Alder cycloaddition reaction)は，代表的なペリ環状反応の一つである。

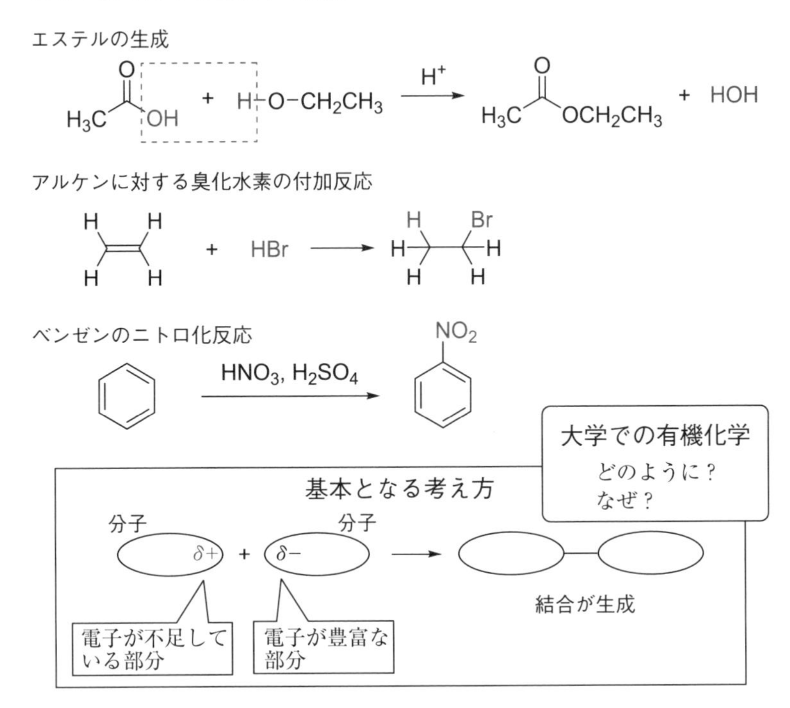

図 5.1　有機化学―高校と大学の違い―

(2) 求核剤と求電子剤

電子豊富な部位をもつものは，電子不足なものに対して反応しようとする。これが**求核性**(nucleophilicity)であり，そのような性質をもつものを**求核剤**(nucleophile)とよぶ。一方，電子不足な部位をもつものは，電子豊富なものと反応しようとする。これが**求電子性**(electrophilicity)であり，そのような性質をもつものを**求電子剤**(electrophile)とよぶ。

では，どのような部位が電子豊富で，どのような部位が電子不足なのだろうか。それを分類したものが図 5.2 である。

電子豊富な部位をもつもの

①陰イオン(アニオン；anion)　　負の電荷をもち，反応に利用可能な電子をもつ。炭素のアニオン(＝カルボアニオン；carbanion)，窒素のアニオン(＝アミド；amide)，酸素のアニオン(＝アルコキシド；alkoxide)，硫黄のアニオン(＝チオラート；thiolate)，そして各種のハロゲン化物イオンも，ここに分類できる。

②孤立電子対(ローンペア；lone pair)をもつもの　　アミン類の窒素などは孤立電子対をもつ。孤立電子対は結合に利用されていない電子であり，反応に利用しやすい。

③π電子をもつもの　　二重結合はσ結合とπ結合から構成されるが，後者に用いられる電子，すなわちπ電子は炭素原子核からの束縛が弱く，電子の存在範囲が広いため，反応に利用しやすい。ベンゼンも6つのπ電子をもち，電子

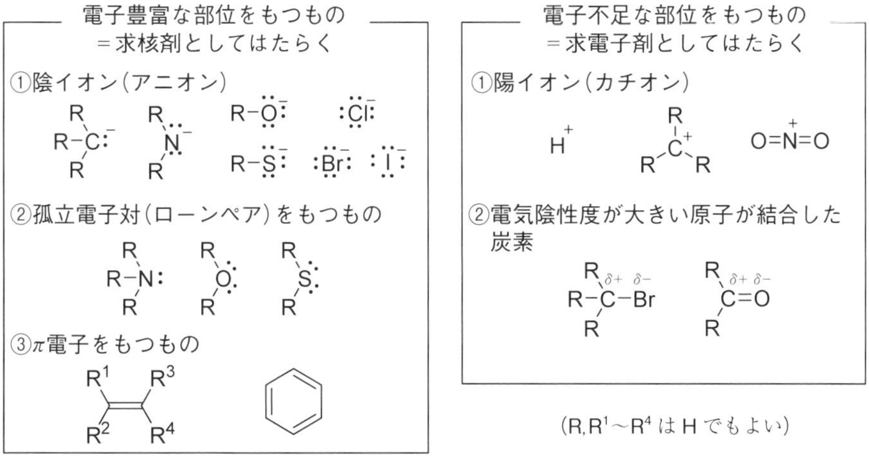

電子豊富な部位をもつもの
＝求核剤としてはたらく

①陰イオン(アニオン)

②孤立電子対(ローンペア)をもつもの

③π電子をもつもの

電子不足な部位をもつもの
＝求電子剤としてはたらく

①陽イオン(カチオン)

②電気陰性度が大きい原子が結合した炭素

(R, R¹～R⁴ は H でもよい)

図 5.2　求核剤と求電子剤

豊富な化合物と捉えることができる。

電子不足な部位をもつもの

①陽イオン(カチオン；cation)　　正の電荷をもち，明らかに電子が不足している。プロトン，炭素のカチオン(カルボカチオン；carbocation)などがある。

②電気陰性度が大きい原子が結合した炭素　　電気陰性度が大きい原子，すなわち電子を引き付ける力の強い原子は，結合している炭素から電子を奪う。よって炭素は正電荷を帯びる。電気陰性度の大きい臭素や酸素は結合相手である炭素から共有結合の電子を引き寄せ(分極)，炭素を電子不足な状態にすることができる。

5.2 アルケンに対する付加反応

炭素-炭素二重結合をもつ炭化水素を，一般にアルケンとよぶ。このアルケンに対しては，臭素(Br_2)，臭化水素(HBr)，水など，様々な化合物が付加する。ここでは，臭化水素の付加反応(addition reaction)*3を取り上げ，反応機構や反応性の背後にある原理を解説していく(図 5.3)。

*3 2つの化合物が合わさって，どの原子も欠けることなく，1つの化合物を与える反応を付加反応とよぶ。

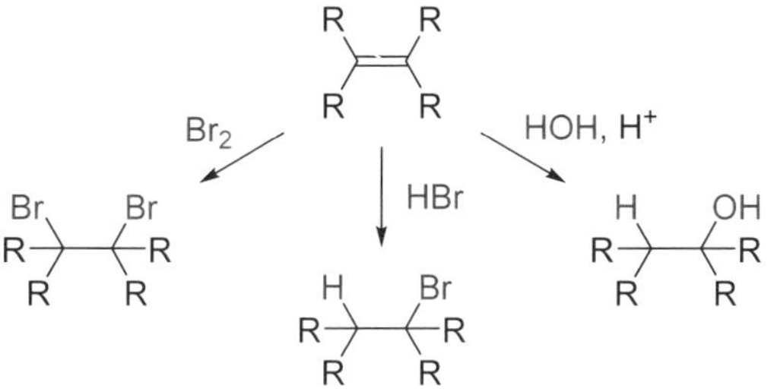

Br_2　　HBr　　HOH, H^+

図 5.3　アルケンに対する付加反応

(1) 概　要

図 5.4 にエテンの構造を示す。エテンはアルケンのなかで最も単純な構造をもつ。炭素-炭素二重結合は，σ 結合と π 結合からなる。そのうち，π 結合は 2p 軌道どうしの重なりによって生まれるが，その重なりは σ 結合よりも小さい。また，分子の外側に広く広がり，原子核からの束縛が弱い。よって，π 結合に用いられている電子(π 電子とよぶ)は，反応に用いやすい。

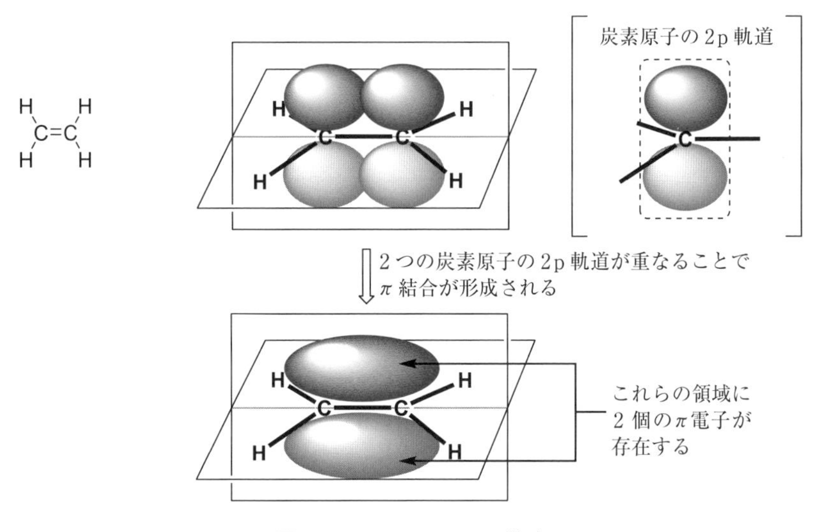

図 5.4　エテン C_2H_4 の構造

(2) ハロゲン化水素との反応

エテン C_2H_4 と臭化水素(HBr)の反応は，次のように考えると理解しやすい(図 5.5)。

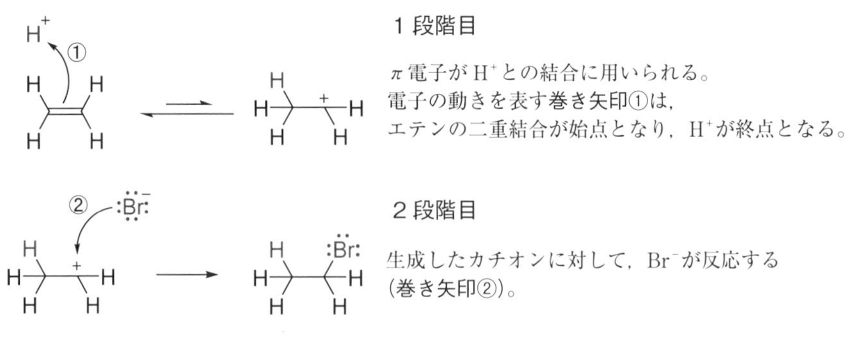

図 5.5　エテン C_2H_4 に対する HBr の付加反応の反応機構

図 5.6 は，1 段階目の電子対の動きをより詳しく示したものである。エテン分子の外側に広がる π 電子が，次第に H^+ に向かって集中していき，一方の炭素と水素が結合する。ここで用いられた π 電子は，もともとは 2 つの炭素が共有していたものであるため，もう一方の炭素は電子を奪われたことになり，カ

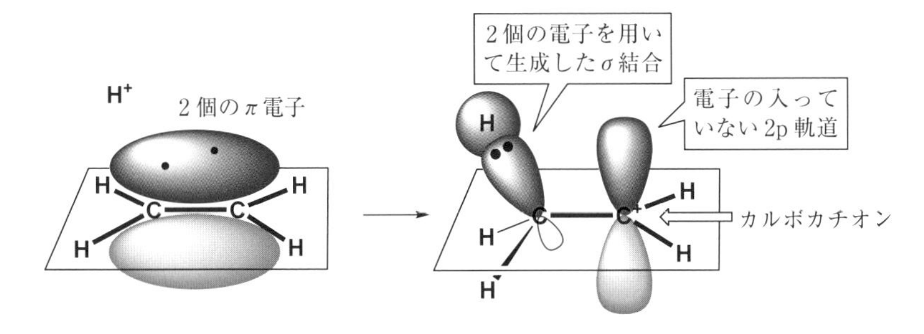

図 5.6 エテン C_2H_4 と H^+ の反応の詳細

チオンとなる。カチオンとなった炭素(カルボカチオン)の 2p 軌道には，電子は入っていない。

(3) 反応の位置選択性

上記のエテンと臭化水素の反応の場合，エテンの2つの炭素は等価であるので1種類の付加生成物しか得られないが，左右非対称のアルケンの付加反応では，2種類の構造異性体が生成する可能性について考慮しなくてはならない。例えば，プロペンと臭化水素の反応では，右側の炭素が臭素と結合している構造異性体 A と，左側の炭素が臭素と結合している構造異性体 B が生成する可能性がある(図 5.7)。これは，化合物中に反応しうる位置が複数ある場合に生じる問題であり，もしどちらか一方が優先的に反応する場合には「位置選択性が高い」と表現される *4。

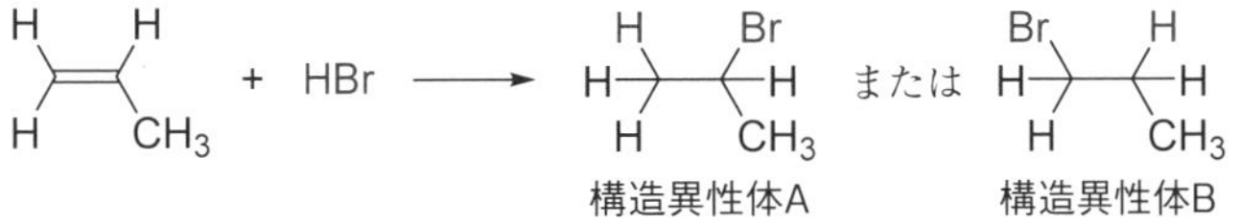

$H_2C{=}CH{-}CH_3$ + HBr ⟶ 構造異性体A または 構造異性体B

図 5.7 プロペン C_3H_6 に対する HBr の付加反応

実際には，構造異性体 A が優先的に生成する。これを予測するための経験則としてマルコフニコフ則(Markovnikov's rule)が知られている *5。マルコフニコフ則とは「2つの炭素のうち，より多くの水素をもつ炭素に水素が結合する」というものであり，構造異性体 A の生成が予測される。しかし，この法則を覚えるよりも，化合物の性質や反応のしくみを理解し，そこから構造異性体 A が生成することを論理的に導き出せることが重要である。

まず，プロペンとプロトンとの反応を想定する(図 5.8)。左側の炭素が水素と結合した場合，カルボカチオン A が生成する。右側の炭素が水素と結合した場合，カルボカチオン B が生成する。これらのうち，安定で生成しやすいのはカルボカチオン A である。なぜなら，カルボカチオン A にはアルキル基が2つ結合しているが，カルボカチオン B にはアルキル基が1つしか結合していないためである。詳細は次項(4)で説明するが，アルキル基は電子供与性 *6 を

*4 反応の選択性には，①**化学選択性**(chemoselectivity)(同時に複数起こりうる反応がある場合に，どの反応が起こりやすいか)，②**位置選択性**(regioselectivity)(ある化合物中に反応しうる場所が複数存在するとき，どこが反応しやすいか)，③**立体選択性**(stereoselectivity)(ある反応で複数の立体異性体が生成しうるとき，どの立体異性体が生成しやすいか)，などがある。

有機化合物は，わずかな構造の違いによって異なる性質を示す。特に，医薬品の場合には，薬効や毒性が大きく変わる。よって，合成反応における選択性は極めて重要である。

*5 ロシアの化学者マルコフニコフ(Markovnikov, V. V., 1838-1904)によって発表(1869 年)された法則。

*6 ある官能基が，その結合相手に対して電子を押し出す性質を**電子供与性**という。また，そのような官能基を**電子供与基**(electron-donating group)とよぶ。これと逆に，結合相手から電子を引き寄せる性質を**電子求引性**，そのような性質をもつ官能基を**電子求引基**(electron-withdrawing group)とよぶ。詳細は第6章で説明する。

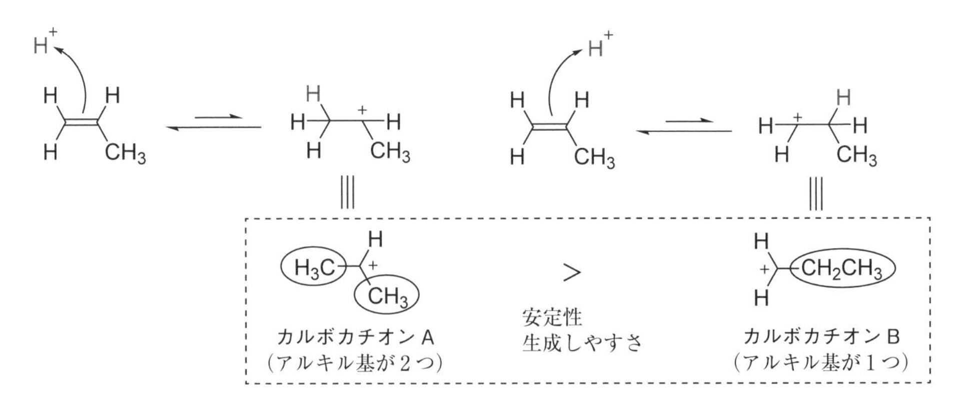

図 5.8　プロペン C_3H_6 と H^+ の反応

もつため，カルボカチオンの正電荷を小さくすることができる。よって，結合しているアルキル基が多いほど，カルボカチオンは安定化される。

そして，カルボカチオン A に対して Br^- が反応することで構造異性体 A が得られる（図 5.9）。結果的にマルコフニコフ則に合致する生成物となる。

図 5.9　カルボカチオンに対する臭化物イオンの反応

（4）カルボカチオンの安定性

図 5.10 においてカルボカチオンが生成したとき，周囲のアルキル基から電子が供与されることで，正電荷を緩和し，カルボカチオンを安定化することができる。その効果は，アルキル基の数が多いほど高い。

メチルカチオン　第一級カルボカチオン　第二級カルボカチオン　第三級カルボカチオン

安定性・生成しやすさ

図 5.10　カルボカチオンの種類と安定性（R はメチル基をはじめとするアルキル基を表す）

では，アルキル基はなぜ電子供与性を示すのかを説明しよう（図 5.11）。カルボカチオンは電子が入っていない p 軌道をもつ。正電荷をもつ炭素にメチル基などが結合している場合，メチル基中の C–H 結合に用いられている共有電

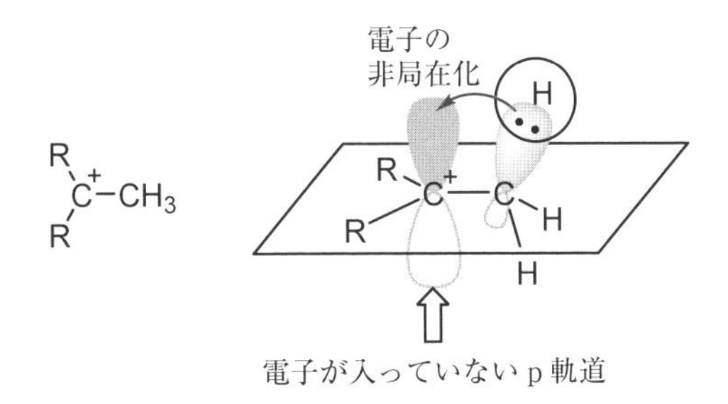

図 5.11　アルキル基によるカルボカチオンの安定化(超共役)

子対が空のｐ軌道へと非局在化することができる。これを**超共役**(hyperconjugation)とよぶ(4.4 節参照)。その結果，メチル基はカルボカチオンに対して電子を供与することができるのである。

5.3　ハロゲン化アルキルの反応

炭素にハロゲンが結合している場合，そこには分極が生じている(図 5.12)。なぜなら，ハロゲンは自分自身に電子を引き付ける能力が高く(＝電気陰性度が大きい)，炭素から電子を奪おうとするためである。そのため，図 5.12 に示すように炭素は正電荷を，ハロゲンは負電荷を帯びている。また，場合によっては，カルボカチオンとハロゲン化物イオンへと解離する。

このような，結合の分極，もしくは解離によるカルボカチオンの生成がハロゲン化アルキルの反応性の源になっている。

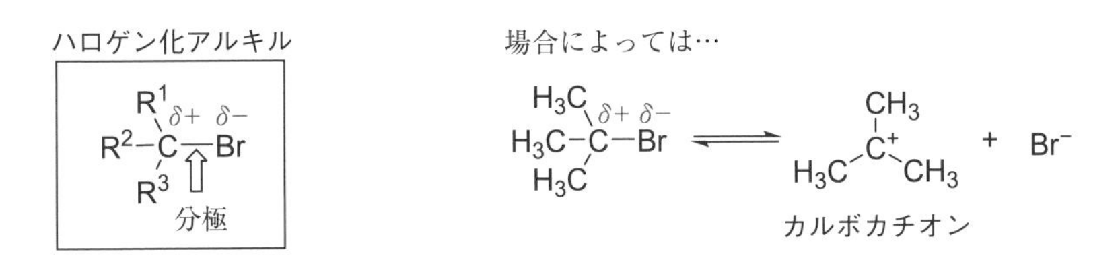

図 5.12　ハロゲン化アルキルの分極および解離

(1) ハロゲン化アルキルの求核置換反応

以下に，**求核置換反応**の典型例を示す(図 5.13)。いずれの場合にも，ハロゲンが結合した炭素が反応する部位となる。反応前，ハロゲン化アルキルの炭素には臭素が結合しているが，反応後には OH に「置き換わる」，すなわち置換反応が進行している[*7]。

＊7　この反応において脱離する Br^- のように，求核置換反応によって脱離するものを脱離基(leaving group)とよぶ。

一見すると単純な反応だが，この反応を学ぶことで，有機化学に対する理解が深まる。実は 2 つの反応様式があり，それぞれ S_N**1 反応**，S_N**2 反応**とよばれる。S は Substitution(置換)，N は Nucleophilic(求核的)の頭文字であり，あわせて**求核置換反応**(nucleophilic substitution reaction)を表す。1 や 2 といった数字に関しては，後ほど(3)で説明する。

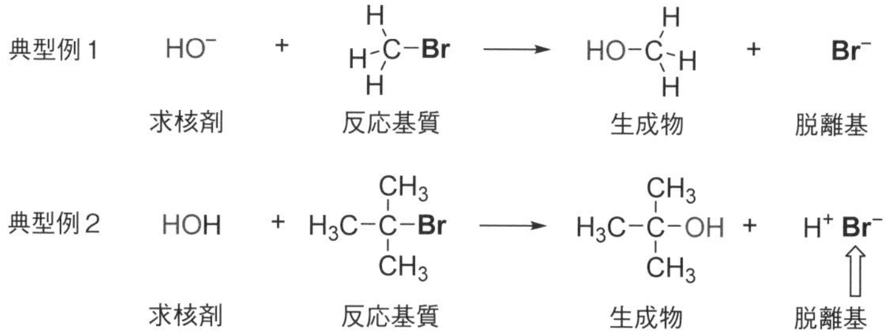

典型例 1　HO^- ＋ CH_3Br ⟶ $HO-CH_3$ ＋ Br^-

求核剤　反応基質　生成物　脱離基

典型例 2　HOH ＋ $(CH_3)_3C-Br$ ⟶ $(CH_3)_3C-OH$ ＋ H^+ Br^-

求核剤　反応基質　生成物　脱離基

図 5.13　ハロゲン化アルキルの求核置換反応の典型例

① S_N2 反応　上記の典型例 1 は，まさに S_N2 反応である。この反応の機構を図 5.14 に示す。HO^- は負の電荷をもつため電子豊富である。よって，求核剤としてはたらく。一方，電気陰性度の大きい臭素が結合した炭素は，臭素から電子を奪われ，正に帯電しているはずである。よって，この炭素に向かって HO^- が反応する。

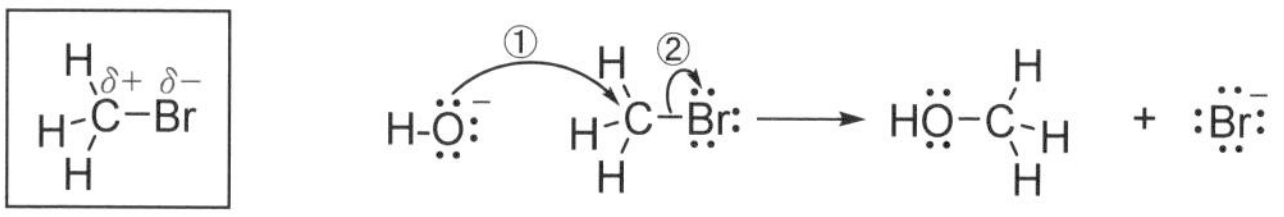

$H_3C^{\delta+}-Br^{\delta-}$

$H-O^-$ ＋ CH_3-Br ⟶ $HO-CH_3$ ＋ Br^-（①，②：巻き矢印）

図 5.14　S_N2 反応の典型例

この反応において，電子対の動きを表す矢印はどのようになるのか考えてみよう。矢印は「電子がある側から電子のない側へ」書くのがルールである。よって，巻き矢印①の始点は負電荷をもつ酸素，終点は電子不足な炭素である。そして，巻き矢印はもう 1 つ必要である。なぜなら，このままでは炭素は 5 本の結合をつくることになり，オクテット則に反するためである。よって，炭素と臭素の共有結合を切り，その電子を臭素が受け取るようにする。そのことを表すのが巻き矢印②である。

この反応をもう少し詳しくみてみよう (図 5.15)。HO^- が反応基質中の炭素に近づくとき，C-Br 結合の軸線上，Br とは反対側から近づいてくる。その後，遷移状態をへて，Br^- が脱離していく。

もし反応点となる炭素に多くの置換基が結合していた場合，それらの置換基が求核剤の接近を阻む。例えば，炭素に 3 つのメチル基が結合した反応基質の場合，求核置換反応はほとんど起こらない。この状況を「反応基質が“かさ高

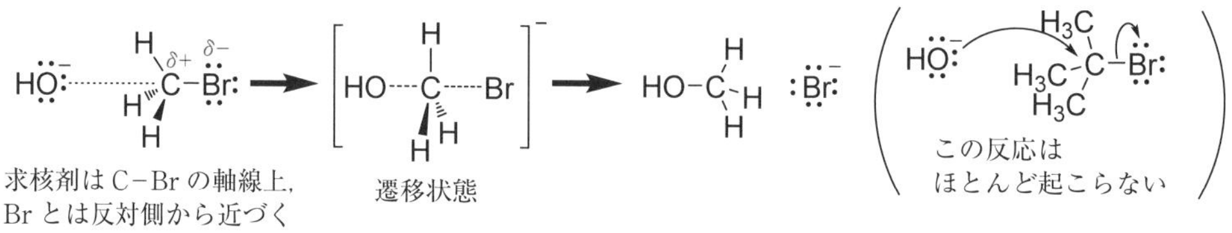

求核剤は C−Br の軸線上，Br とは反対側から近づく

遷移状態

この反応はほとんど起こらない

図 5.15　S_N2 反応の反応機構

い”」もしくは「周囲の置換基が立体障害を及ぼす」と表現する。そして，この場合には，後述の脱離反応(E2反応)が進行する。

負電荷をもつ求核剤は，求核剤としての能力(＝求核性)が高いために積極的に反応しようとする。さらに，立体障害がないほど，求核剤の反応には有利である。これらの条件が揃うと，S_N2 反応が進行する。

② S_N1 反応　図 5.13 中に示した典型例 2 は，S_N1 反応の例である。この反応は 2 段階で進行する(図 5.16)。求核剤の反応と脱離基の脱離が同時に進行する S_N2 とは対照的である。

1 段階目では，ヘテロリシス開裂(4.5 節参照)によって，反応中間体となるカルボカチオンが生成する。

2 段階目では，カルボカチオンに対して，孤立電子対をもつ酸素が反応する。

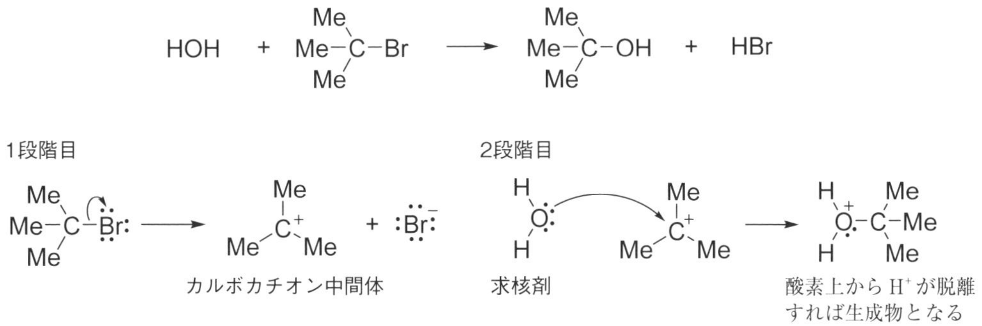

$$HOH + Me_3C{-}Br \longrightarrow Me_3C{-}OH + HBr$$

1段階目

$$Me_3C{-}Br \longrightarrow Me_3C^+ + Br^-$$

カルボカチオン中間体

2段階目

$$H_2O + Me_3C^+ \longrightarrow H_2O^+{-}CMe_3$$

求核剤

酸素上から H^+ が脱離すれば生成物となる

図 5.16　S_N2 反応の反応機構

前述の S_N2 反応との違いを考えてみよう。まず，この場合の求核剤は水であり，負電荷をもっていない。すなわち，求核性は低く，反応基質に対して積極的に反応することはない。次に，反応基質は非常に“かさ高い”。よって，求核

反応基質の構造の影響

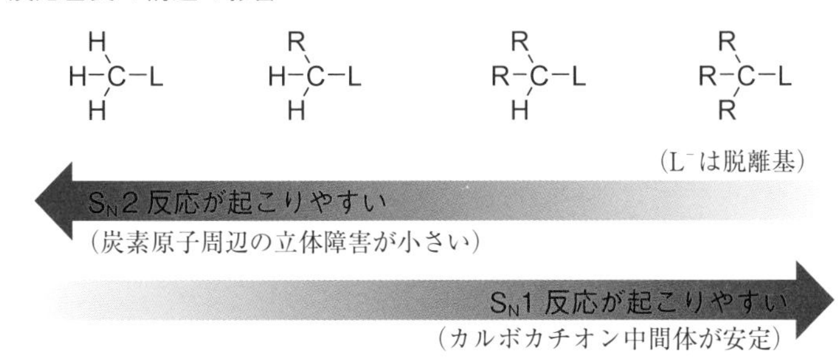

求核剤の影響

負電荷をもつ求核剤：S_N2 反応が起こりやすい。
負電荷をもたない求核剤：S_N1 反応が起こりやすい。

図 5.17　S_N2 反応と S_N1 反応の起こりやすさを決める要因

剤が反応基質に直接反応する S_N2 は，立体障害によって阻まれる。それにもかかわらず求核置換反応が進行するのは，この反応基質からカルボカチオンが生成しやすいためである。そして，いったんカルボカチオン中間体が生成すれば，求核性の低い水とはいえども，極めて速やかに反応する。ここまでをまとめると，図 5.17 のようになる。

そのほか，脱離基の種類や，反応に用いる溶媒によっても，S_N1 と S_N2 の起こりやすさが変わるが，本書では割愛する。

(2) 脱 離 反 応

典型的な**脱離反応**(elimination reaction)の反応例を 2 つ示す(図 5.18)。いずれの場合にもアルケンが生成する。2 つは非常に似ている。しかし，反応の機構はまったく異なる。典型例 1 は E2 反応の例であり，典型例 2 は E1 反応の例である。

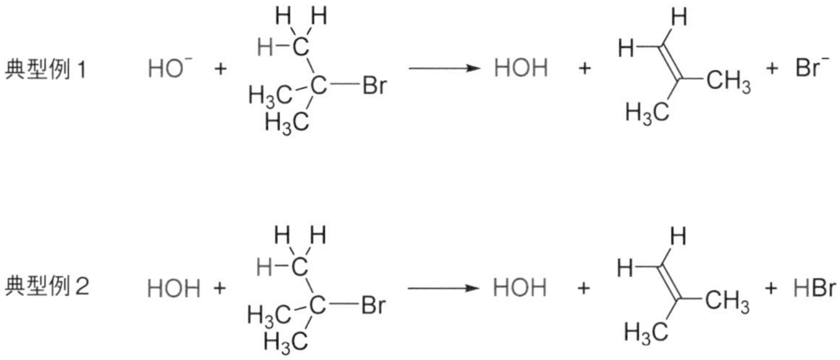

図 5.18　ハロゲン化アルキルからの脱離反応の典型例

① E2 反応　　S_N2 反応の説明において，反応基質がかさ高い場合，負電荷をもつ求核剤であっても立体障害によって反応が進行しないことを述べた。このとき，負電荷をもつ求核剤，例えば OH^- は別の反応を起こそうとする。それが E2 反応である(図 5.19)。

まず，OH^- は，炭素に対して反応するのではなく，水素をプロトン(H^+)として引き抜く(巻き矢印①)。このように，電子豊富なものが，その電子を用いてプロトンと反応する場合，「塩基としてはたらく」と表現する。同時に，$H-C^1$ 間の共有電子対が余るため，これを C^1-C^2 間に新たな結合をつくるために用

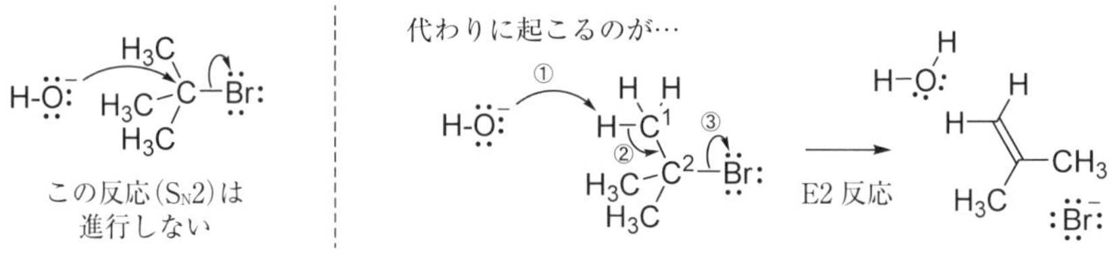

図 5.19　E2 反応の反応機構

いる(巻き矢印②)。すると，C^2 はそのままでは5本の結合をもつことになるため，Br との結合を切って，その電子を Br^- にもたせる(巻き矢印③)。これで Br^- が脱離していく。

② **E1 反応**　E1 反応は，水やアルコールなど，負電荷をもたないために求核剤としても塩基としても弱いものを用いた場合に起こる(図 5.20)。E1 反応は，前述の S_N1 反応と密接に関係している。カルボカチオン中間体の生成まではまったく同じである。

まず，反応基質から脱離基が脱離し，カルボカチオン中間体が生成する。円滑なカルボカチオンの生成のためには，電子供与性のアルキル基を多数もつことが必要であり，結果としてかさ高い反応基質であることが必要である。

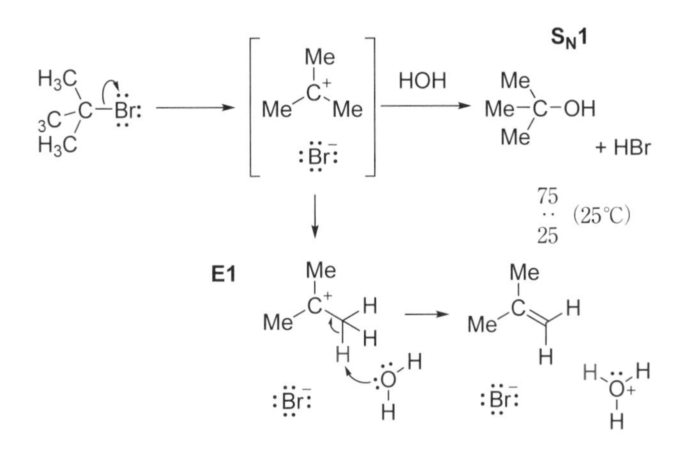

図 5.20　E1 反応の反応機構

このカルボカチオン中間体に対して，水が求核剤として反応すれば S_N1 反応が進行する。一方，水が酸素上の孤立電子対を用いてプロトンを引き抜く，すなわち塩基としてはたらくと，E1 反応が進行する。

(3) 求核置換反応・脱離反応の反応速度式

ところで，S_N2，S_N1，E2，E1 の「2 や 1」といった数字は何を意味するのだろうか。実は，この数字は「二次反応」「一次反応」を表している。

S_N2 反応の反応速度式は，以下のようになる(k は反応速度定数)。濃度の項が 2 つ，すなわち二次反応である。求核剤と反応基質が衝突することで起こる S_N2 反応において，両者の濃度が高いほど反応速度が増大することは容易に予想できる。そして実際，S_N2 反応の反応速度は，反応基質の濃度にも比例するし，求核剤の濃度にも比例する。E2 反応も同様である。

S_N2 反応の反応速度式：

$$\text{反応速度 } v = k \times \text{反応基質の濃度} \times \text{求核剤の濃度} \tag{5.1}$$

E2 反応の反応速度式：

$$\text{反応速度 } v = k \times \text{反応基質の濃度} \times \text{塩基の濃度} \tag{5.2}$$

一方，S_N1 反応の反応速度式には，反応基質の濃度しか現れない。濃度の項が 1 つ，すなわち一次反応である。E1 反応の反応速度式も同じである。これは，カルボカチオンが生成してはじめて求核剤（もしくは塩基）が反応できる，という反応機構によるものである（図 5.21）。カルボカチオンが生成しさえすれば，弱い求核剤（もしくは塩基）であっても極めて速やかに反応する。よって，カルボカチオンが生成する 1 段階目が，反応全体の速度を支配する律速段階（rate-determining step）となる。水やアルコールなどの負電荷をもたない弱い求核剤（または塩基）は，このカルボカチオン生成の瞬間を待っているわけである。

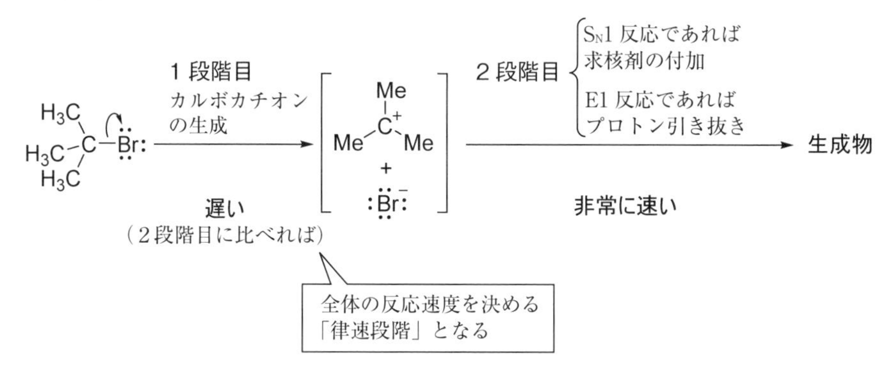

図 5.21　S_N1 反応と E1 反応の律速段階

1 段階目が律速段階なのであれば，そこには求核剤（もしくは塩基）は何もかかわっていない。だからこそ，反応基質の濃度だけが反応速度式にかかわるのである。

S_N1 反応，E1 反応の反応速度式：

$$\text{反応速度 } v = k \times \text{反応基質の濃度} \tag{5.3}$$

章末問題

問題 5.1　次のイオンもしくは化合物は求核剤としてはたらく。その理由を，それぞれのイオンもしくは化合物について説明せよ。

H_3CO^-　　$H_2C{=}CH{-}CH_3$　　$(H_3C)_3N$

問題 5.2　以下の化合物において，最も求電子性が高い原子を○で囲め。

$ClCH_2{-}CH_3$　　$H{-}C({=}O){-}CH_3$　　$N{\equiv}C{-}CH_3$　　$H_3C{-}C({=}O){-}Cl$

問題 5.3　エテンに対する水の付加反応の反応機構を示す。反応にはリン酸等の酸触媒を用いる。以下の反応式中に，反応が左から右へと進んでいく場合に必要な，電子対の動きを示す巻き矢印を記入せよ。

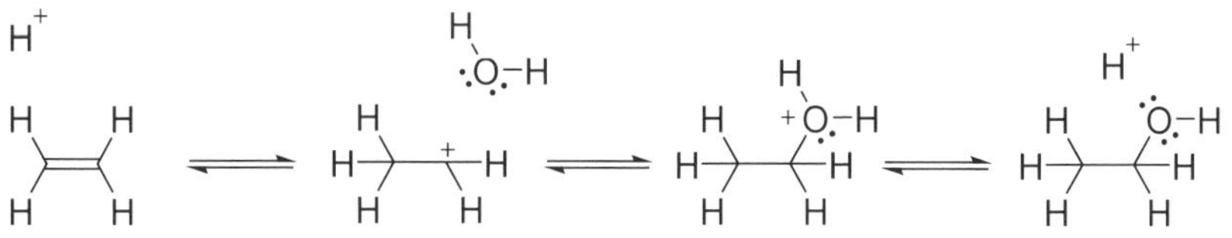

問題 5.4　下記の反応で生成しうる2つの構造異性体の構造を示し，そのうちどちらが優先的に生成するかを予測せよ。また，予測の根拠を説明せよ。

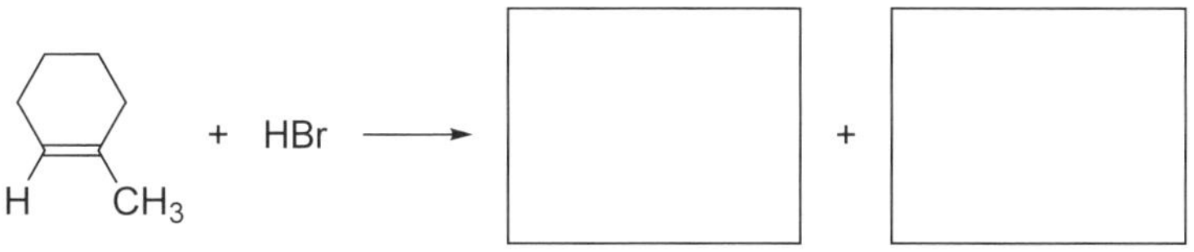

$+ HBr \longrightarrow$ [　　] + [　　]

構造異性体 A　構造異性体 B

問題 5.5　以下の反応における生成物の構造を書け。また，それぞれの反応は S_N1, S_N2, E1, E2 のどれに該当するか，判断理由とともに答えよ。

(1) $CH_3Br + CH_3O^-Na^+ \longrightarrow$ [　　] + NaBr

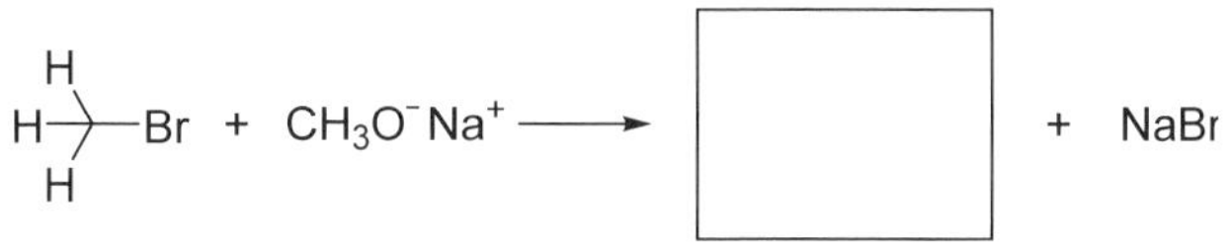

(2) $(CH_3)_3CBr + CH_3O^-Na^+ \longrightarrow$ [　　] + [　　] + NaBr

(3) $(CH_3)_3CBr + CH_3OH$ ― 2つの反応が同時に進行する

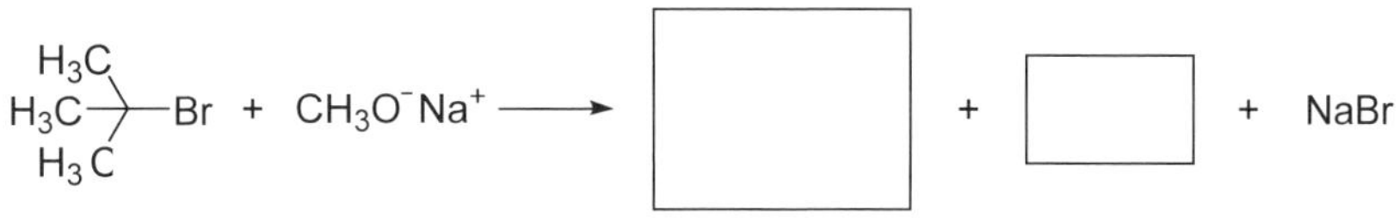

→ [　　] + HBr

→ [　　] + [　　] + HBr

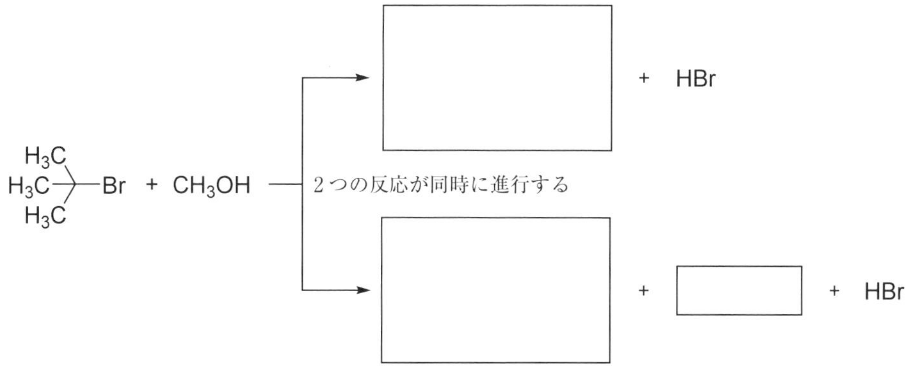

問題 5.6　2-メチル-2-プロパノールに塩酸を加えると，2-クロロ-2-メチルプロパンが生成する。その際，カルボカチオンが生成し，そこに塩化物イオンが反応する。以下の反応式中に，反応が左から右へと進んでいく場合に必要な，電子対の動きを示す巻き矢印を記入せよ。

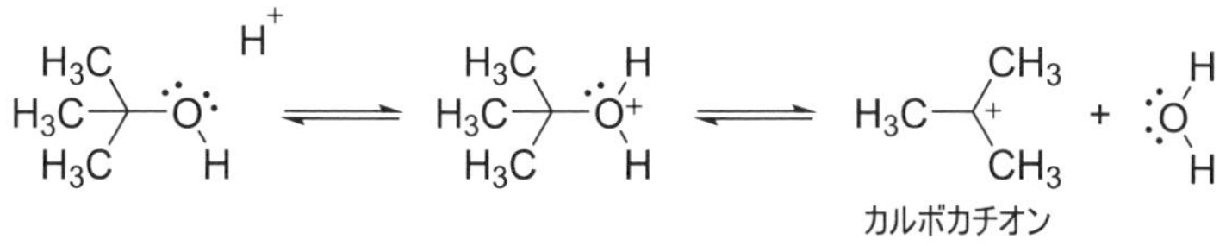

カルボカチオン

6 有機化合物の反応 2

――共役ジエンの反応，芳香族化合物の反応――

【この章の到達目標とキーワード】

・共役ジエンと H^+ の反応によって生成するカルボカチオンの構造と安定性を説明できる。
・ジエンと親ジエンのディールス・アルダー付加環化反応で得られる生成物の構造を示すことができる。
・ベンゼンの芳香族求電子置換反応の反応機構を説明できる。
・ベンゼン環に置換基が結合している場合，その置換基が芳香族求電子置換反応の反応性や配向性におよぼす影響を説明できる。

キーワード：共役ジエン，共鳴安定化，親ジエン，ディールス・アルダー付加環化反応，芳香族求電子置換反応，フリーデル・クラフツ反応，配向性，電子供与基，電子求引基，誘起効果，共鳴効果

6.1 共役ジエンに対する付加反応

第 5 章では，アルケンに対する HBr の付加反応を学んだが，ここでは共役ジエン(conjugated diene)に対する HBr の付加反応をみてみよう(図 6.1)。

最も単純な共役ジエンである 1,3-ブタジエンは，2 つの二重結合をもつ(4.6 節参照)。どの炭素が反応にかかわるかをわかりやすくするため，炭素には番号を付けてある。片方の二重結合に HBr が付加すると，図中の 1,2-付加体(＝炭素 1 と 2 が反応したもの)が生成する。興味深いことに，1,4-付加体(＝炭素 1 と 4 が反応したもの)も生成する。なぜ 1,4-付加体が生成するのであろうか。実は，ここで共鳴の概念が役に立つ(第Ⅱ部 2.3 節参照)。

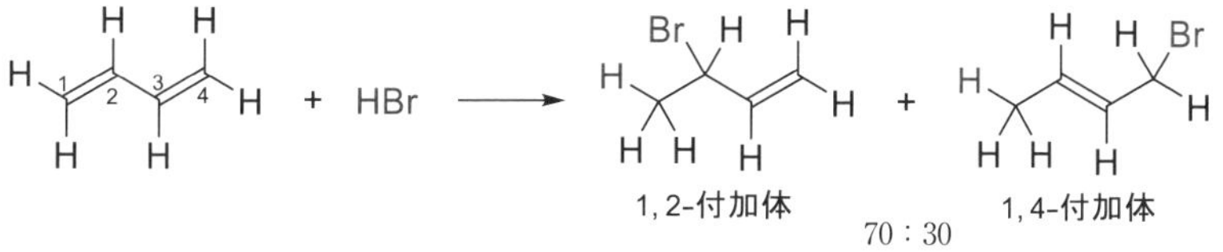

1,2-付加体　70：30　1,4-付加体

図 6.1　1,3-ブタジエンに対する HBr の付加反応

まず，π 電子を用いて H^+ と反応するが，仮に C2(左から 2 番目の炭素)が H^+ と結合すると，C1 がカチオンとなる(図 6.2)。しかし，このカルボカチオンは第一級であり，何ら安定化を受けていないため，極めて生成しにくい。

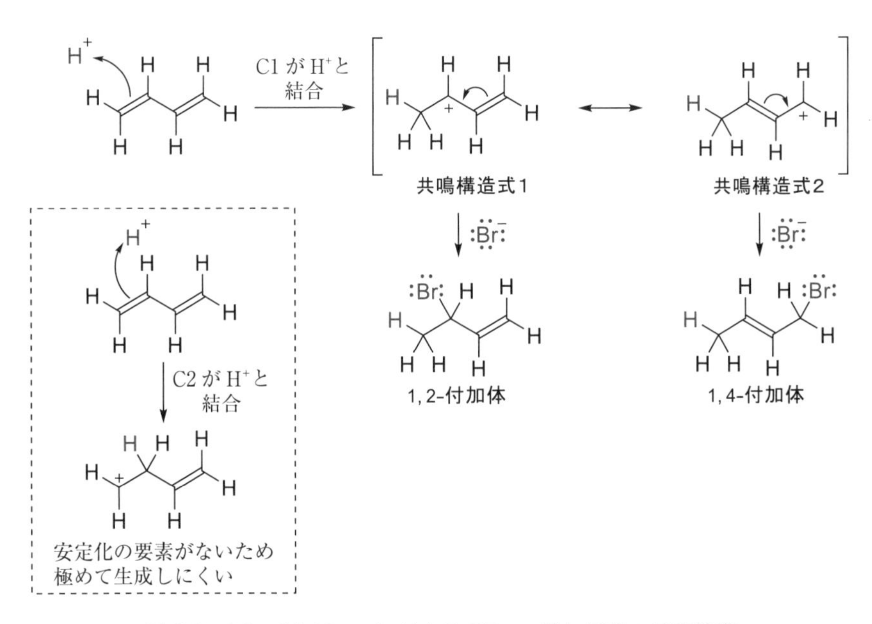

図 6.2　1,3-ブタジエンに対する HBr の付加反応の反応機構

一方，C1 が H^+ と結合すると，C2 がカチオンとなる(共鳴構造式 1)。ただし，隣接する C=C が存在するため，共鳴構造式 2 も書くことができる。すると，C2 に加えて C4 も正電荷を帯びることになり，前者に Br^- が反応すれば 1,2-付加体が生成し，後者に Br^- が反応すれば 1,4-付加体が生成する。なお，共鳴によって正電荷が非局在化されるため，カチオンは**共鳴安定化**される[*1]。

6.2　ディールス・アルダー付加環化反応

共役ジエンに特異的な反応として，**ディールス・アルダー付加環化反応**(Diels-Alder cycloaddition reaction)がある[*2]。この反応は，炭素-炭素結合生成反応であり，なおかつ 2 つの結合が同時に生成することで環状骨格をもつ化合物を与える。ただし，この反応は極性反応でもなければラジカル反応でもなく，ペリ環状反応とよばれる反応の一つである。例として，1,3-ブタジエンとエテンの反応を示す(図 6.3)。このとき，ジエンと反応するものを**親ジエン**(ジエノフィル dienophile)とよぶ[*3]。

ディールス・アルダー付加環化反応は，これまで学んできた反応とは異なり，基本的に結合の分極は関与しない。詳細は他書にゆずるが，分子軌道(molecular orbital)が重なることで反応が進行する[*4]。

分子は複数の分子軌道をもつ。そして，それぞれの分子軌道には，最大で 2 個の電子が存在しうる。分子軌道のうち，電子が入っていて，なおかつ最もエネルギー準位の高い軌道を**最高被占軌道**(Highest Occupied Molecular Orbital: **HOMO**)とよぶ。一方，電子が入っておらず，なおかつ最もエネルギー準位の低い軌道を**最低空軌道**(Lowest Unoccupied Molecular Orbital: **LUMO**)とよぶ。

＊1 共鳴安定化の概念は，カチオンだけでなく，ラジカルやアニオンの安定化にも適用される。アニオンの共鳴安定化については第 7 章で説明する。

＊2 1928 年ディールス(Diels, O., 1876-1954)とアルダー(Alder, K., 1902-1958)により発表された反応。他の方法では困難な複雑な環状骨格をもつ化合物の合成を容易にしたことから，二人の名前を冠した反応名でよばれている。

このように，有用な反応の発見者や開発者の名前が反応名に付けられることがあり，それらを総じて**人名反応**(name reaction)とよぶ。

＊3「親(しん)」は「親しい，好む」を表す。

＊4 1952 年 福井謙一は，反応が進行する際には HOMO と LUMO の位相の一致が重要である，というフロンティア**軌道理論**(frontier orbital theory)を提唱した。この業績により，1981 年，日本人初のノーベル化学賞を受賞した。また，1965 年ウッドワード(Woodward, R.B., 1917-1979)とホフマン(Hoffman, R., 1937-)は，反応の進行の際には分子軌道の位相の対称性が保存される，というウッドワード・ホフマン則を提唱した。

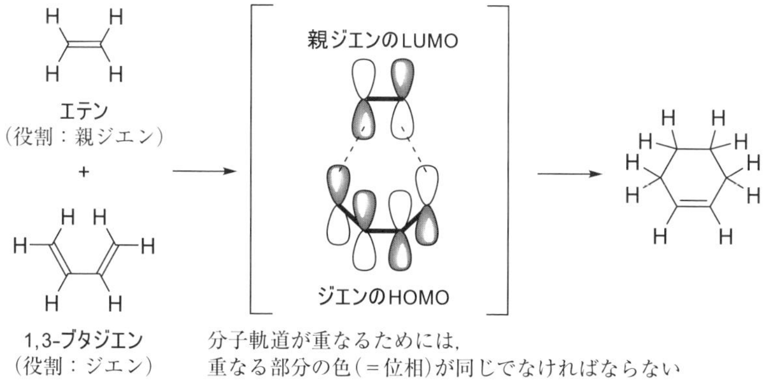

H H
H H
エテン
（役割：親ジエン）
+
H H
H H
H H
1,3-ブタジエン
（役割：ジエン）

親ジエンのLUMO
ジエンのHOMO

分子軌道が重なるためには，
重なる部分の色（＝位相）が同じでなければならない

図 6.3　ディールス・アルダー付加環化反応

ディールス・アルダー付加環化反応が進行するためには，ジエンの HOMO と親ジエンの LUMO が重なることが必要である。軌道が重なるためには，重なる部分の色（位相を表す）が同じでなければならないが，図 6.3 に示すとおり，ちょうどよく同じ位相になっている。

6.3　ベンゼンと求電子剤の反応

(1) 概　要

ベンゼンは，形式的には 3 つの二重結合をもつように書かれるが，実際には 6 つの炭素-炭素結合は等価である。各炭素の p 軌道の電子は非局在化しており，強く共鳴安定化されている（図 6.4）。

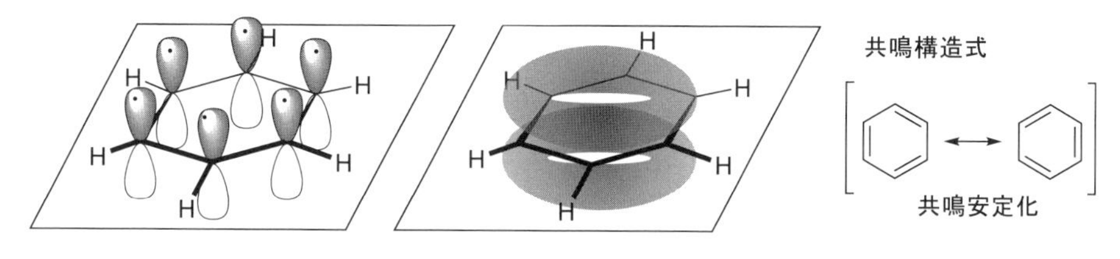

図 6.4　ベンゼンの構造

そのため，ベンゼンの π 電子は，アルケンの π 電子よりも反応に利用しにくい。例えば，シクロヘキセンの二重結合に対する臭素の付加反応は速やかに起こるが，ベンゼンに対して臭素は反応しにくい（図 6.5）。

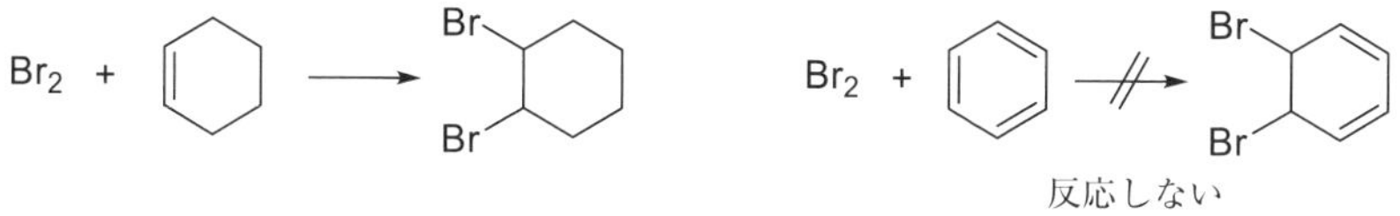

Br_2 +　→　Br Br
Br_2 +　⇸　Br Br
反応しない

図 6.5　シクロヘキセンとベンゼンの反応性の違い

しかしながら，多くの π 電子が分子全体を包むように広く分布していることから，ベンゼンは電子豊富な化合物である。そのため，求核剤としてはたらき，種々の求電子剤と反応する（図 6.6）。ベンゼンに対して求電子剤 E^+ を作用させると，ベンゼンの水素 1 つが E によって置換される。よって，この形式の反応を**芳香族求電子置換反応**（aromatic electrophilic substitution reaction）とよぶ。本質的には，ベンゼンが求核剤としてはたらき，求電子剤と反応している。

まず，電子不足の E^+ に対して，電子豊富なベンゼンが反応する。結合の形成には，ベンゼンの π 電子が用いられる。このとき，ベンゼンの芳香族性は失われ，カチオン中間体が生成する。次いで C-H 結合を切り，H^+ を解離させると共鳴安定化されたベンゼン環が生成する。これによって，置換基 E をもつ芳香族化合物が得られる。

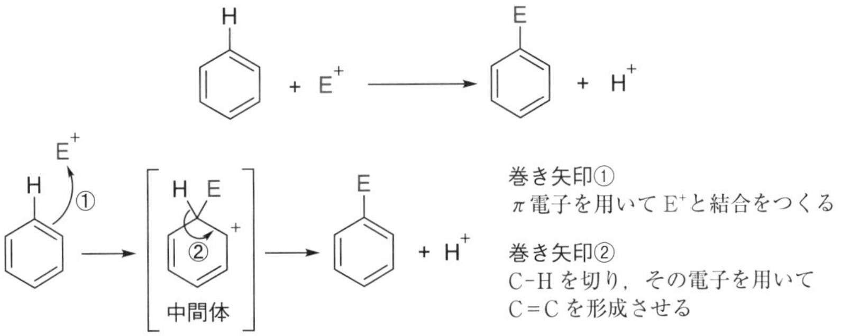

巻き矢印①
π 電子を用いて E^+ と結合をつくる

巻き矢印②
C-H を切り，その電子を用いて
C=C を形成させる

中間体

図 6.6　芳香族求電子置換反応の反応機構

（2）ベンゼンの芳香族求電子置換反応の具体例（図 6.7）

臭化鉄のようなルイス酸の存在下，ベンゼンに対して臭素を作用させると，ベンゼンの水素 1 つが臭素によって置換される。このとき，臭素と臭化鉄の反応により，ブロモニウムイオン Br^+ が生成する。これが求電子剤となる。ま

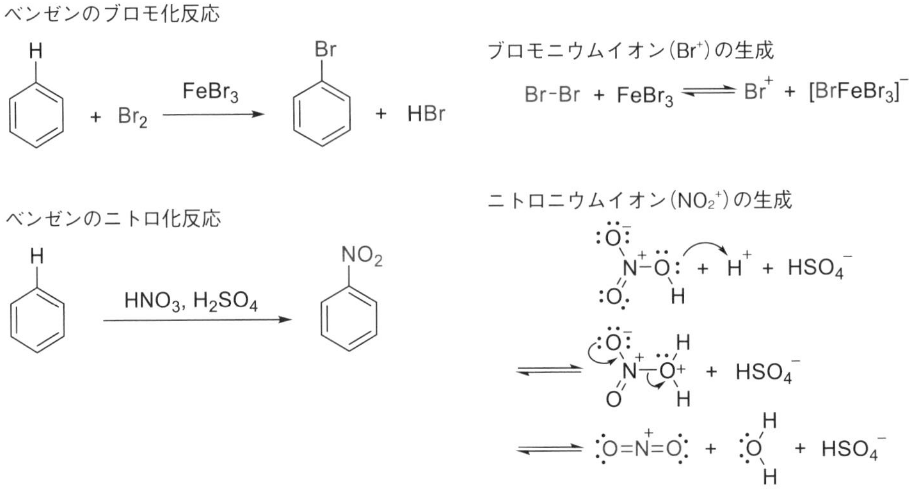

ベンゼンのブロモ化反応

$C_6H_6 + Br_2 \xrightarrow{FeBr_3} C_6H_5Br + HBr$

ブロモニウムイオン（Br^+）の生成

$Br\text{-}Br + FeBr_3 \rightleftharpoons Br^+ + [BrFeBr_3]^-$

ベンゼンのニトロ化反応

$C_6H_6 \xrightarrow{HNO_3,\ H_2SO_4} C_6H_5NO_2$

ニトロニウムイオン（NO_2^+）の生成

$HNO_3 + H^+ + HSO_4^- \rightleftharpoons H_2NO_3^+ + HSO_4^- \rightleftharpoons O=N^+=O + H_2O + HSO_4^-$

図 6.7　ベンゼンのブロモ化反応およびニトロ化反応

た，ベンゼンに対して，濃硝酸と濃硫酸の混合物(混酸)を加えると，ニトロベンゼンが生成する。このとき，硝酸と硫酸が反応することでニトロニウムイオン NO_2^+ が生成し，これが求電子剤となる。

どのように反応が進むかを理解するためには，図 6.6 の E^+ に，Br^+ もしくは NO_2^+ をあてはめればよい。

また，ベンゼンはカルボカチオンとも反応可能であり，この反応は**フリーデル・クラフツ反応**(Friedel-Crafts reaction)として知られている(図 6.8) *5。フリーデル・クラフツ反応には**アルキル化反応**(alkylation reaction)と**アシル化反応**(acylation reaction)がある *6。

*5 1877 年にフリーデル(Friedel, C., 1832-1899)とクラフツ(Crafts, J.M., 1839-1917)によって発見された。反応名はこの 2 人の名前をとったものである。

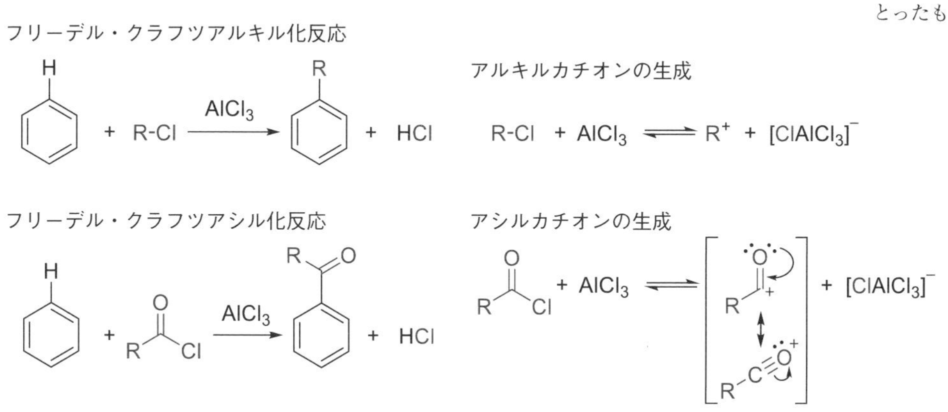

フリーデル・クラフツアルキル化反応

アルキルカチオンの生成

R-Cl + $AlCl_3$ ⇌ R^+ + $[ClAlCl_3]^-$

フリーデル・クラフツアシル化反応

アシルカチオンの生成

図 6.8　フリーデル・クラフツ反応

6.4　置換基をもつベンゼンと求電子剤との反応

(1) 概　要

すでに置換基 X を 1 つもつ芳香族化合物と求電子剤 E^+ の反応の場合，以下の 2 点を考える必要がある(図 6.9)。

①置換基 X をもたないベンゼンと比べて，反応性は高いのか，それとも低いのか。

②置換基 X と反応する位置の関係。

置換基 X に対する相対的な位置を表す用語として**オルト位**(ortho position)，**メタ位**(meta position)，**パラ位**(para position)があり，それぞれ記号として *o*, *m*, *p* を用いる。また，オルト位が反応しやすいことを**オルト配向性**と表現する。同様に，メタ位が反応しやすければ**メタ配向性**，パラ位が反応しやすければ**パラ配向性**と表現する。

ここで図 6.9 をみると，以下の 3 つのことがわかる。

①置換基 X によって，E^+ と反応する位置が大きく変化する。

②置換基 X は，ベンゼン環の反応性に対して大きな影響を与える。

③ベンゼン環の反応性が高い場合にはオルト-パラ配向性，反応性が低い場合にはメタ配向性を示す。

*6 フリーデル・クラフツアルキル化反応では，ベンゼン環に複数のアルキル基が導入されることが多い。これは，電子供与性のアルキル基の導入されるたびにベンゼン環の電子密度が高まり，反応性が向上していくためである。

一方，フリーデル・クラフツアシル化反応では，アシル基は 1 つだけ導入される。これは，電子求引性のアシル基が導入されることでベンゼン環の電子密度が下がり，求電子剤に対する反応性が低くなるためである。

このように，ベンゼン環の反応性は置換基の性質によって大きく影響されるが，その詳細は次の 6.4 節で説明する。

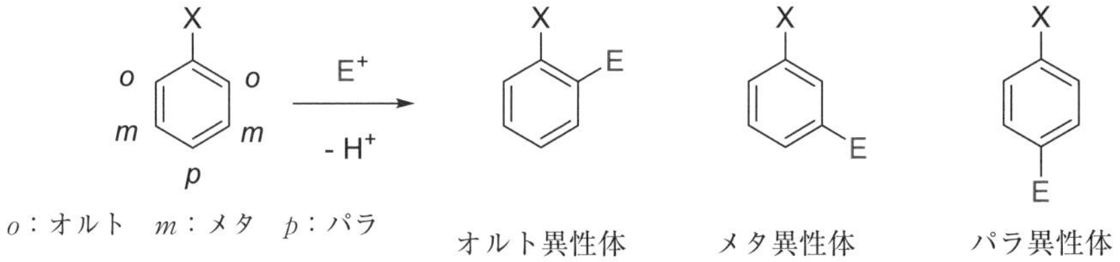

X　E⁺　− H⁺　E

o：オルト　m：メタ　p：パラ

オルト異性体　メタ異性体　パラ異性体

−X	ベンゼン環の反応性	オルト異性体の割合/%	メタ異性体の割合/%	パラ異性体の割合/%
−OH	極めて高い	50	0	50
$-CH_3$	高　い	63	3	34
−Cl	低　い	35	1	64
−CN	極めて低い	17	81	2
$-NO_2$	極めて低い	7	91	2

図 6.9　芳香族求電子置換反応に対する置換基の影響

ベンゼン環の反応性や配向性は，置換基 X が**電子供与基**(electron donating group)なのか**電子求引基**(electron withdrawing group)なのかによって左右される。以下，フェノール(X＝OH)，トルエン($X=CH_3$)，クロロベンゼン(X＝Cl)，ならびにニトロベンゼン($X=NO_2$)のニトロ化反応($E^+=NO_2^+$)を取り上げ，反応性と配向性について解説する。

(2) フェノールのニトロ化(図 6.10)

フェノールのニトロ化は，ベンゼンのニトロ化よりも格段に進行しやすい。また，オルト−パラ配向性を示す。

酸素は炭素よりも電気陰性度が大きく，酸素は σ 結合を通じて炭素から電子を引き寄せる。このように，σ 結合を介して電子を授受することを**誘起効果**(Inductive effect: I 効果)という。酸素は誘起効果によってベンゼン環から電子を求引し，その電子密度を下げるはたらきがある。

それと同時に，酸素の孤立電子対(ローンペア)が，ベンゼン環上にも非局在化することができる。このような電子の授受を**共鳴効果**(Resonance effect: R 効果)という。酸素は共鳴効果によってベンゼン環に電子を供与し，その電子密度を上げる。複数の共鳴構造式を書くことができ，酸素からの電子供与によってベンゼン環が負電荷をもちうることがわかる。特に，オルト位とパラ位に負電荷をもつ共鳴構造式の寄与がある。

フェノールの場合，誘起効果よりも共鳴効果のほうがはるかに大きく，反応性を支配する。共鳴効果によってベンゼン環の電子密度が増大し，求電子剤との反応性は高まるため，OH は電子供与基としてはたらくことがわかる。また，特にオルト位とパラ位の電子密度が上がることから，オルト-パラ配向性を

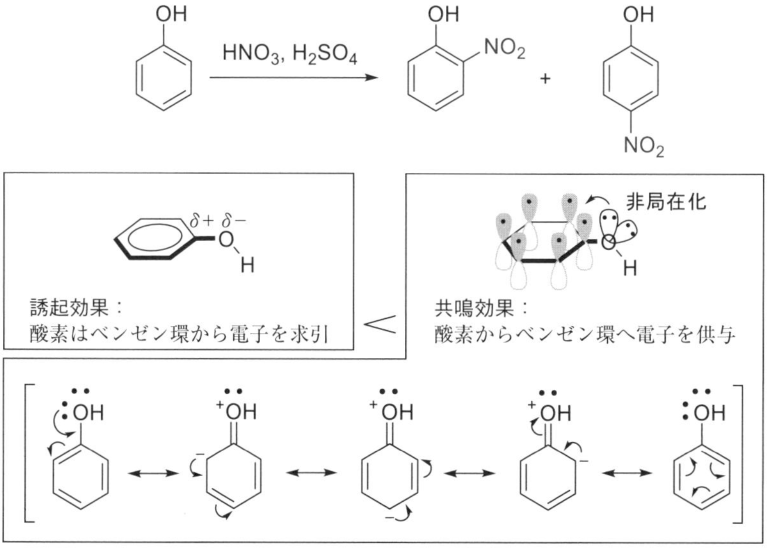

OH
HNO_3, H_2SO_4
OH
NO_2
+
OH
NO_2
δ+ δ−
O
H
誘起効果：
酸素はベンゼン環から電子を求引
非局在化
O
H
共鳴効果：
酸素からベンゼン環へ電子を供与

図 6.10　フェノールのニトロ化反応

示す。

なお，OH の共鳴効果によってベンゼン環の電子密度が著しく高められるため，フェノールにニトロ基（= 電子求引性）が導入されてもさらにニトロ化が進行し，最終的には 2,4,6-トリニトロフェノール（ピクリン酸）が生成する（図 6.11）。また，触媒なしでも臭素と反応し（ベンゼンの場合，$FeBr_3$ などの触媒が必要），2,4,6-トリブロモフェノールが生成する。

OH
O_2N
NO_2
NO_2
OH
Br
Br
Br

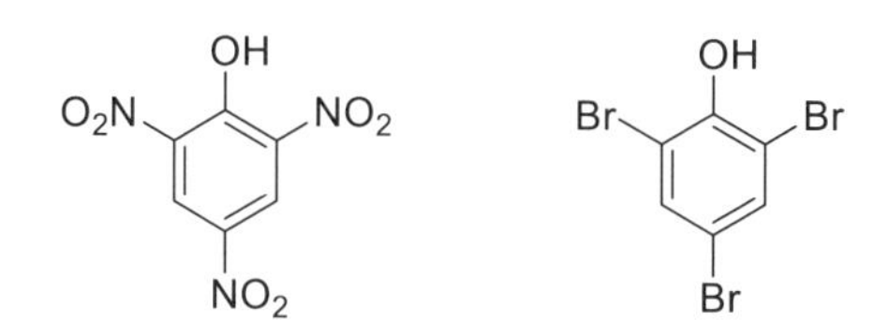

図 6.11　2,4,6-トリニトロフェノール（ピクリン酸）と 2,4,6-トリブロモフェノール

（3）トルエンのニトロ化（図 6.12）

トルエンがもつメチル基は，電子供与性の置換基，すなわち電子供与基としてはたらく。そして，トルエンのニトロ化は，オルト-パラ配向性を示す。このことは，トルエンがニトロニウムイオンと反応することで生ずるカチオン中間体の安定性を考えると理解しやすい。芳香環のどの位置が反応したとしても，カチオン中間体は 3 つの共鳴構造式からなる共鳴混成体として表される。

オルト位が反応した場合，3 つの共鳴構造式のうち共鳴構造式 A 中のカルボカチオンが超共役によって安定化される。同様に，パラ位が反応した場合にも，共鳴構造式 B 中のカルボカチオンが超共役によって安定化される。よって，トルエンをニトロ化した場合，オルト-パラ配向性を示す。超共役によるカルボカチオンの安定化については，5.2 節で説明したとおりである。

CH_3 → HNO_3, H_2SO_4 → CH_3 / NO_2 ＋ CH_3 / NO_2

オルト位が反応した場合

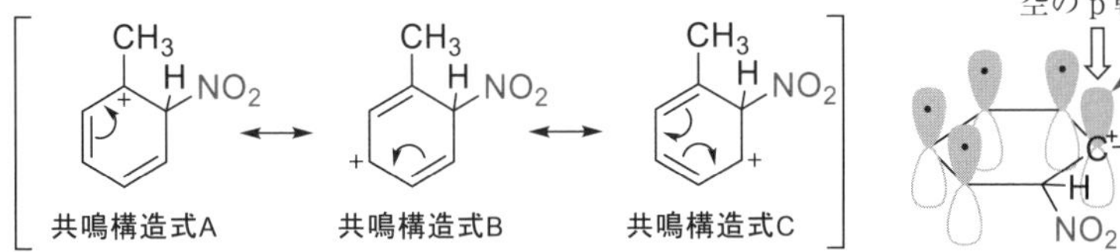

空の p 軌道

・共鳴構造式 A：
超共役による安定化が可能

パラ位が反応した場合

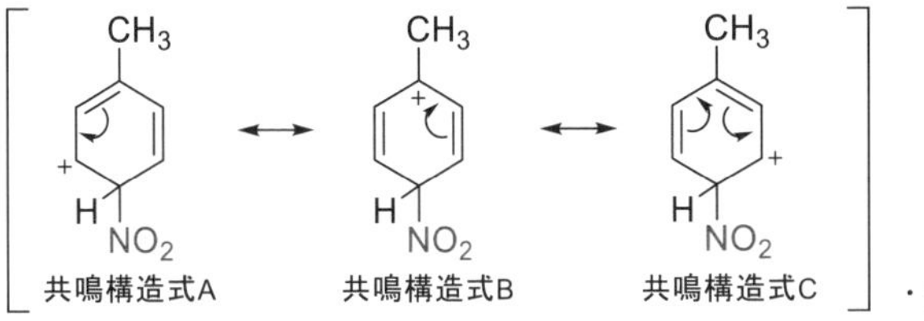

空の p 軌道

・共鳴構造式 B：
超共役による安定化が可能

メタ位が反応した場合

共鳴構造式A　共鳴構造式B　共鳴構造式C

・いずれの共鳴構造式も
超共役による安定化が不可能

図 6.12　トルエンのニトロ化反応

一方，メタ位が反応した場合，どの共鳴構造式をみても，メチル基が結合した炭素がカチオンになることがない。よって，超共役による安定化は不可能であり，メタ位への反応は起こりにくい。

(4) クロロベンゼンのニトロ化(図 6.13)

クロロベンゼンは，ベンゼンよりも反応しにくい。また，オルト-パラ配向性を示す。

まず，塩素は炭素よりも電気陰性度が大きく，誘起効果によってベンゼン環から電子を求引する。一方，塩素も孤立電子対をもつため，そのベンゼン環への非局在化による電子供与も可能である。ただし，詳細は省略するが，軌道の拡がる範囲や電子のもつエネルギーの都合上，塩素の孤立電子対が非局在化する度合いは小さい。よって，ベンゼン環の電子密度は塩素の誘起効果によって下がり，反応性も下がる。ただし，共鳴効果がオルト位とパラ位の電子密度を上げようとするため，反応性はオルト位とパラ位が高い。

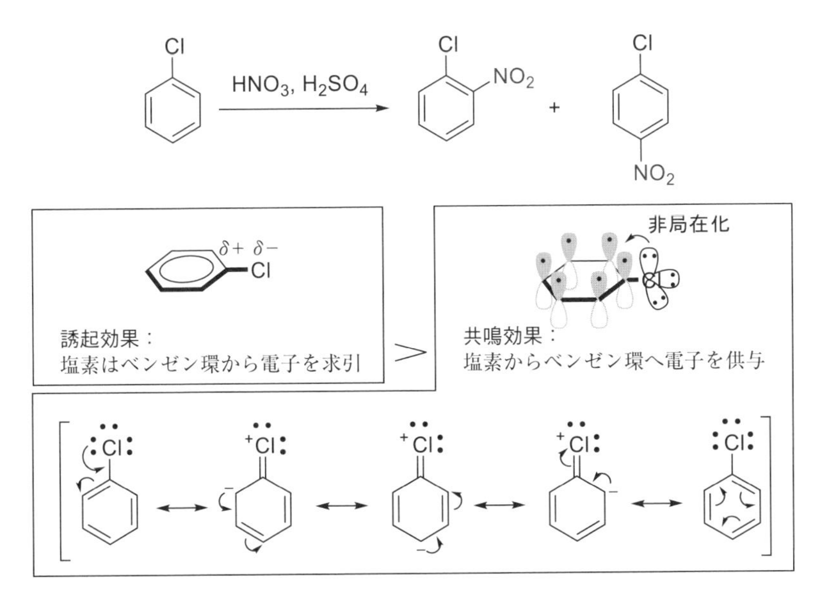

図 6.13　クロロベンゼンのニトロ化反応

(5) ニトロベンゼンのニトロ化(図 6.14)

この反応は極めて進行しにくい。また，もし反応したとすると，メタ配向性を示す。

ニトロ基は強力な電子求引性の置換基，すなわち電子求引基である。まず，窒素は炭素よりも電気陰性度が大きく，誘起効果によって電子を求引する。それにも増して，ニトロ基は，共鳴効果によって強力に電子を求引する。よって，誘起効果においても共鳴効果においても，ニトロ基はベンゼン環から電子を求引する。その結果，ベンゼン環の電子密度が下がり，求電子剤に対する反応性が著しく低下する。

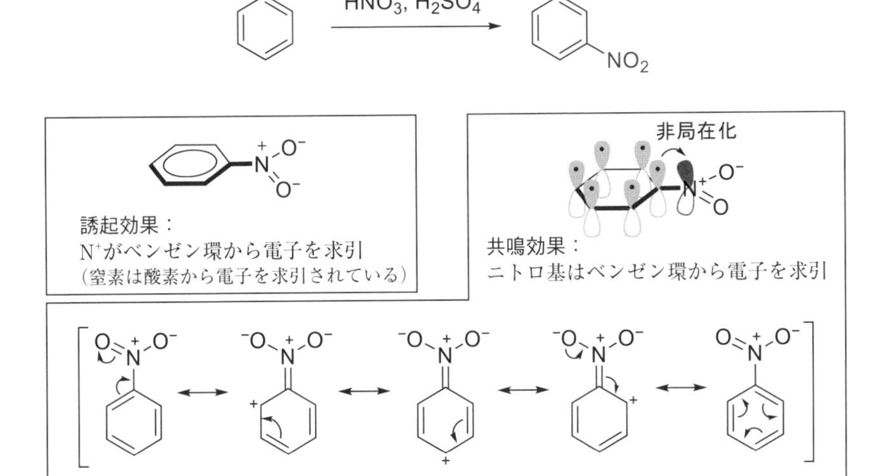

図 6.14　ニトロベンゼンのニトロ化反応

また，共鳴効果はオルト位とパラ位において顕著であり，オルト位とパラ位の電子密度が下がることによって反応性が極端に下がる。メタ位だけが，共鳴構造式において正電荷をもたない。よって，ニトロベンゼンと求電子剤の反応は，かろうじてメタ位で起こる。

そのほか，カルボニル基やシアノ基も，共鳴効果によってベンゼン環の電子密度が下げ，ベンゼン環の求電子剤に対する反応性を低下させる（図 6.15）。また，求電子剤との反応ではメタ配向性を示す。理由はニトロ基の場合と同様である。

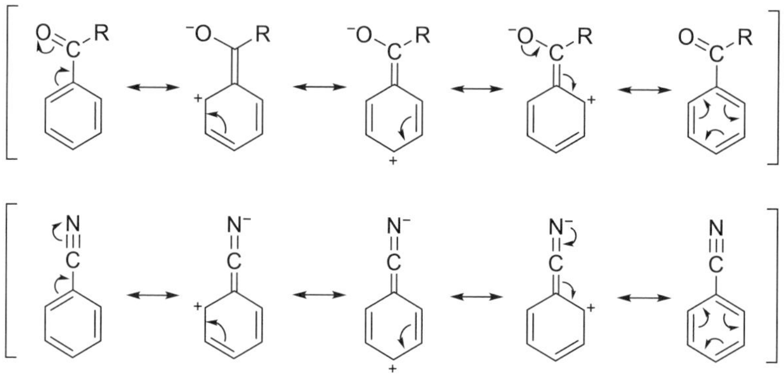

図 6.15　カルボニル基やシアノ基をもつ芳香族化合物の共鳴構造式

コラム：有機薄膜太陽電池のための共役高分子の開発

太陽光は再生可能エネルギーの一種であり，その光エネルギーを電気エネルギーに変換することで利用される。このエネルギー変換のためのデバイスが太陽電池であり，現在最も普及している太陽電池ではシリコン結晶が利用されている。一方，有機薄膜太陽電池は，軽量かつフィルム状にも加工できることから，次世代の太陽電池として期待されている。

第 6 章では共役ジエンの反応性について学んだが，共役した二重結合をもつ化合物は興味深い性質を示す。それは光を吸収する性質であり，より多数の二重結合がつながることで可視光を吸収できるようになる（4.6 節参照）。

ポリチオフェンは，硫黄を含む芳香族化合物「チオフェン」が連なった構造をもつ。このポリチオフェンも多数の二重結合がつながった構造をもち，可視光を吸収する化合物として有機薄膜太陽電池への利用が検討されている。

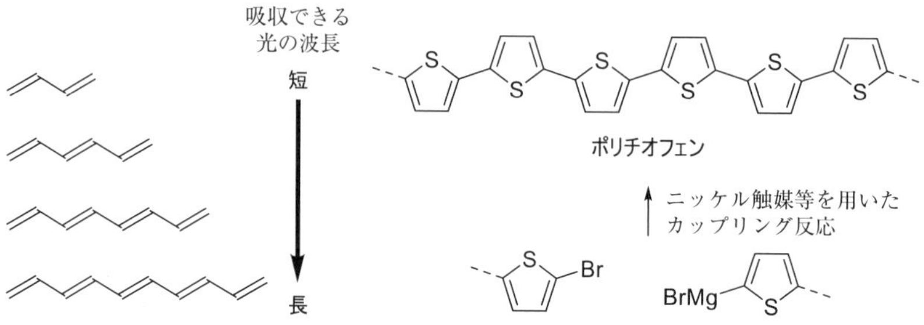

吸収できる光の波長
短
長

ポリチオフェン

ニッケル触媒等を用いたカップリング反応

このポリチオフェンをはじめ，光を吸収する有機化合物を合成するためには，遷移金属触媒を用いた「カップリング反応」を用いることが多い。カップリング反応には様々な種類があり，日本の化学者によって開発されたものが多い。その代表的なものが，鈴木-宮浦カップリング反応であり，鈴木博士には2010年のノーベル化学賞が授与されている。カップリング反応については，いずれ「有機金属化学」で詳しく学ぶ機会がある。

章 末 問 題

問題 6.1　1,3-ブタジエンとプロトンが反応すると，以下に示す2つの共鳴構造式で表されるカルボカチオン中間体が生成する。共鳴構造式1から共鳴構造式2へ変化するときの，電子対の動きを表す巻き矢印を書け。また，共鳴構造式2から共鳴構造式1へ変化するときの，電子対の動きを表す巻き矢印を書け。

共鳴構造式1　⟷　共鳴構造式2

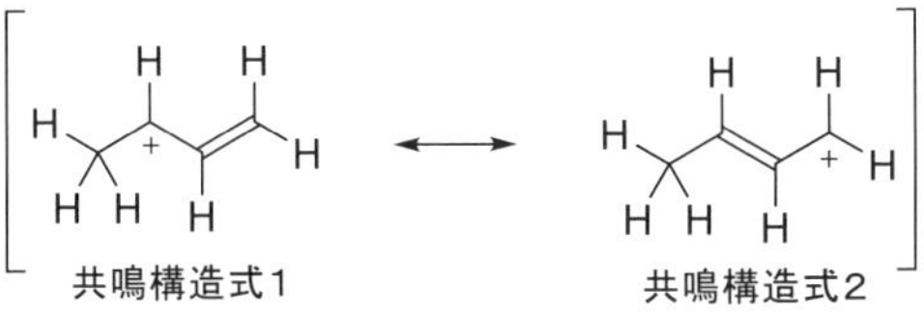

問題 6.2　シクロペンタジエンとメタクリル酸メチルのディールス・アルダー付加環化反応によって得られる生成物の構造を書け。

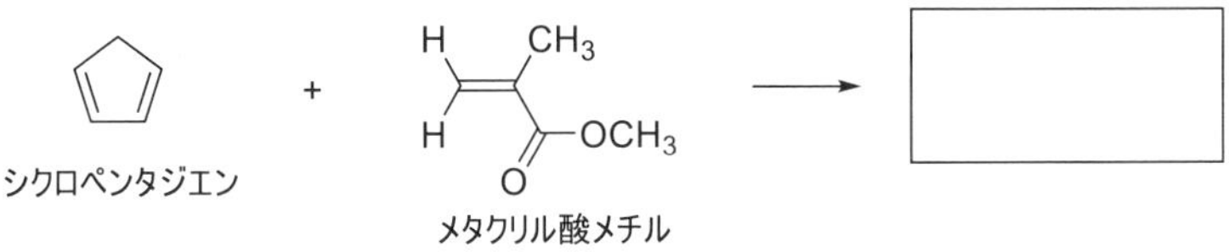

シクロペンタジエン　+　メタクリル酸メチル　→

問題 6.3　右に示す化合物はディールス・アルダー付加環化反応によって合成できる。ジエンと親ジエンとして，それぞれ何と何を用いたらよいか答えよ。

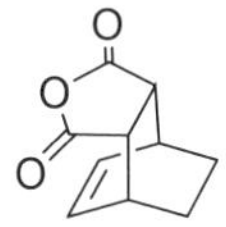

問題 6.4　アニソール(メトキシベンゼン)はベンゼンよりもニトロ化されやすく，反応はオルト-パラ配向性を示す。その理由を説明せよ。

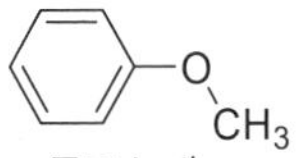

アニソール

問題 6.5　酢酸フェニルはベンゼンよりもニトロ化されやすいが，アニソールほど反応性が高くない。その理由を説明せよ。

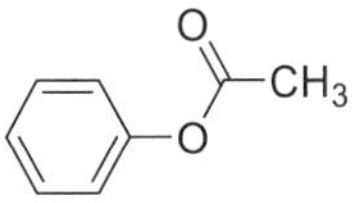

酢酸フェニル

問題 6.6　安息香酸メチルはベンゼンよりもニトロ化されにくい。また，反応はメタ配向性を示す。その理由を説明せよ。

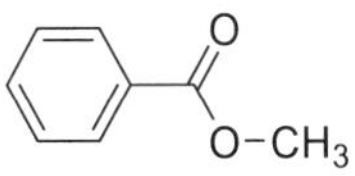

安息香酸メチル

問題 6.7　ベンゼンからエチルベンゼンを合成する場合には，以下のようにフリーデル・クラフツアシル化反応によってアセトフェノンを合成した後，適切な方法によって C=O(カルボニル基)を CH_2(メチレン基)へと還元する。なぜフリーデル・クラフツアルキル化反応を用いず，わざわざ 2 段階で合成する必要があるのか，その理由を説明せよ。

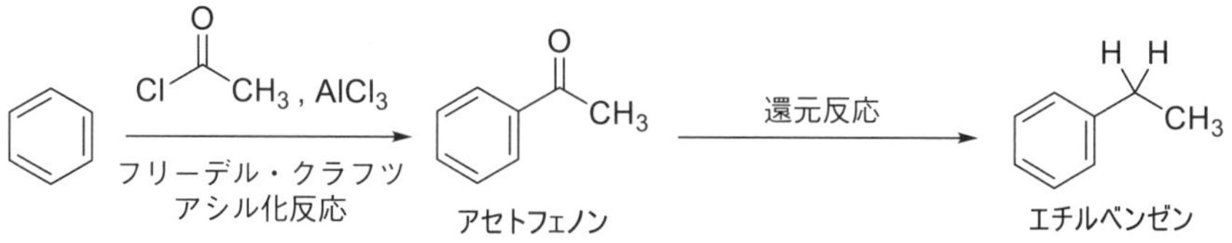

O, Cl, CH_3, $AlCl_3$
フリーデル・クラフツ
アシル化反応
O, CH_3
アセトフェノン
還元反応
H H, CH_3
エチルベンゼン

問題 6.8　ベンゼンから 1-ブロモ-4-ニトロベンゼンを合成したい。以下に示す 2 つの合成経路のうち，どちらがより適切かを答えよ。また，その理由を説明せよ。

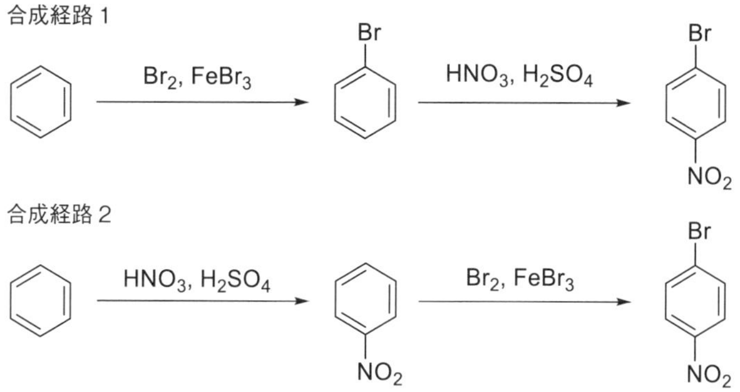

合成経路 1
Br_2, $FeBr_3$
Br
HNO_3, H_2SO_4
Br
NO_2

合成経路 2
HNO_3, H_2SO_4
NO_2
Br_2, $FeBr_3$
Br
NO_2

7 有機化合物の反応 3

――カルボニル化合物の反応――

【この章の到達目標とキーワード】
- 有機化合物の酸性度が何によって決まるのかを説明できる。
- カルボニル化合物の求電子性に基づく反応の実例を示し，その反応機構を説明できる。
- カルボニル化合物の α 水素が H^+ として解離しやすい理由を説明できる。
- ケト-エノール互変異性について説明できる。
- エノラートイオンの生成機構を説明できる。
- エノラートイオンと求電子剤の反応，特に炭素-炭素結合生成反応の実例を示し，その反応機構を説明できる。

キーワード：酸解離平衡，pK_a，共役塩基，共鳴安定化，求核付加反応，求核アシル置換反応，ケト-エノール互変異性，エノラートイオン，マロン酸エステル合成，アルドール反応

7.1 はじめに

カルボニル化合物は，炭素-酸素二重結合（カルボニル基 carbonyl group）をもつ化合物の総称であり，下図に示すとおり様々な種類がある（図 7.1）。

高校の化学では，これらカルボニル化合物（carbonyl compound）の生成，性質，検出方法などを学んだ。また，アルデヒド（aldehyde）の酸化によるカルボン酸（carboxylic acid）の生成，カルボン酸とアルコールの脱水縮合反応によるエステル（ester）の生成，エステルのアルカリ加水分解といった反応を学んだはずである。しかし，有機合成化学におけるカルボニル化合物の重要性についてはふれられることがない。実は，カルボニル化合物は，有機合成化学の根幹となる「炭素と炭素をつなぐ」反応において大いに活躍する[*1,2]。有機合成化学において最も重要な化合物といっても過言ではない。

*1 炭素と炭素をつなぐ反応を炭素-炭素結合生成反応（carbon-carbon bond forming reaction）とよぶ。それ以外の反応を官能基変換反応とよぶ。第 6 章で説明したディールス・アルダー反応やフリーデル・クラフツ反応も炭素-炭素結合生成反応である。

*2 カルボニル化合物は，官能基変換反応においても重要な役割をもつ。アルデヒドやケトンを還元するとアルコールが生じる。また，カルボン酸からはエステルやアミドが生じる。いずれも官能基変換反応である。

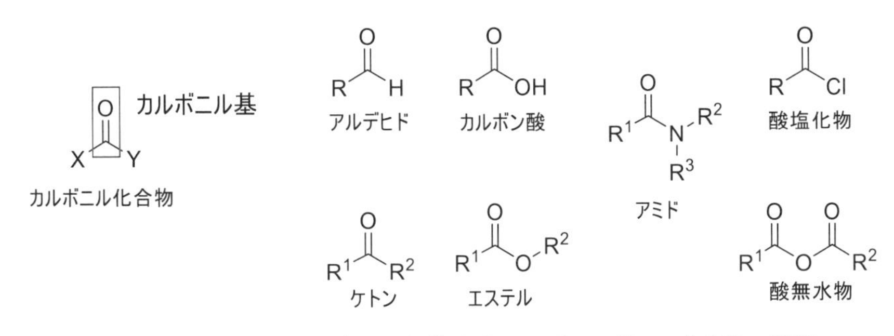

図 7.1　カルボニル化合物の一般構造式およびカルボニル化合物の種類

このカルボニル化合物の反応について学ぶうえで，理解すべき重要な概念がある。それは「有機化合物の酸性度」である。カルボン酸やフェノールから H^+ が解離し，酸性を示すことは知っているであろう。一方，カルボニル化合物の場合，ある特定の位置から，H^+ が解離することがある。この性質があるからこそ，カルボニル化合物は有機合成化学にとって重要な化合物となる。

よって本章では，まず有機化合物の酸性度について学び，続いてカルボニル化合物の様々な反応について学ぶ。

7.2 有機化合物の酸性度

(1) 酸解離平衡

ブレンステッド(Brønsted)の定義によれば，酸とは H^+ を与えるものである(第 I 部 6.1 節 p.62 参照)。つまり，H^+ が解離しやすい化合物であり，H^+ を引き抜かれやすい化合物である。

図 7.2 に，ある化合物の，何らかの溶媒(Solvent)に溶かした際の酸解離平衡を示す。H-Solv$^+$ は，溶媒が H^+ を受け取った形である。例えば，水が H^+ を受けとることで H_3O^+ が生ずる。

酸解離平衡の反応式

$$\text{A-H} + \text{Solv} \rightleftharpoons \text{A}^- + \text{H-Solv}^+$$

このアニオン(＝共役塩基)が安定に存在できるものほど，A-H は解離しやすく，酸性度が大きい。
共役塩基を安定化する要因
①電気陰性度が大きい原子が負電荷をもつ
②電子求引性の置換基が結合している
③共鳴安定化される

図 7.2 酸解離平衡および共役塩基を安定化する要因

生成する A^- を共役塩基(conjugate base)とよぶ。化合物 A-H の酸性度の大小は，H^+ の解離によって生成する共役塩基 A^- の安定性から判断することができる。安定な A^- が生成するなら，H^+ は解離しやすい。逆に，不安定な A^- が生成する場合，わざわざ H^+ が解離する必要がないため，A-H は酸として弱くなる。

(2) 酸解離定数と pK_a

酸解離定数 K_a は下式で定義される。

$$K_a = \frac{[\text{A}^-][\text{H-Solv}^+]}{[\text{A-H}]} \Rightarrow \boxed{pK_a = -\log_{10}\left(\frac{[\text{A}^-][\text{H-Solv}^+]}{[\text{A-H}]}\right)}$$

(式を変形すると

$$\frac{1}{10^{pK_a}} = \frac{[\text{A}^-][\text{H-Solv}^+]}{[\text{A-H}]}$$

)

ここで，非常に弱い酸から非常に強い酸まで考えると，K_a の値は非常に幅が広くなる。よって，酸の強弱を議論する場合には，K_a の常用対数を求め，それに－符号を付けた **pK_a** がよく用いられる。

強酸の場合，pK_a の値は小さい。逆に弱酸の場合，pK_a の値は大きい。pK_a の定義式を変形したものをみると，両辺の分母にはそれぞれ「10 の pK_a 乗」と「解離していない AH の濃度」があり，比例関係にあることがわかる。よって pK_a 値が大きいと，解離していない状態が相対的に優勢であることを示す。つまり，A-H は解離しにくく，酸として弱いことになる。

(3) 共役塩基 A^- の安定性

①負電荷をもつ原子の電気陰性度(図 7.3)　　メタン CH_4 の pK_a 値は 56 と大きく，これはほとんど H^+ が解離しないことを示している。一方，メタノール CH_3OH の pK_a 値は 16 であり，メタンと比べるとはるかに H^+ が解離しやすいことを示している。この違いは，共役塩基の安定性の違いによるものである。

メタンから H^+ が解離した場合，炭素が負電荷をもつことになる。炭素は電子を引き付ける能力が低い(＝電気陰性度が小さい)ため，負電荷を保持する能力が低い。一方，メタノールから H^+ が解離した場合，酸素が負電荷をもつことになる。酸素は電子を引き付ける能力が高く(＝電気陰性度が大きい)，酸素のアニオンは炭素のアニオンよりもはるかに安定である。よって，C-H よりも O-H のほうが解離しやすい。

$$CH_4 + Solv \rightleftharpoons H_3C{:}^- + H\text{-}Solv^+ \qquad pK_a = 56$$

$$H_3C\text{-}\ddot{O}\text{-}H + Solv \rightleftharpoons H_3C\text{-}\ddot{O}{:}^- + H\text{-}Solv^+ \qquad pK_a = 16$$

図 7.3　メタン CH_4 とメタノール CH_3OH の酸解離平衡

②電子求引性の置換基が結合しているかどうか(図 7.4)　　メタノールの pK_a 値は 16 であるが，トリフルオロメタノール CF_3OH の pK_a 値は 6.4 である。つまり，トリフルオロメタノールの O-H のほうが解離しやすいことがわかる。トリフルオロメタノールの共役塩基をみると，3 つのフッ素 F が強力に

$$H_3C\text{-}\ddot{O}\text{-}H + Solv \rightleftharpoons H_3C\text{-}\ddot{O}{:}^- + H\text{-}Solv^+ \qquad pK_a = 16$$

$$F_3C\text{-}\ddot{O}\text{-}H + Solv \rightleftharpoons F_3C\text{-}\ddot{O}{:}^- + H\text{-}Solv^+ \qquad pK_a = 6.4$$

$$F_3C\text{-}\ddot{O}{:}^-$$ 誘起効果による共役塩基の安定化

図 7.4　メタノール CH_3OH とトリフルオロメタノール CF_3OH の酸解離平衡

電子を求引するため，酸素上の負電荷を小さくする効果がある。電子効果が σ 結合を介して伝わることから，これは誘起効果である。

③共鳴安定化(図 7.5)　　共役塩基の共鳴安定化は，化合物の酸性度に大きな影響を与える。メタノールの pK_a 値は 16 であるが，酢酸 CH_3CO_2H の pK_a 値は 4.8 である。いずれの場合にも酸素がアニオンになるが，酢酸の O–H のほうが解離しやすいことがわかる。

メタノールの O–H から H^+ が解離して生成する O^- の場合，負電荷は酸素上に局在化しなければならない。一方，酢酸の O–H から生成する O^- の場合，2 つの共鳴構造式を書くことができ，共鳴安定化を受けることがわかる。よって後者のほうが生成しやすいため，酢酸の酸性度はより高くなる。

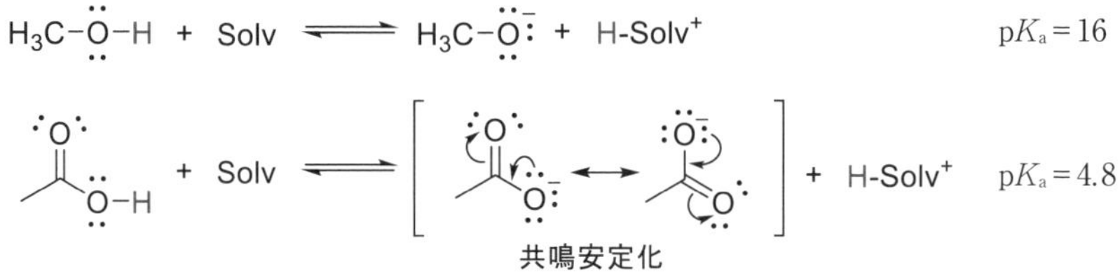

$H_3C{-}\ddot{O}{-}H$ + Solv ⇌ $H_3C{-}\ddot{O}{:}^-$ + H-Solv$^+$　　pK_a = 16

酢酸 + Solv ⇌ [共鳴構造式 ⟷ 共鳴構造式] + H-Solv$^+$　　pK_a = 4.8

共鳴安定化

図 7.5　メタノール CH_3OH と酢酸 CH_3CO_2H の酸解離平衡

ここで，カルボニル化合物の酸性度について説明する。図 7.6 中，赤で示した水素に着目してほしい。この水素は，カルボニル基の隣の炭素に結合している。このような水素を**カルボニルの $\boldsymbol{\alpha}$ 位の水素**もしくは **$\boldsymbol{\alpha}$ 水素**(α-hydrogen)とよぶ。その隣は β 位，その隣は γ 位と続いていくが，重要なのは α 位である。

この α 位の水素がプロトンとして解離すると，まず炭素が負電荷をもつ共鳴構造式 A を書くことができる。さらに，この共鳴構造式 A からは，酸素が負電荷をもつ共鳴構造式 B を書くことができる。つまり，電子は，炭素から酸素まで存在範囲を広げることができ(＝非局在化)，共鳴安定化している。この共鳴安定化があるからこそ，α 位の水素はプロトンとして解離することが可能になる。

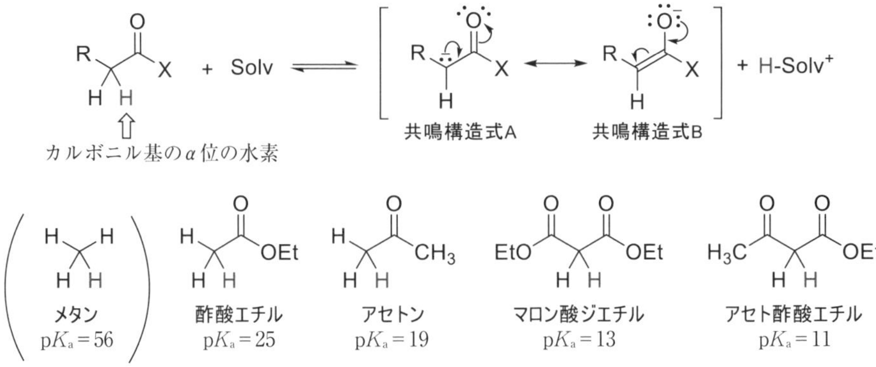

+ Solv ⇌ [共鳴構造式A ⟷ 共鳴構造式B] + H-Solv$^+$

カルボニル基の α 位の水素

(メタン　pK_a = 56)　酢酸エチル　pK_a = 25　アセトン　pK_a = 19　マロン酸ジエチル　pK_a = 13　アセト酢酸エチル　pK_a = 11

図 7.6　様々なカルボニル化合物の構造と pK_a 値

炭化水素中の C–H 結合であれば，このような解離はほぼ不可能である。例えば，メタンの pK_a 値が 56 と大きい。一方，カルボニル化合物の pK_a 値は 25 以下となり，C–H 結合であるにもかかわらず，ある程度は H^+ が解離しうることがわかる。

マロン酸ジエチルやアセト酢酸エチルの pK_a 値は，酢酸エチルの pK_a 値よりも小さい*3。これは，2 つのカルボニル基が存在することで，共役塩基がより強く共鳴安定化されるためである（図 7.7）。共鳴構造式は 3 つあり，電子が広い範囲にわたって非局在化していることがわかる。さらにいえば，メタノールの pK_a 値（16）よりも小さく，OH よりも H^+ が解離しやすいことがわかる。

*3 マロン酸ジエチルやアセト酢酸エチルのように，2 つの電子求引基に挟まれたメチレン基（$-CH_2-$）をもつ化合物を，**活性メチレン化合物**（active methylene compound）とよぶ。

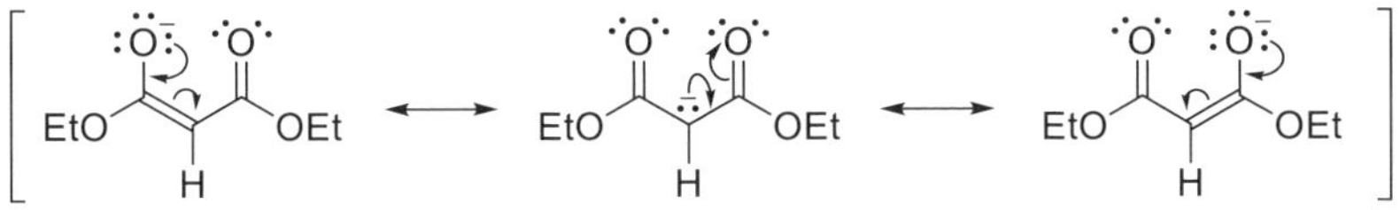

図 7.7　マロン酸エステルの共役塩基の共鳴安定化

（4）有機化学で用いられる強塩基

カルボニル化合物の α 水素は H^+ として引き抜かれやすいとはいえ，引き抜くためには十分に強い塩基を用いる必要がある。

ナトリウムエトキシドは，エタノールとナトリウムの反応によって得られる（図 7.8）。ナトリウムエトキシドは，その負電荷は酸素上に局在化しているため，カルボニル化合物の α 水素を H^+ として引き抜くだけの強い塩基性を示す。

ナトリウムエトキシドの調整

$$HOCH_2CH_3 + Na \longrightarrow Na^{+}\,{}^{-}OEt + 1/2\,H_2$$

(= HOEt)

α水素の引き抜き

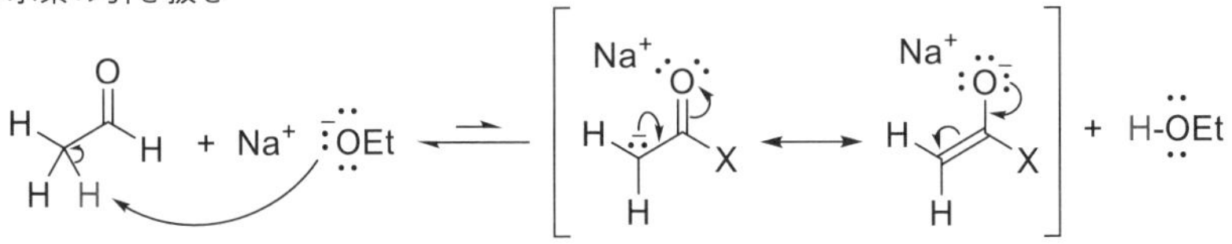

図 7.8　ナトリウムエトキシドの調製と塩基としての活用

ナトリウムエトキシドよりも強い塩基も存在する（図 7.9）。アルキルリチウムのように炭素アニオンをもつものや，リチウムジイソプロピルアミド（LDA）のように窒素アニオンをもつものである*4。

*4 LDA を用いることで，酢酸エチル（pK_a = 25）のように比較的酸性度の低いカルボニル化合物からも，その α 位の水素を H^+ として引き抜くことができる。しかも，その塩基性の高さゆえに，平衡はほぼ完全に共役塩基の生成側に偏る。

電気陰性度は C, N, O の順に大きくなっていく。ということは，この順に電子を保持する能力が高くなり，アニオンの安定性は $C^- < N^- < O^-$ となる。不安定なアニオンは，いち早く H^+ と結合することで負電荷をもつ状態から逃れたい。よって，H^+ を引き抜く力，すなわち塩基性の高さは，$C^- > N^- > O^-$ となる。

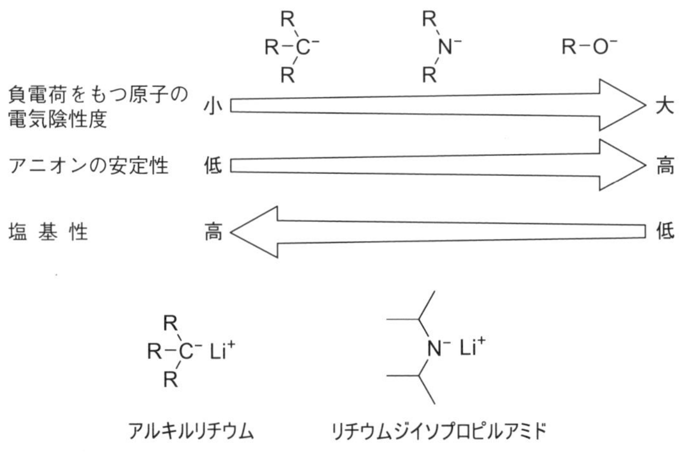

図 7.9　種々のアニオンの塩基性

7.3　カルボニル化合物の性質

カルボニル化合物には，大きく分けて 2 つの性質がある。一つは**カルボニル炭素の求電子性**(electrophilicity of carbonyl carbon)，もう一つは**ケト-エノール互変異性**(keto-enol tautomerism)である(図 7.10)。

まず，炭素よりも酸素の電気陰性度が大きいため，カルボニル基は分極して炭素は電子不足となる。よって，カルボニル基の炭素(＝カルボニル炭素)は求核剤(Nu^-)の反応を受け入れる性質，すなわち求電子性を示す。この性質があるからこそ，カルボン酸とアルコールが反応してエステルが生成する。(詳細は 7.4 節で解説する。) 次に，α 水素が存在する場合，ケト-エノール互変異性とよばれる化学平衡が存在する。(詳細は 7.5 節で解説する。)

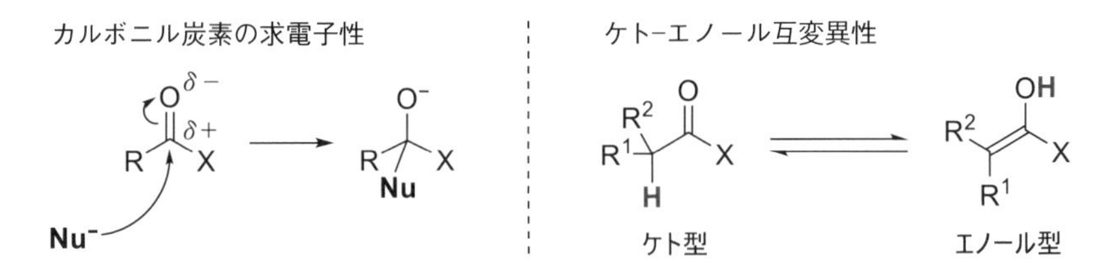

図 7.10　カルボニル化合物の反応性

7.4　カルボニル炭素の求電子性

(1) 概　要

カルボニル炭素の求電子性に基づく反応を理解するうえで，重要なポイントが 2 つある。

<u>重要ポイント 1</u>

求核付加反応(nucleophilic addition reaction)と**求核アシル置換反応**(nucleophilic acyl substitution reaction)がある(図 7.11)。

求核剤がカルボニル基の炭素に反応して(A)の状態になったとき，X が電気陰性度の小さい原子(水素や炭素)の場合，これで反応は完結し，X^- が脱離することはない。なぜなら，電気陰性度の小さな原子は電子を保持することを好まず，アニオンとして脱離しにくいためである。このような反応を求核付加反応とよぶ。一方，X が電気陰性度の大きな原子の場合(酸素やハロゲンなど)，(A)の状態から X^- を脱離させるような反応が起こりうる。これは，X が電子を保持してアニオンになることが可能なためである。RC(=O)をアシル基とよぶが[*5]，このアシル基からすれば X が Nu に置き換わる反応であり，このような反応を求核アシル置換反応とよぶ。

＊5 R がメチル基の場合，アセチル基(acetyl group)とよばれる。また，R がフェニル基の場合，ベンゾイル基(benzoyl group)とよばれる。

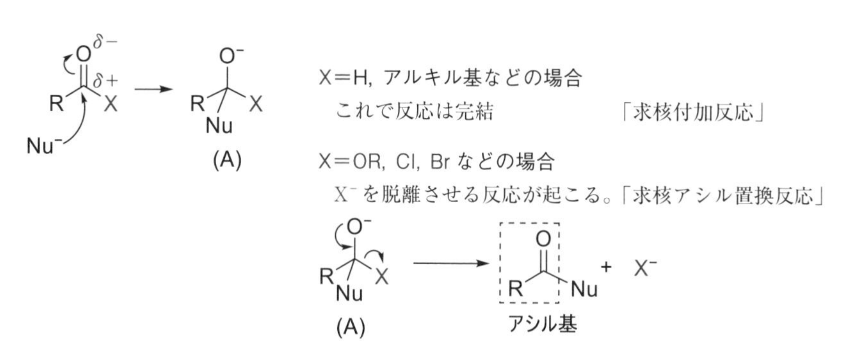

図 7.11　カルボニル化合物の求電子性に基づく反応

重要ポイント 2

酸触媒を加えると，カルボニル炭素の求電子性が増し，弱い求核剤でも反応できるようになる(図 7.12)。カルボニル基の酸素は孤立電子対をもつため，プロトンと結合することができる。すると酸素は正電荷をもつことになり，結合している炭素からさらに電子を奪おうとする。よって炭素の求電子性が向上し，水やアルコールなど，負電荷をもたず，孤立電子対が頼りの求核剤であっても十分に反応できるようになる。

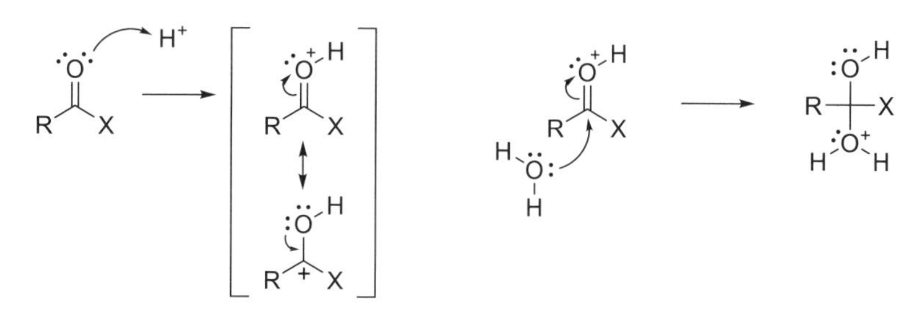

図 7.12　酸触媒によるカルボニル化合物の求電子性の向上

（補足）もう一つのポイント

α,β-不飽和カルボニル化合物の場合，求核剤は β 位に反応する場合がある(図 7.13)。これは，カルボニル基の分極が，炭素-炭素二重結合まで伝播する

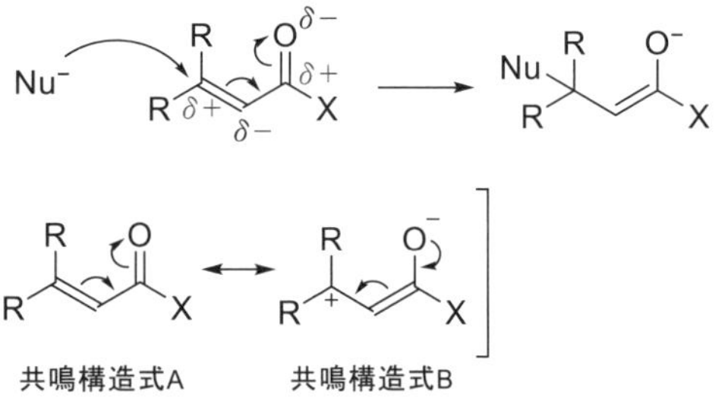

共鳴構造式A　共鳴構造式B

図 7.13　α, β-不飽和カルボニル化合物に対する求核剤の反応

ためである。図中，共鳴構造式 B をみるとそのことがわかる。なお，この反応性に関しては本書では割愛する。

(2) カルボニル化合物と求核剤の反応の例

以下，具体例をあげつつ，それらと上記の重要ポイント 1・2 の関連について解説していく。

図 7.14 に，カルボニル化合物に対するグリニャール反応剤(Grignard reagent)の反応[*6]を示す。グリニャール反応剤は R-Mg-X で表される。R はアルキル基など，X はハロゲンである。マグネシウムは炭素よりも電気陰性度が小さく，電子を炭素に押し付ける。そのため，マグネシウムは正電荷を，炭素は負電荷を帯びることになり，R-Mg-X は R^- と Mg^+X とみなすことができる。例えば CH_3MgBr であれば，カルボアニオン CH_3^- を供給する反応剤と考えてよい。

*6 1900 年，グリニャール(Grignard, V., 1871-1935)により発表された。この業績により，グリニャールは 1912 年のノーベル化学賞を受賞した。グリニャール反応剤 R-Mg-X は，様々な R-X を金属マグネシウムによって還元することで容易に調製することができる。

カルボニル基の炭素に対して CH_3^- が反応し(巻き矢印①)，二重結合のうち 1 つが切れて(巻き矢印②)，その電子対を受け取ることで酸素は負電荷をもつことになる。ここで，脱離できる置換基，すなわち電気陰性度の大きな原子であって，電子をもらって出ていくようなものがないため，この反応はこれで完結する(重要ポイント 1)。最終的には，希塩酸や希硫酸を加えることで

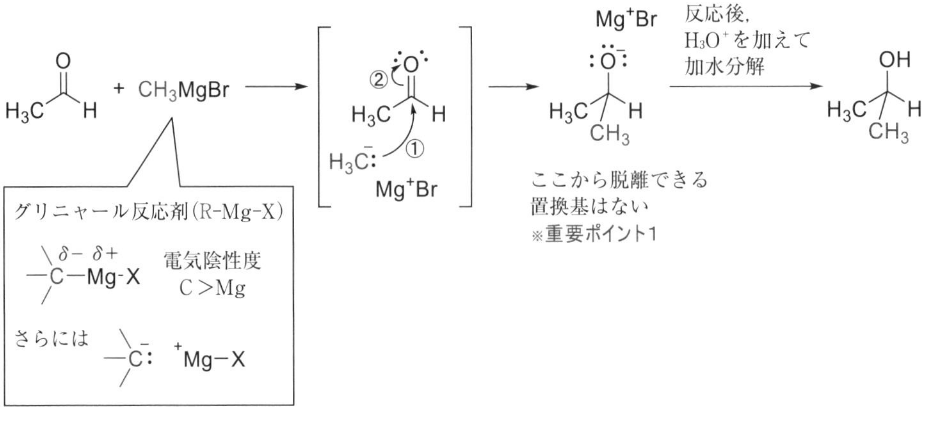

反応後，H_3O^+を加えて加水分解

ここから脱離できる置換基はない
※重要ポイント1

グリニャール反応剤(R-Mg-X)
電気陰性度 C >Mg
さらには

図 7.14　アルデヒドに対するグリニャール反応剤の反応

-O⁻Mg⁺Br が加水分解されて -OH となる。すなわち，この反応は，様々なアルコールを合成するうえで有用な手法である。炭素-炭素結合生成反応としても重要な反応である。

次に，エステルの**アルカリ加水分解**(alkaline hydrolysis)を説明する(図 7.15)。エステルに水酸化ナトリウムの水溶液を加えると，水酸化ナトリウムの電離によって生じた HO^-(＝求核剤)がカルボニル基の炭素(＝求電子性をもつ)と反応する。この反応は**けん化**(saponification)ともよばれ，高級脂肪酸エステルのけん化によって高級脂肪酸塩，すなわち石けんが得られる。

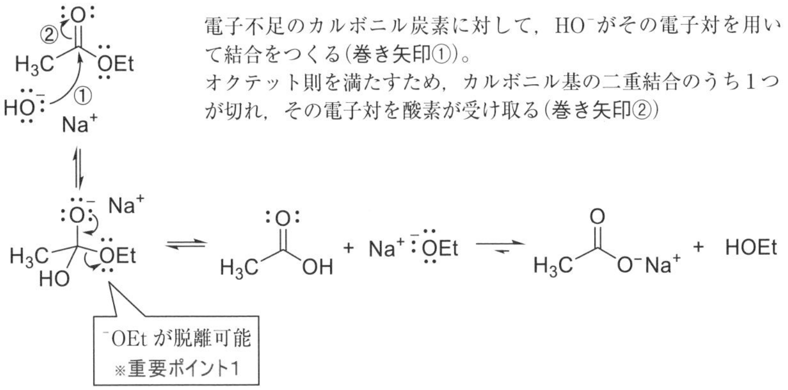

電子不足のカルボニル炭素に対して，HO^-がその電子対を用いて結合をつくる(巻き矢印①)。
オクテット則を満たすため，カルボニル基の二重結合のうち1つが切れ，その電子対を酸素が受け取る(巻き矢印②)

$^-$OEt が脱離可能
※重要ポイント1

図 7.15　エステルのアルカリ加水分解

(3) 酸によって活性化されたカルボニル化合物の反応

図 7.16 に，カルボン酸とアルコールの脱水縮合によるエステルの生成を示す。この反応は平衡反応であり，生成したエステルの加水分解(右から左への逆反応)が共存する。

カルボン酸とアルコールを混合しただけでは，なかなか反応は進行しない。しかし，そこに濃硫酸を一滴加えることで，反応は劇的に加速される。これは，濃硫酸から供給される H^+ によって，カルボン酸のカルボニル炭素の求電子性が増すためである。

酢酸とエタノールから酢酸エチルが生成する過程をみてみよう(図 7.17)。なお，同様に考えることで，エステルの加水分解の反応についても理解できる。

この反応は可逆であるため，化学平衡に達した後はエステルの生成量が増えない。そのため，エステルを効率良く得るためには工夫が必要である。エステ

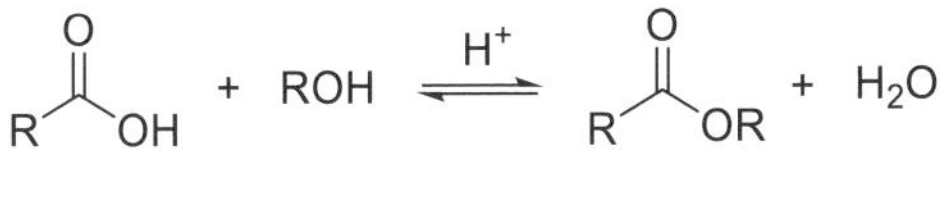

$$RCOOH + ROH \overset{H^+}{\rightleftharpoons} RCOOR + H_2O$$

左から右へ：酸触媒を用いた脱水縮合反応によるエステルの生成
右から左へ：酸触媒を用いたエステルの加水分解

図 7.16　酸性条件下におけるカルボン酸とアルコールの反応

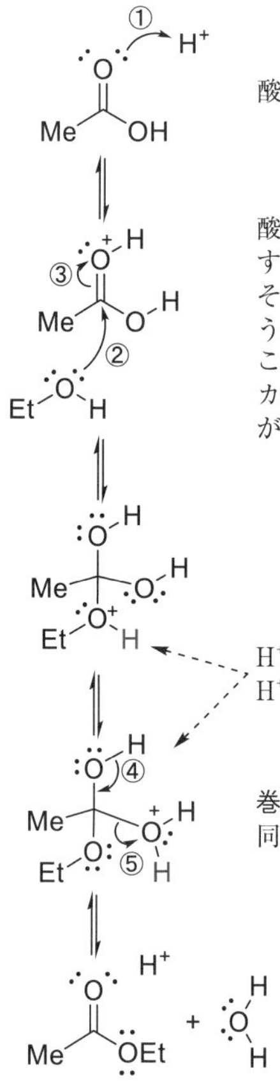

酸素原子が孤立電子対を用いて H$^+$ と反応する（巻き矢印①）。

酸素原子は正電荷を帯びる。
すると，カルボニル炭素の求電子性が増す。
その結果，エタノールのような負電荷をもたない弱い求核剤でも反応できるようになる。
このとき，エタノールの酸素原子の孤立電子対が用いられる（巻き矢印②）。
カルボニル炭素は酸素との二重結合のうち 1 つを切り，その電子対を酸素原子が受け取る（巻き矢印③）。

H$^+$ の移動が起こる。
H$^+$ からすると，結合する相手は，どの酸素でもよいためである。

巻き矢印④ により，H–O から H$^+$ が解離しつつ，O と C 間に二重結合をつくる。
同時に，巻き矢印⑤ によって O$^+$ が電子対を受け取りつつ，水が追い出される。

酢酸エチルと水が生成する。同時に，H$^+$ が生成し，別の酢酸分子とエタノール分子の脱水縮合反応の触媒となる。

図 7.17　カルボン酸とアルコールの脱水縮合反応の反応機構

ルの沸点が低い場合，生成したエステルを蒸留によって取り出しながら反応を行う。こうすれば，エステルは水や酸触媒からは分離されるため，加水分解されることがない。一方，エステルの沸点が高い場合には，脱水縮合反応によって生じた水を蒸留によって取り出しながら反応を行う。この場合，エステルは酸触媒と共存することになるが，水が除去されるため加水分解を受けない。

7.5 カルボニル化合物の性質 2：ケト-エノール互変異性

カルボニル化合物のもう一つの重要な性質，それがケト-エノール互変異性である（図 7.18）。

ケト互変異性体（keto tautomer）には，カルボニル基，そして α 水素が存在する。ケト互変異性体の α 水素が H$^+$ として解離すると，共鳴安定化された共役塩基が生成する。共鳴構造式 B の O$^-$ に H$^+$ を結合させると，**エノール互変異性体**（enol tautomer）が生成する [*7]。このエノール互変異性体から H$^+$ が解離すると，ふたたび共鳴安定化された状態がうまれ，共鳴構造式 A の C$^-$ が H$^+$ と結合すれば，ケト互変異性体が生成する。実際，ケト互変異性体とエノール互変異性体は平衡の状態にある。ただし，通常はケト互変異性体のほうが圧倒的

*7 エノール（enol）とは，二重結合の存在を表す“エン”（ene）に，ヒドロキシ基の存在を表す“オール”（ol）を組み合わせた用語である。

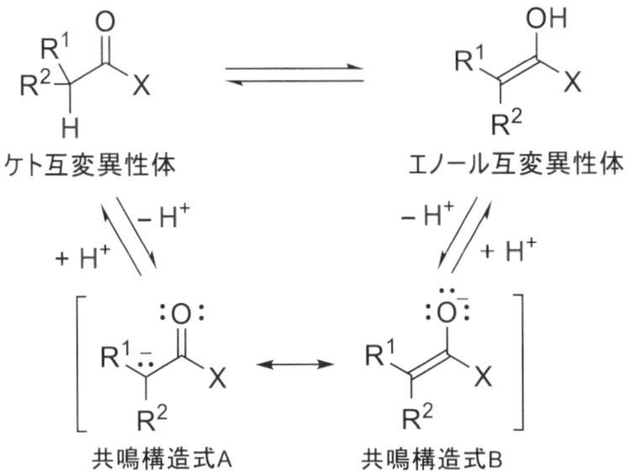

ケト互変異性体　エノール互変異性体
共鳴構造式A　共鳴構造式B

共鳴構造式 A から共鳴構造式 B へ

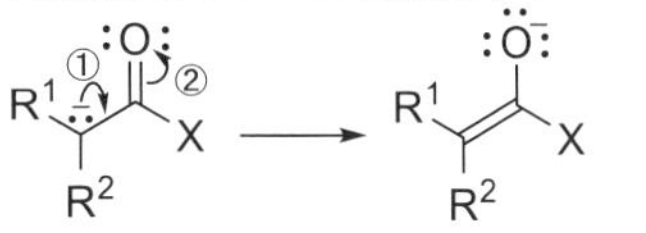

巻き矢印①:
カルボアニオンの電子対を用いて C=C をつくる。
巻き矢印②:
C=O のうち結合を 1 つ切り，その電子対を酸素に渡す。

共鳴構造式 B から共鳴構造式 A へ

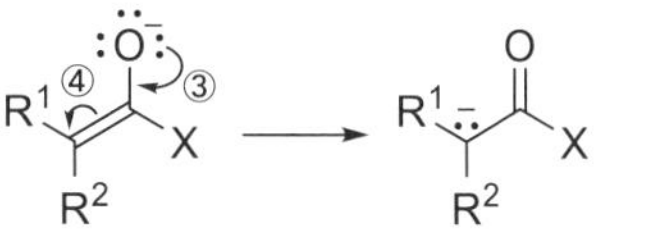

巻き矢印③:
酸素の孤立電子対を用いて C-O 間に二重結合をつくる。
巻き矢印④:
C=C のうち結合を 1 つ切り，その電子対を炭素に渡す。

図 7.18　カルボニル化合物のケト-エノール互変異性

に安定である。そのため，エノール互変異性体はごくわずかしか存在しない[*8]。

*8 例えばアセトンの場合，全体のおよそ 10^7 分の 1 がエノール体として存在する。

7.6　エノラートイオンの生成と反応

(1) エノラートイオンの生成

ケト-エノール互変異性が示すように，カルボニル基の α 位の水素は H^+ として解離しやすい。これは，H^+ の解離によって生成するアニオンが共鳴安定化されるためである。一方，メタンのような炭化水素の C-H 間の結合が，C^- と H^+ へと解離することはほとんどない。炭素のように電子を引き付ける能力の低い(＝電気陰性度が小さい)原子は，アニオンになることを好まないためである。

よって，α 水素をもつカルボニル化合物に対して適切な塩基(Base)を加えると，α 位の水素が H^+ として引き抜かれてアニオンが生成する(図 7.19)。このアニオンは共鳴安定化されており，エノラートイオン(enolate ion)とよばれ

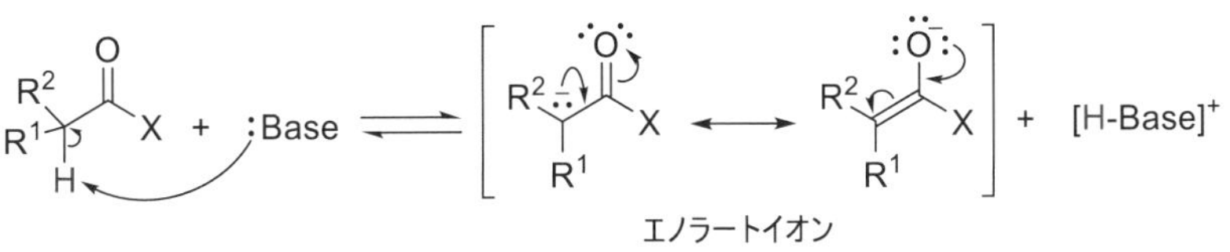

エノラートイオン

図 7.19　エノラートイオンの生成

る。このエノラートイオンは，全体として負電荷をもつことから，求核剤として利用することができる[*9]。

＊9 エノラートイオンと求電子剤との反応は炭素上で起こることが多い。これは，エノラートイオンの分子軌道の広がりが炭素付近で大きいためである。

(2) マロン酸エステル合成

カルボニル化合物に塩基を作用させることで生成したエノラートイオンは，求核剤として様々な反応に用いることができる。この性質を利用したものが，**マロン酸エステル合成**である(図7.20)。マロン酸エステルに塩基としてナトリウムエトキシドを作用させ，さらに臭化メチルを反応させると，2つのカルボニル基に挟まれた炭素上のHがメチル基に置き換わる。臭化メチル以外のハロゲン化アルキル(R-X)を用いてもよく，その場合にはRが導入される。

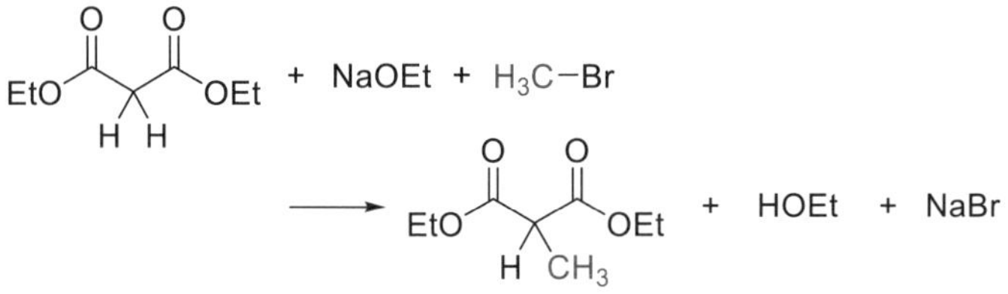

図7.20 マロン酸エステルへのアルキル基の導入

反応は，「1. エノラートイオンの生成」と「2. エノラートイオン(＝求核剤)とハロゲン化アルキル(＝求電子剤)の反応」をへて進行する(図7.21)。

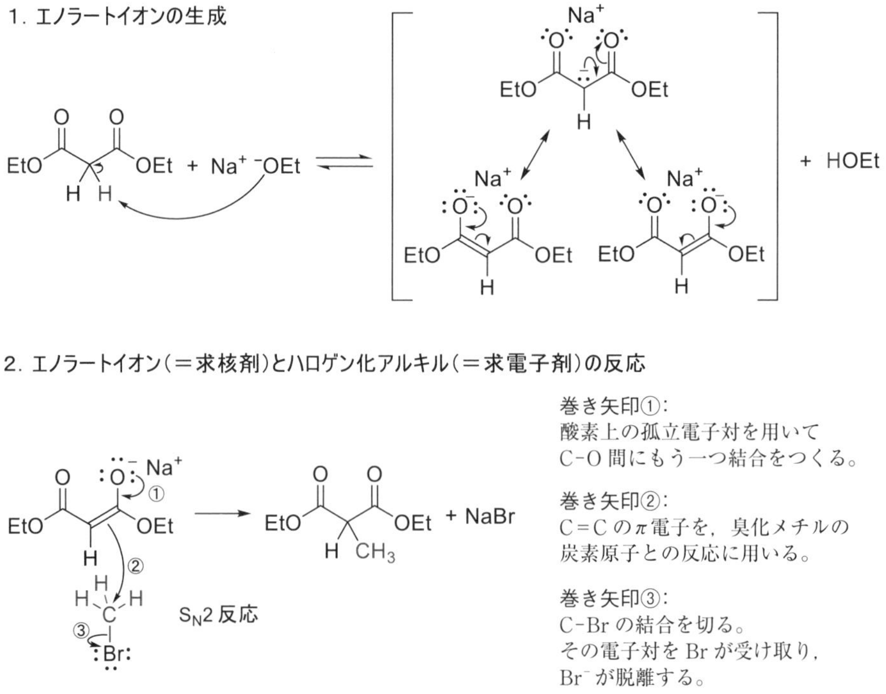

図7.21 マロン酸エステルからのエノラートイオンの生成およびハロゲン化アルキルとの反応

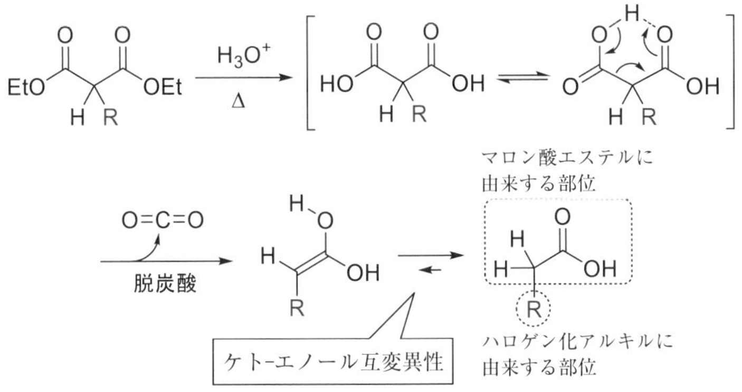

図 7.22 エステル基の加水分解および脱炭酸によるカルボン酸の生成

実際には，図 7.22 に示すプロセスまで含めて利用される。マロン酸エステルのエステル部位を加水分解すると，ジカルボン酸が生成する。そこから加熱によって二酸化炭素が脱離し，最終的にカルボン酸 RCH_2CO_2H が生成する。この反応は，炭素-炭素結合生成反応であり，様々なハロゲン化アルキル R-X からカルボン酸 $R\text{-}CH_2\text{-}CO_2H$ を合成する方法としての意義がある。

(3) アルドール反応

例えば，アセトアルデヒドに塩基を加えると**アルドール反応**(aldol reaction)が進行する(図 7.23)。生成物の構造をみると，ちょうど 2 分子のアセトアルデヒドが合体したことがわかる[*10, 11]。この反応は，カルボニル化合物の性質がフルに活用されることで進行する。炭素-炭素結合生成反応として極めて重要であり，様々な有機化合物の基本骨格の形成に用いられている。

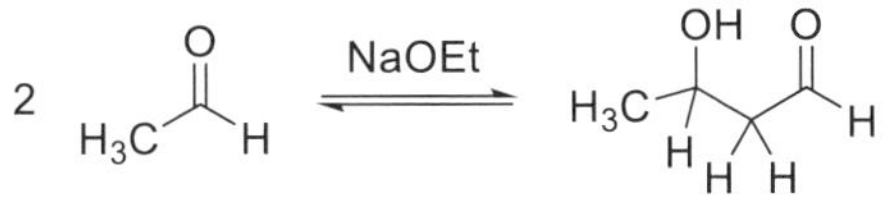

*10 アルドール(aldol)とは造語であり，アルデヒドのアルドール反応の生成物がアルデヒド(aldehyde)かつアルコール(alcohol)であることに由来する。

*11 この例のように，単一のカルボニル化合物を用いる**自己アルドール反応**(self-aldol reaction)のほか，異なるカルボニル化合物を用いる**交差アルドール反応**(cross-aldol reaction)がある。

図 7.23 アセトアルデヒドのアルドール反応

図 7.24 に示すように，アセトアルデヒドに塩基としてナトリウムエトキシドが作用することでエノラートイオンが生成する。この反応は平衡反応であり，アルデヒドと，アルデヒドから生成したエノラートイオンが共存した状態となる。この共存のおかげで，求核剤であるエノラートイオンが，求電子剤であるアルデヒドと反応することができる。

得られた生成物 A から脱水反応が進行することがある(図 7.25)。カルボニル化合物とエノラートイオンの反応，さらに脱水反応まで含めて**アルドール縮合**(aldol condensation)とよぶ。生成する α,β-不飽和カルボニル化合物 B は，C=C と C=O が共役しており，共鳴安定化されている。よって，A よりも安定な B を生成するため，脱水反応が進行する。

1. エノラートイオンの生成

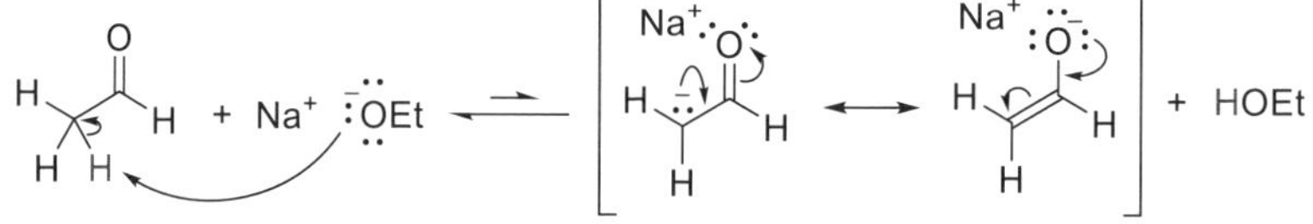

2. エノラートイオン（＝求核剤）とアルデヒド（＝求電子剤）の反応

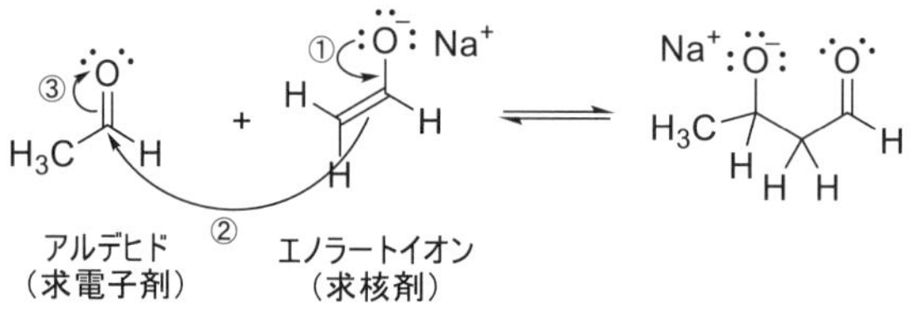

巻き矢印①:
酸素上の孤立電子対を用いて C−O 間にもう一つ結合をつくる。

巻き矢印②:
C=C の π 電子を，アルデヒドのカルボニル炭素との反応に用いる。

巻き矢印③:
C=O 二重結合のうち，結合を 1 つ切る。その電子対を O が受け取る。

3. アルコキシドのプロトン化

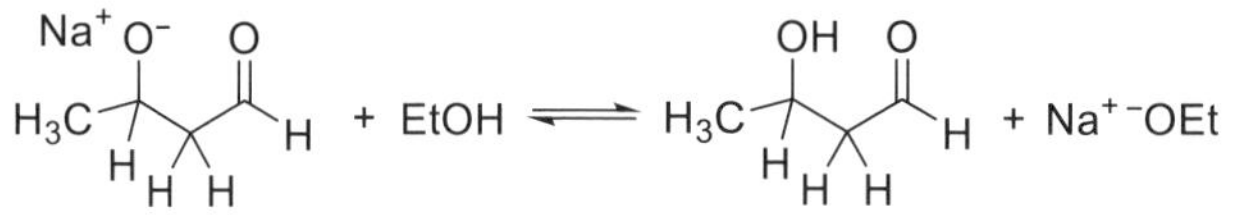

生成物中の O^- が，
溶媒であるエタノールから H^+ を
引き抜く。

図 7.24　アセトアルデヒドのアルドール反応の反応機構

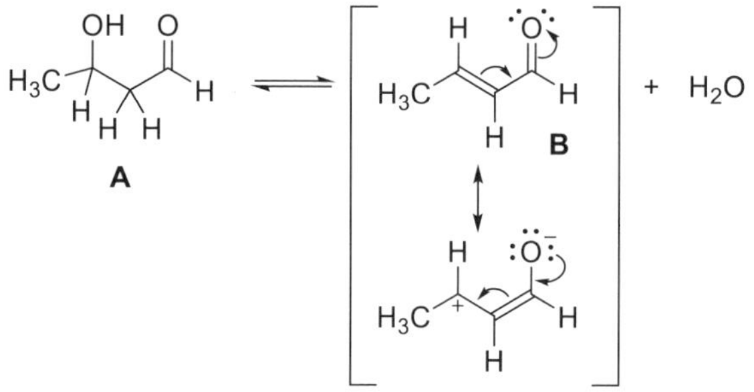

図 7.25　アルドール反応の生成物の脱水反応

コラム：二酸化炭素を原料とする高分子材料の開発

高分子とは，一般に分子量が数万〜数十万の有機化合物である。セルロースやタンパク質といった天然の高分子のほか，石油や石炭などの化石資源から合成される合成高分子があり，特に後者はプラスチックとして利用され，現代社会を支えている。合成高分子は軽くて丈夫な材料として重宝される反面，廃棄をどうするかが大きな課題である。海洋汚染につながる埋め立て処分，二酸化炭素排出につながる焼却処分，いずれも好ましい方法ではないが，少しでも環境負荷を低減するための努力が続いている。もし二酸化炭素から高分子を合成することができれば，焼却によって生成する二酸化炭素の量から，原料として用いた二酸化炭素の量を差し引くことで，実質的な排出量を抑制することができる。実質的な排出量がゼロとなったとき，カーボンニュートラルが達成される（第 4 章のコラム参照）。

1969年，井上祥平らによって，エポキシドと二酸化炭素の重合による高分子合成が報告された(S. Inoue, H. Koinuma, and T. Tsuruta, *Polym. Lett.* 7, 287 (1969))。この重合反応には，カルボニル基に対する求核付加や S_N2 反応など，すべて本書で学んだ反応が含まれている。二酸化炭素がカルボニル化合物であることに改めて気づかされる反応である。開発されてから50年以上たったが，現在でもより高活性な触媒の開発や，植物成分由来のエポキシドの利用が進められている。二酸化炭素排出量の削減や，化石資源消費量の削減に貢献することが期待されている。

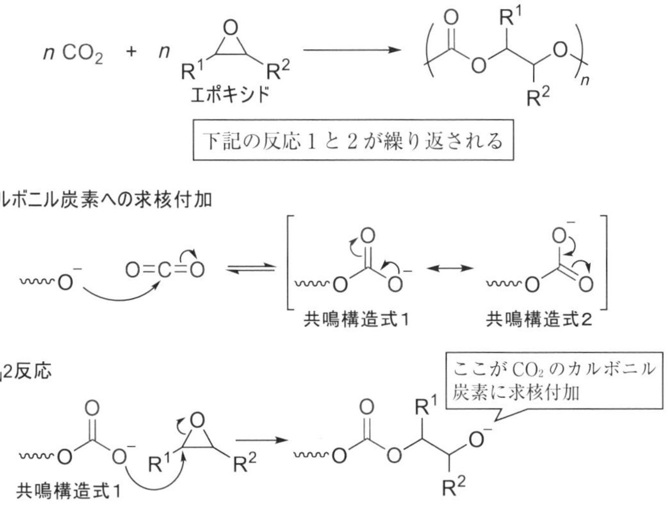

エポキシド

下記の反応1と2が繰り返される

1. カルボニル炭素への求核付加

共鳴構造式1　共鳴構造式2

2. S_N2反応

ここが CO_2 のカルボニル炭素に求核付加

共鳴構造式1

(ここで"〰"は高分子鎖を表す。)

章末問題

問題 7.1　以下の化合物を，pK_a 値の大きい順に並べよ。また，そのように考えた根拠を説明せよ。なお，解離を考える対象となる水素を赤で示してある。

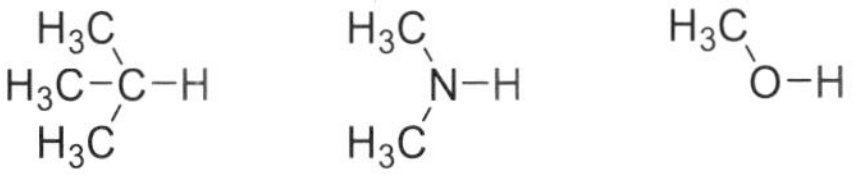

問題 7.2　フェノールを水に溶かすと弱酸性を示す。その理由を，フェノールの共役塩基の共鳴安定化を考慮して説明せよ。

問題 7.3　右に示す化合物中，○で囲った水素について，H^+ として解離しやすい順序を説明せよ。理由も説明せよ。

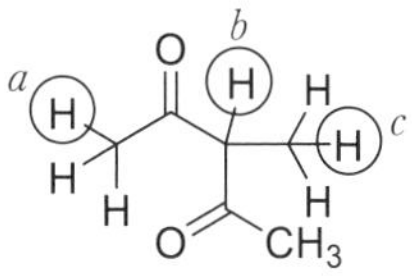

問題 7.4　右に示す化合物を，グリニャール反応剤を用いて合成したい。方法を提案せよ。方法は1つとは限らない。

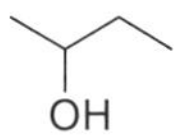

問題 7.5　右に示す化合物のアルカリ加水分解における反応機構を示せ。

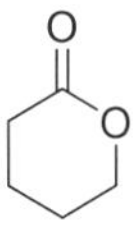

問題 7.6　下図に電子対の動きを表す巻き矢印を記入し，塩化アセチルとナトリウムメトキシドの反応機構の図を完成させよ。

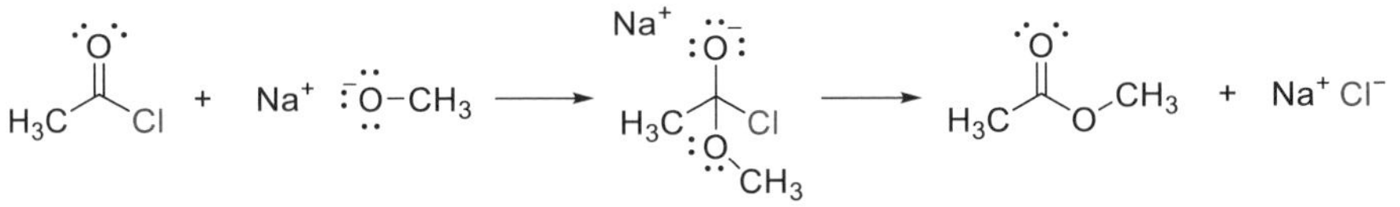

$$H_3C{-}C({=}O){-}Cl + Na^+ \ {}^-O{-}CH_3 \longrightarrow H_3C{-}C(O^-)(Cl)(OCH_3)\ Na^+ \longrightarrow H_3C{-}C({=}O){-}O{-}CH_3 + Na^+\ Cl^-$$

問題 7.7　アセトンとメタノールに少量の濃硫酸を加えて加熱すると，2,2-ジメトキシプロパンと水が生成する。この反応の反応機構を示せ。なお，この反応は可逆反応であるが，逆反応(2,2-ジメトキシプロパンの加水分解)は考慮する必要はない。

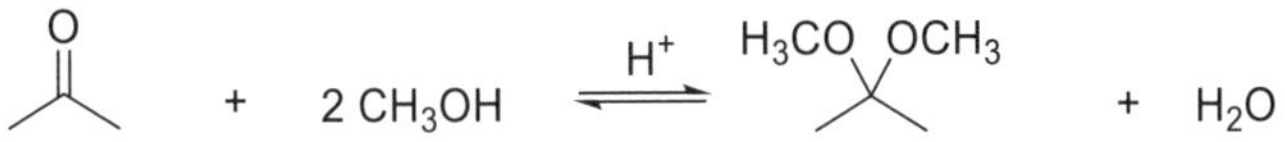

$$(CH_3)_2C{=}O + 2\ CH_3OH \overset{H^+}{\rightleftharpoons} (CH_3)_2C(OCH_3)_2 + H_2O$$

問題 7.8　2 当量のナトリウムエトキシドの存在下，マロン酸ジエチルに 1,4-ジブロモブタンを反応させると，右に示す化合物 1 が得られる。

(1) この反応の反応機構を示せ。

(2) この化合物 1 に酸を加えて加熱すると，2 つのエステル部位が加水分解されてジカルボン酸になり，そこから 1 分子の二酸化炭素が脱離する。生成物の構造を示せ。

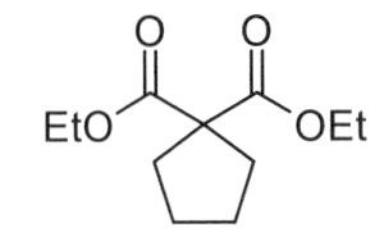

化合物 1

問題 7.9　次の化合物にナトリウムエトキシドを加えると何が得られるか。生成物の構造を示せ。

(1) $(CH_3)_2CH{-}CHO$　(2) $C_6H_5CH_2{-}CHO$　(3) シクロヘキサノン

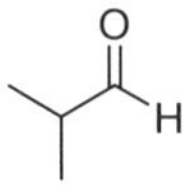

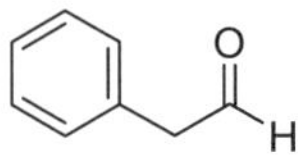

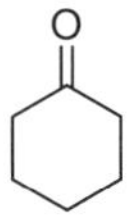

章末問題略解

第Ⅰ部

第1章

1.1　水素

1.2　$^{19}_{9}F$ であるので，陽子数は 9，中性子数は 10，電子数は 9。

1.3　最もエネルギーの低い波長は 656 nm，2 番目にエネルギーの低い波長は 486 nm。

1.4　2 つ

1.5　(1) Na の電子配置は $1s^2 2s^2 2p^6 3s^1$。したがって 2s の有効核電荷は 6.745，2p の有効核電荷は 6.745。

(2) Fe の電子配置は $1s^2 2s^2 2p^6 3s^2 3p^6 3d^6 4s^2$。3s の有効核電荷は 14.75，3p の有効核電荷は 14.75，3d の有効核電荷は 6.25。

1.6　(1) Fe: $(1s)^2(2s)^2(2p)^6(3s)^2(3p)^6(3d)^6(4s)^2$

(2) Na^+: $(1s)^2(2s)^2(2p)^6$

(3) Br^-: $(1s)^2(2s)^2(2p)^6(3s)^2(3p)^6(3d)^{10}(4s)^2(4p)^6$

(4) Cu^{2+}: $(1s)^2(2s)^2(2p)^6(3s)^2(3p)^6(3d)^9$

第2章

2.1　P, Ge

2.2　(1) Si＞Cl　(2) S＜Se

2.3　(1) Mn^{2+}＞Fe^{2+}　(2) Ti^{4+}＜Zr^{4+}　(3) Mo^{4+}＝W^{4+}　(4) S^{2-}＜Se^{2-}　(5) S^{2-}＞K^+　(6) Ce^{3+}＞Yb^{3+}

2.4　(1) F＞Cl　(2) Si＜S

2.5　(1) Na＞K　(2) Na＞Mg

第3章

3.1

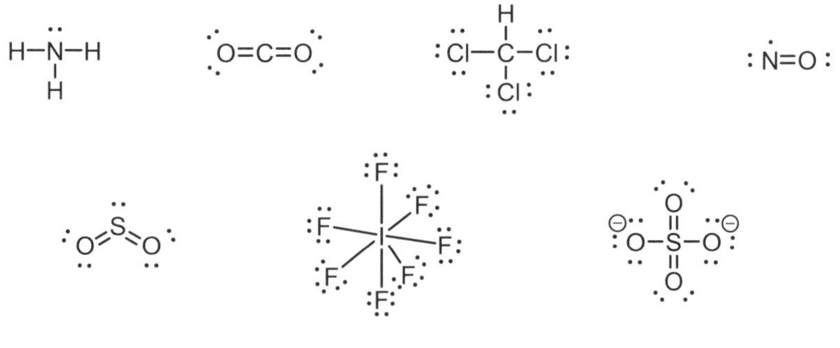

H–N–H (H)　O=C=O　Cl–C(H)(Cl)–Cl　N=O

SO_2　IF_7　SO_4^{2-}

3.2　硝酸イオン(NO_3^-)の共鳴構造

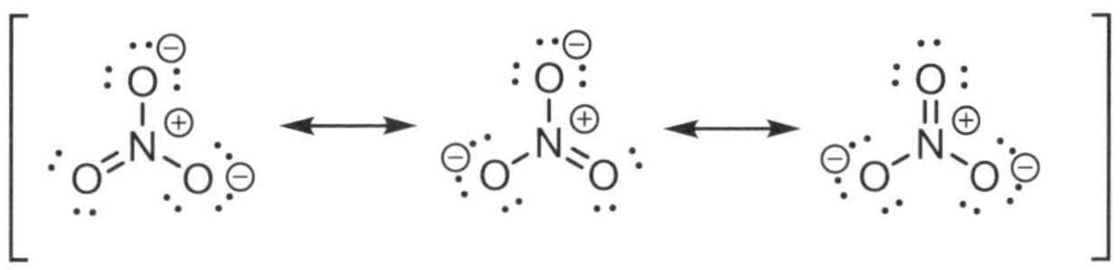

三フッ化ホウ素(BF_3)，過塩素酸イオン(ClO_3^-)についても同様の構造式が記載できる。

3.3　(1) Na　(2) Mg

3.4 結合長は原子半径の大きな原子では大きくなる傾向にあり，また電気陰性度の差が大きい原子どうし間は結合エネルギーが大きい傾向にあるから。

3.5 $|\Delta\chi| = \chi_F - \chi_H = 0.102\sqrt{E(\text{H-F}) - \frac{1}{2}\{E(H_2) + E(F_2)\}} = 1.683\cdots$ ゆえに，$\chi_H \fallingdotseq 2.3$。

3.6 $|\Delta\chi| = 0.102\sqrt{E(\text{H-Cl}) - \frac{1}{2}\{E(H_2) + E(Cl_2)\}} \fallingdotseq 0.97$

3.7 （イオン性の量）$= 1 - \exp[-0.25(\chi_A - \chi_B)^2]$ より，

(1) HF：0.55　(2) HCl：0.21　(3) HBr：0.13　(4) NaF：0.90　(5) KBr：0.68

よって，比較的共有結合性が高いのは HBr, HCl，イオン性が高いのは NaF や KBr と見積もられる。

第 4 章

4.1 (1) H_2O　折れ線形　(2) PF_5　バタフライ(シーソー)形

4.2 原子価結合理論から p_x, p_y, p_z の 3 つの軌道が重なることで結合が形成される。一方，分子軌道法によって形成される σ 結合ならびに π 結合への電子の格納状態から，結合次数は 3 と計算でき，両者は同義であると見積もられる。

4.3 分子軌道法によって形成される二分子原子の分子軌道から反結合性軌道に電子が格納され，結合次数は 0 と見積もられる。よって，結合を形成することは不安定な状態となる。

4.4 フッ化水素 HF の分子軌道については以下のとおりである。

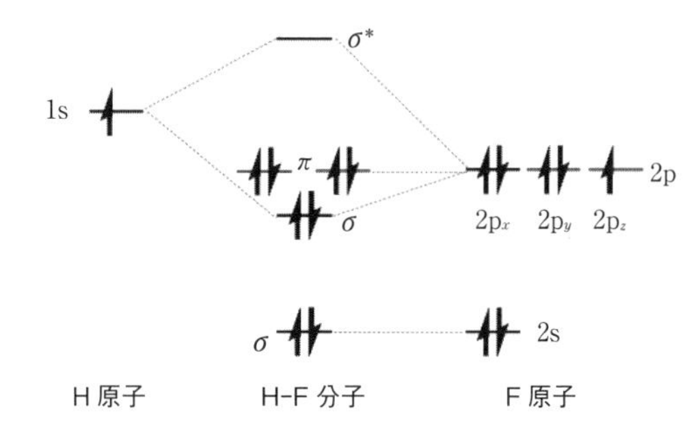

4.5 酸素の二原子分子の結合様式を参照。

4.6 本文参照。

第 5 章

5.1 本文参照。

5.2 カリウムイオンと臭化物イオンはともに 1 価のイオンであるのに対し，バリウムイオンと酸化物イオンはともに 2 価のイオンである。陽イオンと陰イオン間の距離が等しい場合，電荷の絶対値の積により決まる。したがって，1：4 となる。

5.3 (a) 陰イオンのイオン半径が $F^- < Cl^- < Br^- < I^-$ であるため，陽イオンと陰イオンの距離は KI＞KBr＞KCl＞KF の順に小さくなる。距離が短いほうがより大きな解離エネルギーを必要とするため，融点は KI が最も低く，KI＜KBr＜KCl＜KF の順で KF が最も高くなる。

(b) 陽イオンのイオン半径が $Li^+ < Na^+ < K^+ < Rb^+$ であるため，陽イオンと陰イオンの距離は RbCl＞KCl＞NaCl＞LiCl の順に小さくなる。距離が短いほうがより大きな解離エネルギーを必要とするため，融点は RbCl が最も低く，RbCl＜KCl＜NaCl＜LiCl の順で LiCl が最も高くなる。

5.4 式(5.2)のボルン・マイヤー式に各値を代入すると，格子エネルギー U は

$$U = \frac{6.02\times10^{23}\times|-1\times1|\times(1.602\times10^{-19})^2}{4\times3.14\times8.854\times10^{-12}\times2.83\times10^{-10}}\times\left(1-\frac{34.5}{282}\right)\times1.7848 = 7.53\times10^5\ \text{J/mol}$$

となり，753 kJ/mol。

5.5 式(5.3)のボルン・マイヤー式から，格子エネルギー U は

$$U = 438 + 89 + 425 + 122 - 355 = 719\ \text{kJ/mol}$$

となり，719 kJ/mol。

5.6 電荷の絶対値が大きく，陽イオン，陰イオンのイオン半径が小さい酸化マグネシウムのほうが塩化ナトリウムよりもイオン結合として強固であり，水和エネルギーよりも格子エネルギーのほうが大きいため。

5.7～5.10 本文参照。

第6章

6.1 (a) $H_2C_2O_4$ の共役塩基は $HC_2O_4^-$，H_2O の共役酸は H_3O^+

(b) NH_3 の共役酸は NH_4^+，HCOOH の共役塩基は $HCOO^-$

(c) C_5H_5N の共役酸は $C_5H_5NH^+$，H_2O の共役塩基は OH^-

6.2 (a) pH＝2.0　(b) pH＝6.8　(c) pH＝2.8

6.3 pH＝4.0

6.4 $[OH^-]=8.1\times10^{-6}$

6.5 (a) HBr＞HCl＞HF　(b) $HClO_4>H_2SO_4>H_3PO_4$　(c) $H_2SO_4>H_2SO_3>H_2SO_2$

6.6 (a) ルイス酸は HCl，ルイス塩基は NH_3　(b) ルイス酸は Zn^{2+}，ルイス塩基は OH^-

(c) ルイス酸は Fe^{3+}，ルイス塩基は H_2O

6.7 (a) 平衡は右に偏る　(b) 平衡は左に偏る　(c) 平衡は左に偏る

6.8 pH＝5.3

第7章

7.1 (a) Fe ＋3価，O －2価　(b) Ni ＋2価，N ＋5価，O －2価　(c) Cu ＋2価，S ＋6価，O －2価

(d) Li ＋1価，Mn ＋3価，O －2価　(e) Ni ＋3価，O －2価，H ＋1価

7.2 (a) 還元剤 H_2S，酸化剤 Cl_2　(b) 酸化剤 CuO，還元剤 C　(c) 還元剤 Na，酸化剤 H_2O

(d) 還元剤 Zn，酸化剤 $CuSO_4$　(e) 還元剤 Cu，酸化剤 HNO_3

7.3 $2Na+O_2 \rightarrow Na_2O_2$

$2Na+2H_2O \rightarrow 2NaOH+H_2$

7.4 (a) なにも起こらない。

(b) ニッケルが溶け出し，鉛がニッケル板の表面に析出する。

(c) 亜鉛が溶け出し，水素が発生する。

7.5 $E^0_{\mathrm{cell}}=0.47\ \mathrm{V}$

7.6 素焼き板がないと銅イオンが亜鉛電極表面まで拡散してしまい，亜鉛電極表面で銅の還元が起ってしまうため，電池に電流が流れなくなる。

7.7 式(7.4)のネルンストの式から，温度 T が上昇すると起電力が小さくなることがわかる。

第Ⅱ部

第1章

1.1 Web 版参照。

1.2 (1)  (2) 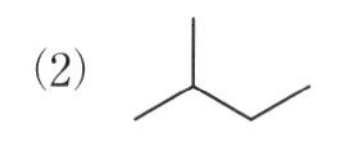 (3) 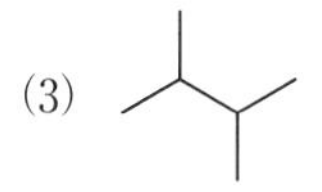 (4) 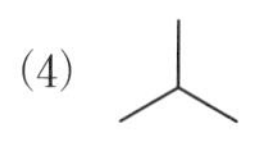

1.3 (1) 2, 4-ジメチルペンタン(2, 4-dimethylpentane)

(2) 2, 3-ジメチルペンタン(2, 3-dimethylpentane)

(3) 3-エチル-2-メチルペンタン(3-ethyl-2-methylpentane)

(4) 2, 2, 4-トリメチルペンタン(2, 2, 4-trimethylpentane)

(5) 2, 4-ジメチル-2-ペンテン(2, 4-dimethyl-2-pentene)

(6) 2-メチル-3-ヘキシン(2-methyl-3-hexyne)

(7) 1, 4-ジメチルシクロヘキサン(1, 4-dimethylcyclohexane)

(8) 1, 1, 4-トリメチルシクロヘキサン(1, 1, 4-trimethylcyclohexane)

(9) 1, 2, 4-トリメチルシクロヘキサン(1, 2, 4-trimethylcyclohexane)

1.4 (1) 2,3,3-トリメチルヘキサン
(2,3,3-trimethylhexane)

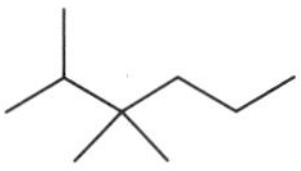

(2) 3-メチルヘキサン
(3-methylhexane)

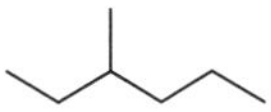

(3) 2-ブロモ-3-フルオロブタン
(2-bromo-3-fluorobutane)

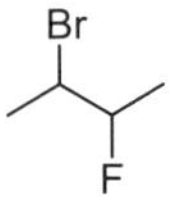

Br

F

(4) 2-ペンタノール
(2-pentanol)

OH

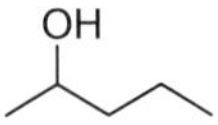

(5) 1,2-ジメチルシクロブタン
(1,2-dimethylcyclobutane)

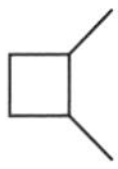

1.5 (1) 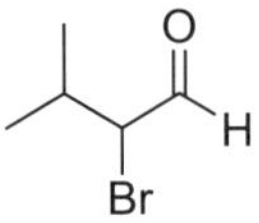 O H Br (2) 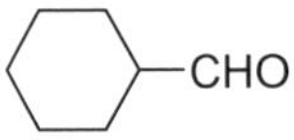 CHO (3) 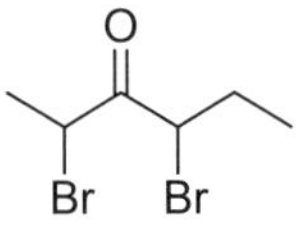 O Br Br

(4) 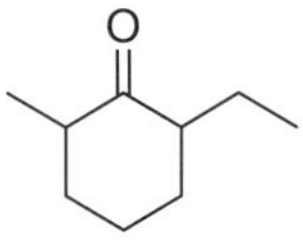 O (5) 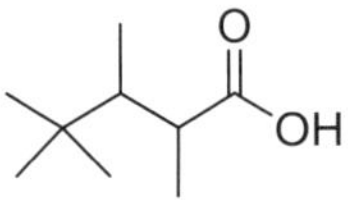 O OH

1.6 (〰はここで他の原子と結合することを表す。)

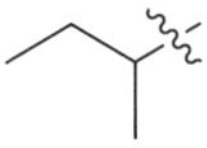

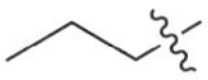

sec-ブチル基

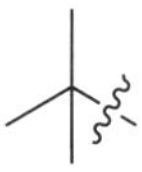

tert-ブチル基

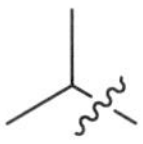

第2章

2.1 (1) 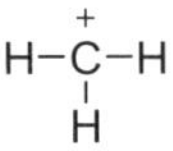 $H-\overset{+}{C}-H$ (H) (2) 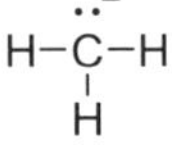 $H-\ddot{C}^{-}-H$ (H) (3) 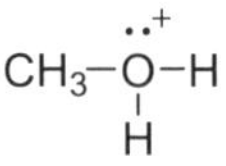 $CH_3-\ddot{O}^{+}-H$ (H)

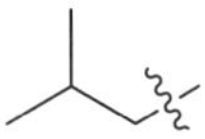

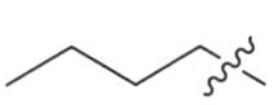

(4) 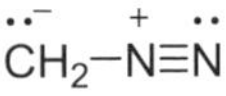 $\ddot{C}H_2^{-}-\overset{+}{N}\equiv\ddot{N}$ (5) 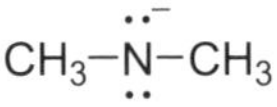 $CH_3-\ddot{N}^{-}-CH_3$

2.2 (1) 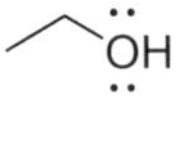 $\ddot{O}H$ (2) 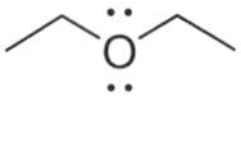 $\ddot{O}$ (3) 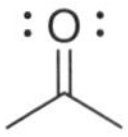 :O:

(4) 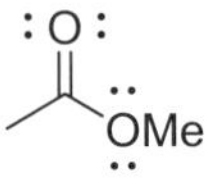 :O: OMe (5) 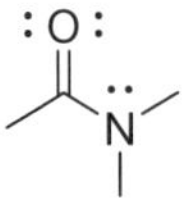 :O: N (6) 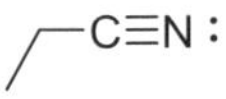 C≡N:

2.3 (1)

(2)

(3)

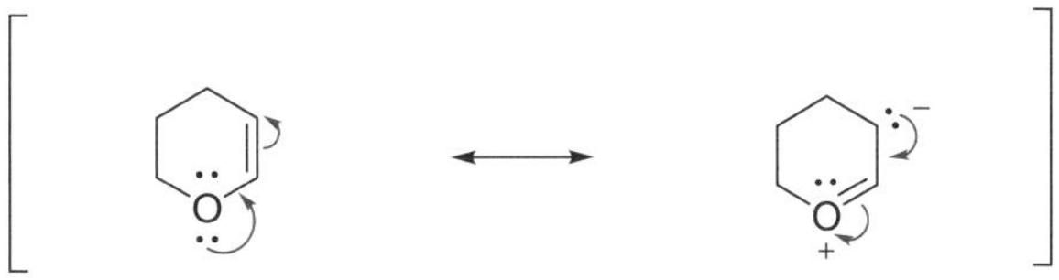

(4)

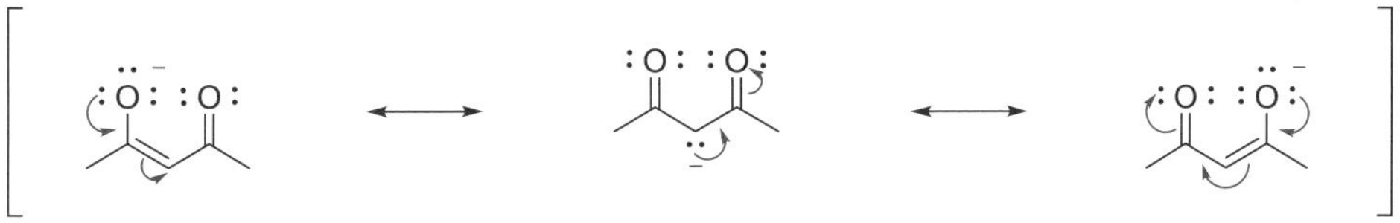

(5)

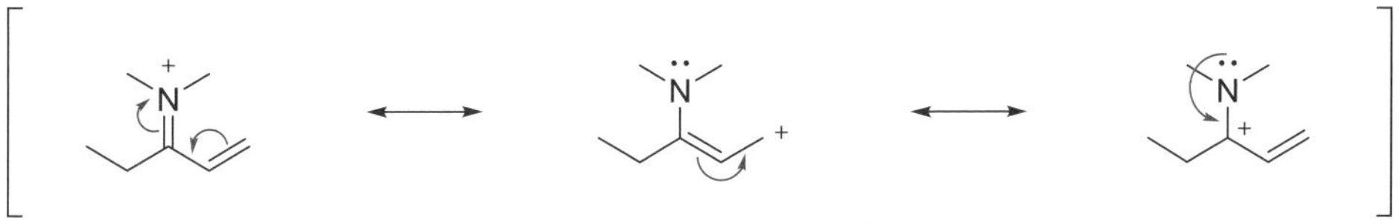

2.4 Web 版参照。

2.5

第 3 章

3.1

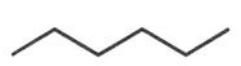

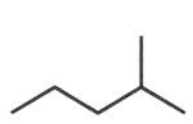

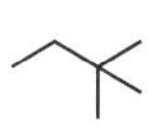

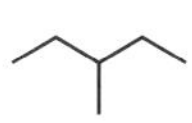

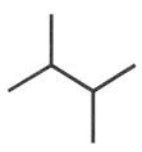

ヘキサン　2-メチルペンタン　2,2-ジメチルブタン　3-メチルペンタン　2,3-ジメチルブタン

3.2 (1) ヘキシルシクロブタン(hexylcyclobutane)

(2) トランス-1,2-ジメチルシクロプロパン(*trans*-1,2-dimethylcyclopropane)

(3) (*S*)-2,3-ジメチルペンタン((*S*)-2,3-dimethylpentane)

(4) (*R*)-3-ブロモ-3-メチルヘキサン((*R*)-3-bromo-3-methylhexane)

(5) (*Z*)-2-ペンテン((*Z*)-2-pentene)

(6) (*E*)-2-クロロ-2-ブテン((*E*)-2-chloro-2-butene)

3.3 同一物(b),
構造異性体(a), (c), (e),
ジアステレオマー(立体配座異性体)(d),
エナンチオマー(鏡像異性体)(f), (g)

3.4

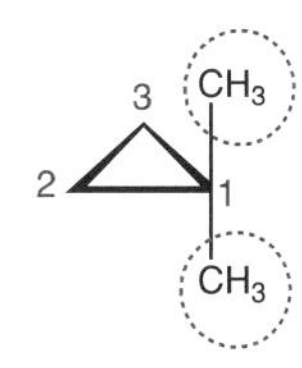

A アキラル
1,1-ジメチルシクロプロパン

H_3C 3 CH_3
2* *1
H H

B アキラル
シス-1,2-ジメチルシクロプロパン

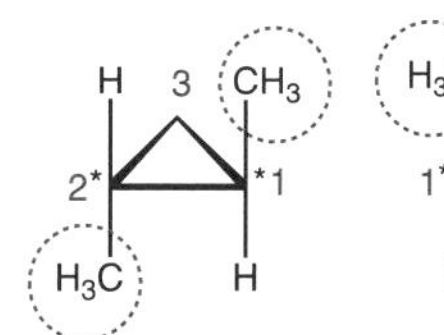

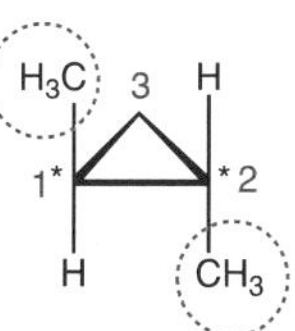

C キラル **D** キラル
トランス-1,2-ジメチルシクロプロパン

A と B, C, D は構造異性体，B, C, D は立体異性体，B と C, D はジアステレオマー，C と D エナンチオマー。

3.5 (a) *R* 配置 (b) *S* 配置 (c) *R* 配置 (d) *R* 配置 (e) *S* 配置 (f) *R* 配置 (g) *S* 配置 (h) *R* 配置

3.6 (1) (2) (3)

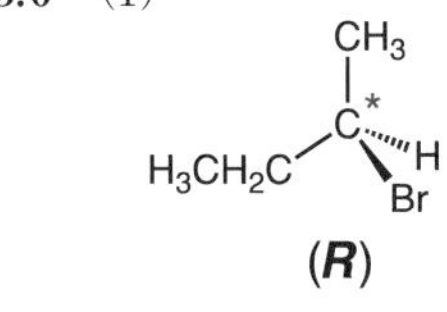

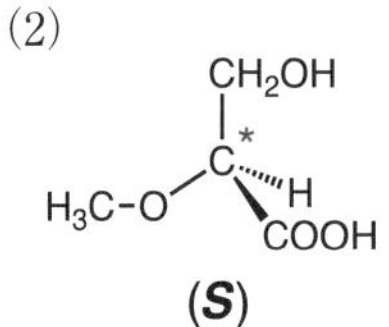

H
C*
Br
CH_3
OH
(*R*)

(1) H；H_3C—C—Br；CH_2CH_3
(2) H；HOH_2C—C—COOH；OCH_3
(3) H；HO—C—CH_3；Br

3.7 A と B，C と D はエナンチオマーの関係，A と C, D および B と C, D はジアステレオマーの関係。

A: CH_3；*S* H—C*—F；*S* I—C*—H；CH_3
B: CH_3；F—C*—H *R*；H—C*—I *R*；CH_3
C: CH_3；*S* H—C*—F；*R* H—C*—I；CH_3
D: CH_3；F—C*—H *R*；I—C*—H *S*；CH_3

A **B** **C** **D**

3.8

F, H, CH_3, H_3C, C—C, H, I ≡ CH_3, F, H, I, H, CH_3

破線-くさび形表記　　ニューマン投影式
ねじれ形立体配座

3.9

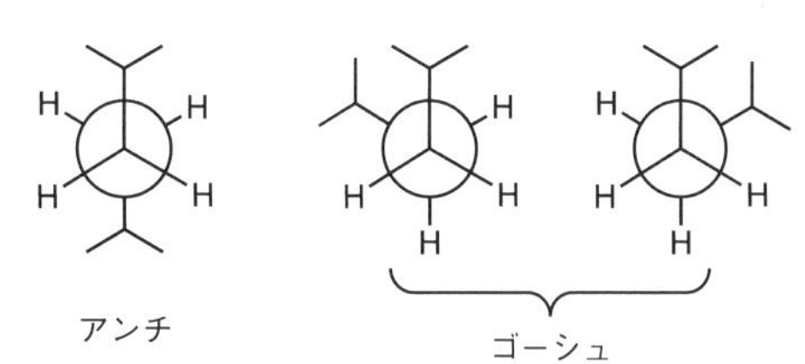

H H H H
重なり形

3.10

CH_3
CH_3
1,1-ジメチルシクロヘキサン

H, H, CH_3, 5, 6, 1, CH_3, 4, 3, 2, H 等価 H, 4, 5, 6, H, 3, 2, 1, CH_3, H, CH_3

H, H, CH_3, H, H, H, CH_3, H, H　　H, H, CH_3, H, H, H, H, CH_3

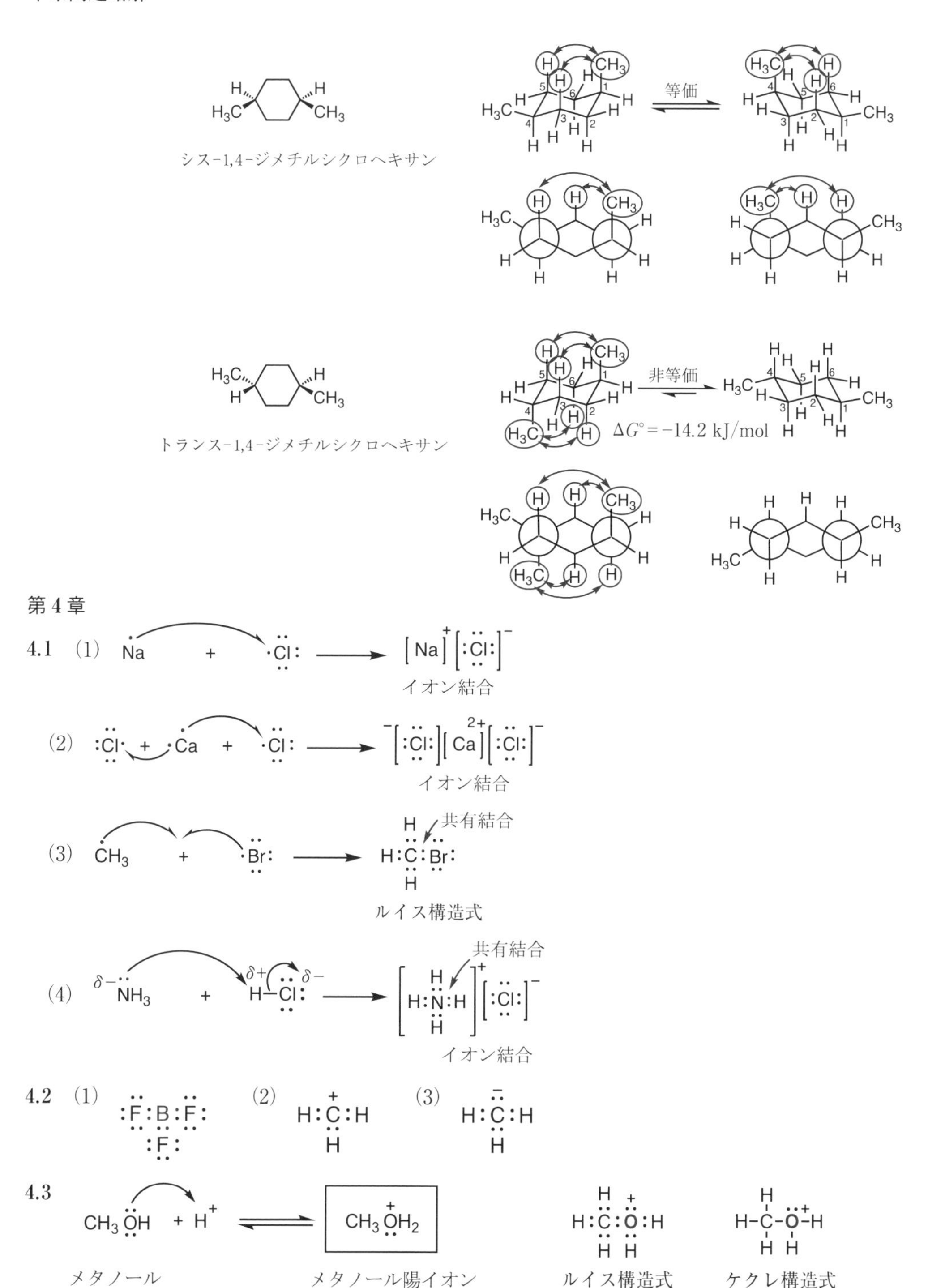

注）単なる棒で書く構造式をケクレ(Kekulé)構造式という。単に“構造式”ともよぶ。

4.4

6電子

$[\ H_3C-C(=\ddot{O}:)-\ddot{C}H_2^- \longleftrightarrow H_3C-C^+(-\ddot{O}:^-)-\ddot{C}H_2^- \longleftrightarrow H_3C-C(-\ddot{O}:^-)=CH_2\ ]$

（寄与小）　（電荷分離型）（最も寄与小）　（寄与大）有利

4.5 (1) (2) 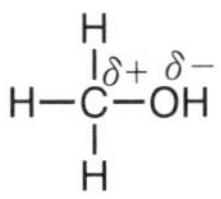 (3) 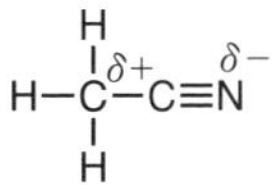 (4) 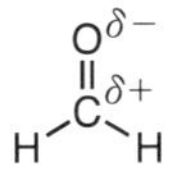 (5)

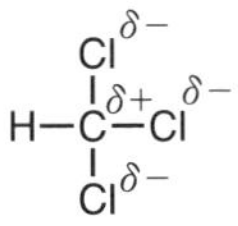

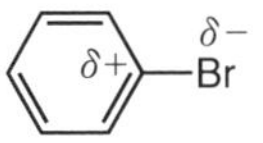

$Cl^{\delta-}$, $H-C^{\delta+}-Cl^{\delta-}$, $Cl^{\delta-}$ / $H-C^{\delta+}(H)(H)-OH^{\delta-}$ / $H-C^{\delta+}(H)(H)-C\equiv N^{\delta-}$ / $O^{\delta-}=C^{\delta+}(H)H$ / $C_6H_5^{\delta+}-Br^{\delta-}$

4.6 (1)

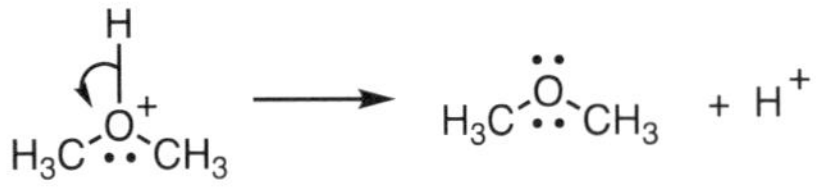

$H_3C-O^+(H)-CH_3 \longrightarrow H_3C-\ddot{O}-CH_3 + H^+$

酸 共役塩基

(2)

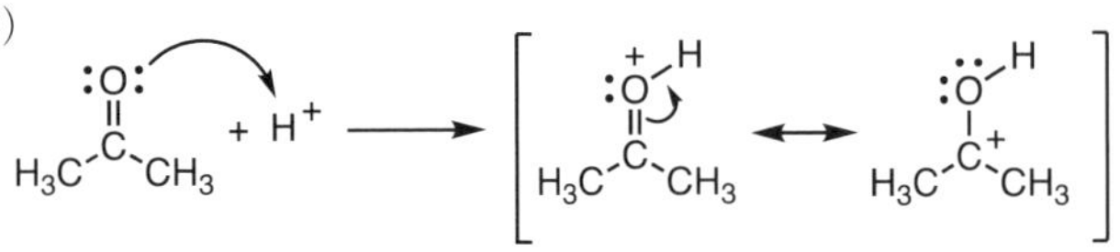

$(H_3C)_2C=O + H^+ \longrightarrow [(H_3C)_2C=O^+-H \longleftrightarrow (H_3C)_2C^+-OH]$

塩　基 共役酸

4.7 (1)

$(H_3C)_2C=O + AlCl_3 \longrightarrow [(H_3C)_2C=O^+-Al^-Cl_3 \longleftrightarrow (H_3C)_2C^+-O-Al^-Cl_3]$

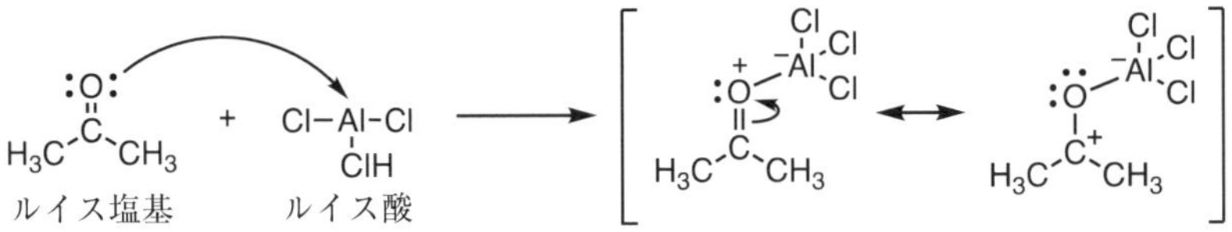

ルイス塩基 ルイス酸

(2)

$H_3C-CH_2^{\delta+}-Br^{\delta-} + {}^-OH \longrightarrow H_3C-CH_2-OH + Br^-$

求電子的（ルイス酸的挙動） 求核剤（ルイス塩基）

4.8 イソプロピルラジカルは超共役によってメチルラジカルよりも安定化される。

4.9 開始

$Cl-Cl \xrightarrow[\text{または } h\nu]{\Delta} Cl\cdot + \cdot Cl$

塩素分子 塩素原子

伝搬

$H_3C-CH_2-H + \cdot Cl \longrightarrow H-Cl + H_3C-\dot{C}H_2$

エタン 塩素原子 塩化水素 エチルラジカル

$H_3C-\dot{C}H_2 + Cl-Cl \longrightarrow H_3C-CH_2Cl + \cdot Cl$

塩化エチル 塩素原子

停止

$H_3C-\dot{C}H_2 + \cdot Cl \longrightarrow H_3C-CH_2Cl$

塩化エチル

$H_3C-\dot{C}H_2 + H_2\dot{C}-CH_3 \longrightarrow H_3C-CH_2-CH_2-CH_3$

ブタン

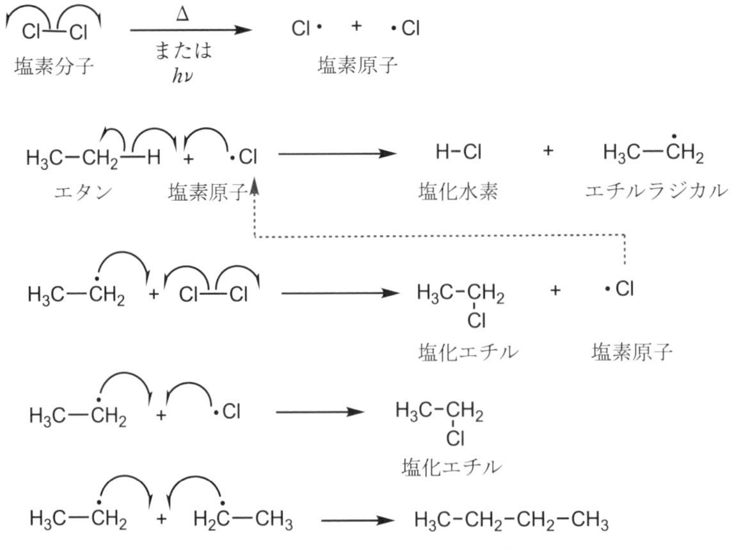

4.10 相対的な収率の比は A(1°H)：B(3°H)＝12：10＝6：5

第5章

5.1

H_3CO^-	負の電荷をもち，電子豊富であるため。
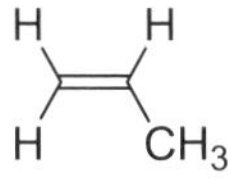 H, H, H, CH_3	π電子をもつため。π電子は炭素原子核からの束縛が弱く，電子の存在範囲が広いため，反応に利用しやすい。
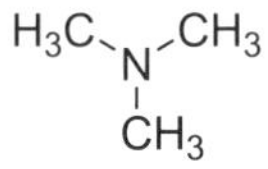 H_3C, N, CH_3, CH_3	孤立電子対をもつため。孤立電子対は結合に利用されていない電子であり，反応に利用しやすい。

5.2

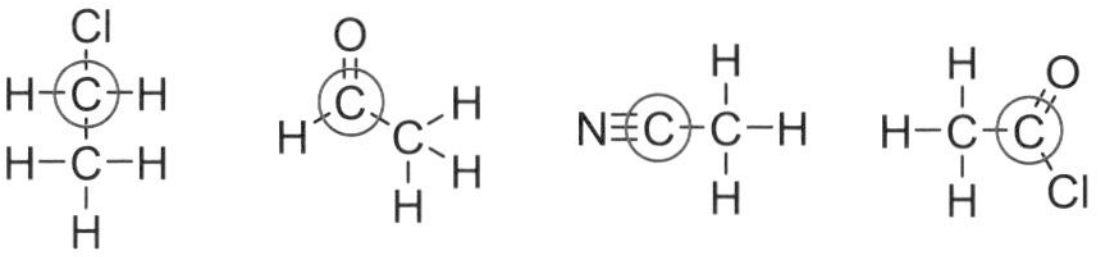

Cl, H-C-H, H-C-H, H　O, C, H, C, H, H, H　N≡C-C-H, H, H　H-C-C, H, H, O, Cl

5.3

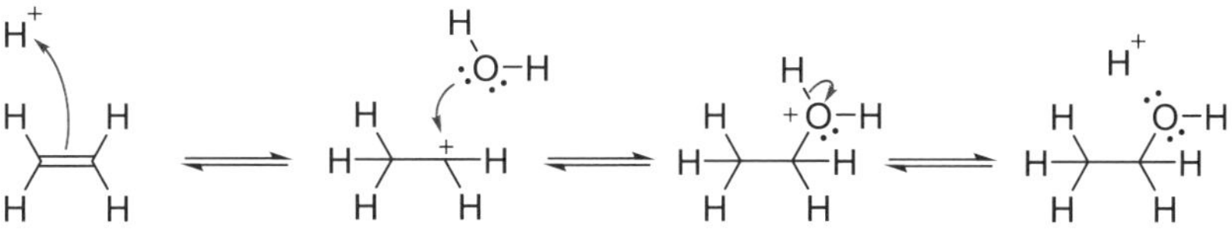

H^+, H, H, H, H ⇌ H, H-O-H, H, +, H, H, H ⇌ H, +O-H, H, H, H, H, H ⇌ H^+, O-H, H, H, H, H, H

5.4

H, CH_3 + HBr ⟶ H, Br, H, CH_3 + Br, H, H, CH_3

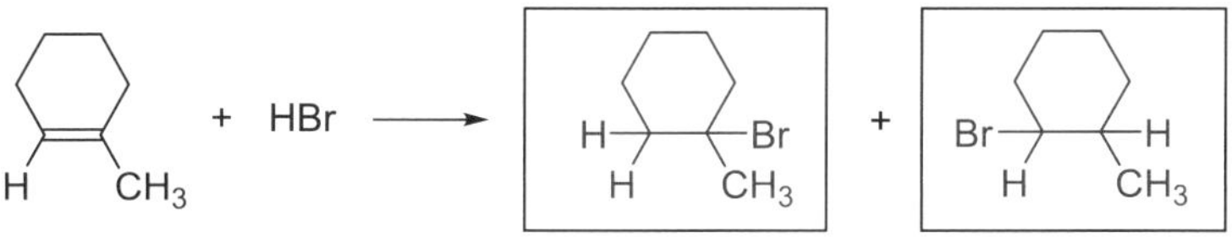

構造異性体A　構造異性体B

構造異性体Aが優先的に生成することが予想される。（詳細はWeb版参照）

5.5 (1) H, H-Br, H + $CH_3O^-Na^+$ ⟶ CH_3O-H, H, H + NaBr

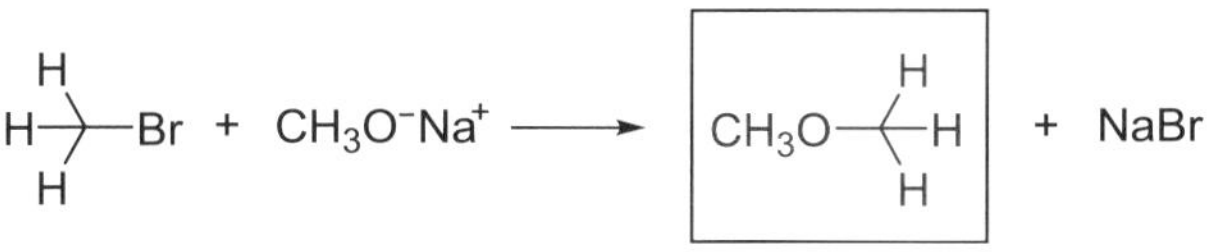

この反応はS_N2反応である。（詳細はWeb版参照）

(2) H_3C, H_3C-Br, H_3C + $CH_3O^-Na^+$ ⟶ CH_3, H_3C + CH_3OH + NaBr

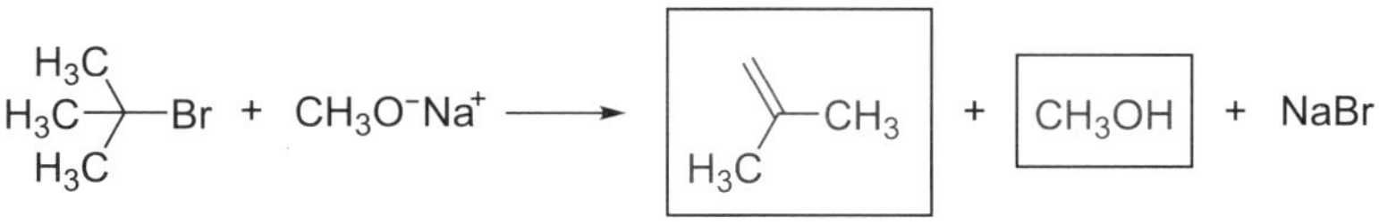

この反応はE2反応である。（詳細はWeb版参照）

(3) 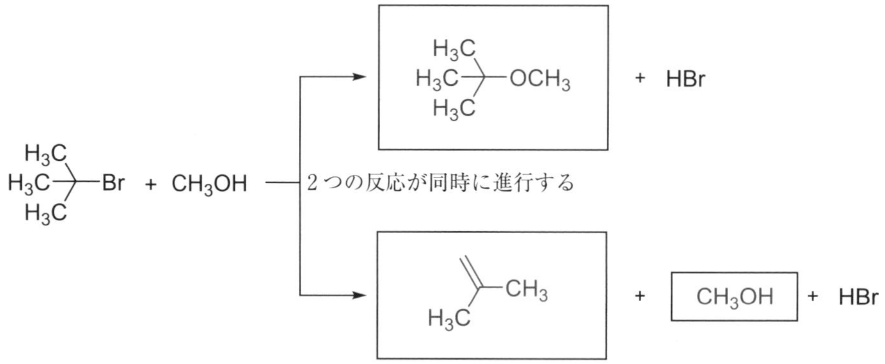 $(CH_3)_3C{-}Br + CH_3OH$ ── 2つの反応が同時に進行する
→ $(CH_3)_3C{-}OCH_3$ + HBr
→ $CH_2{=}C(CH_3)_2$ + CH_3OH + HBr

上側の反応は S_N1 反応，下側の反応は E1 反応である。(詳細は Web 版参照)

5.6

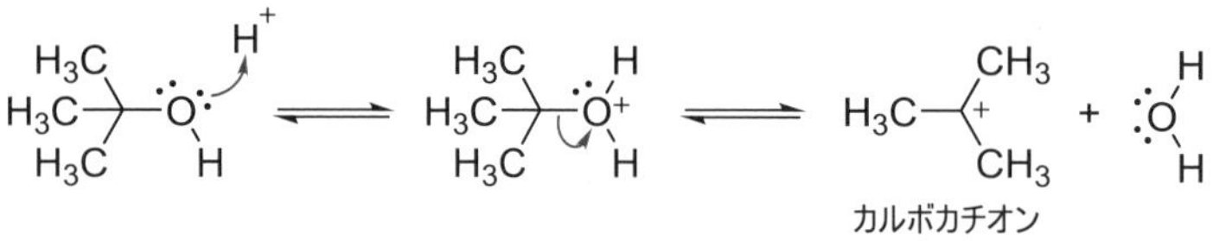

$(CH_3)_3C{-}OH + H^+ \rightleftharpoons (CH_3)_3C{-}OH_2^+ \rightleftharpoons (CH_3)_3C^+ + H_2O$

カルボカチオン

第6章

6.1

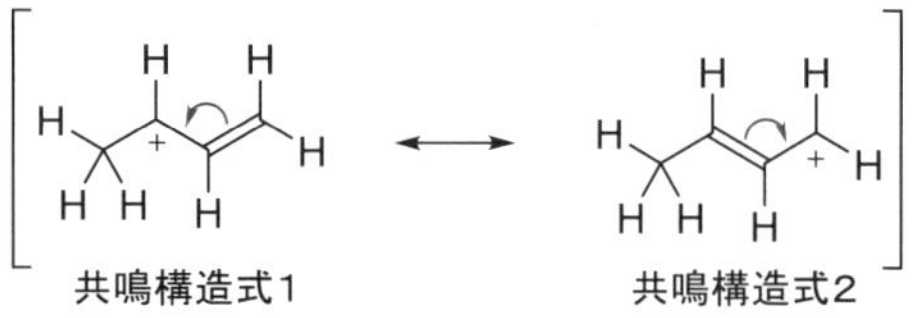

共鳴構造式1 ⟷ 共鳴構造式2

6.2

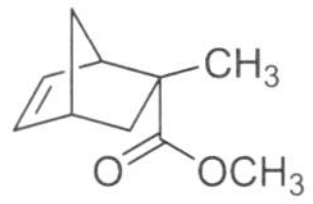

CH_3 / OCH_3

6.3 ジエン：　1,3-シクロヘキサジエン 　　親ジエン：　無水マレイン酸

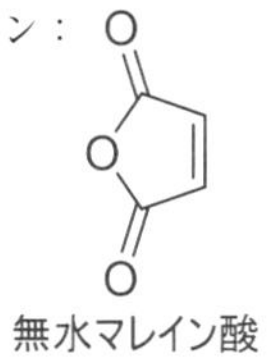

6.4〜6.7　Web 版参照。

6.8　合成経路1が適切である。(詳細は Web 版参照)

第7章

7.1　pK_a 値の大きな順に並べると，

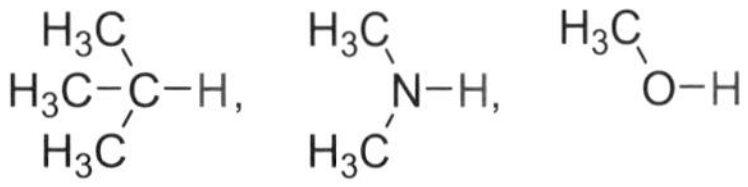

$(CH_3)_3C{-}H$, $(CH_3)_2N{-}H$, $H_3C{-}O{-}H$

となる。(詳細は Web 版参照)

7.2　Web 版参照。

7.3　解離しやすい順に並べると，*b, a, c* となる。(詳細は Web 版参照)

7.4 方法 1：

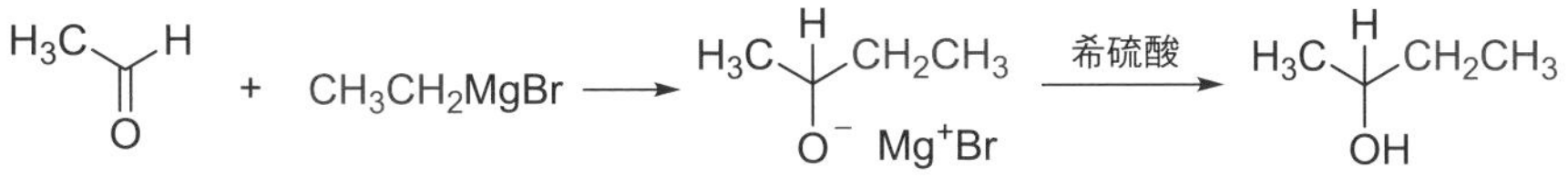

$H_3C{-}CHO$ + CH_3CH_2MgBr ⟶ $H_3C{-}CH(O^-\ Mg^+Br){-}CH_2CH_3$ —希硫酸→ $H_3C{-}CH(OH){-}CH_2CH_3$

方法 2：

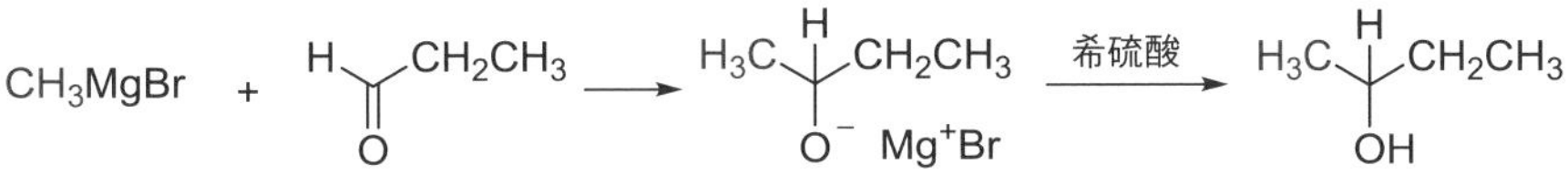

CH_3MgBr + $H{-}C(=O){-}CH_2CH_3$ ⟶ $H_3C{-}CH(O^-\ Mg^+Br){-}CH_2CH_3$ —希硫酸→ $H_3C{-}CH(OH){-}CH_2CH_3$

7.5

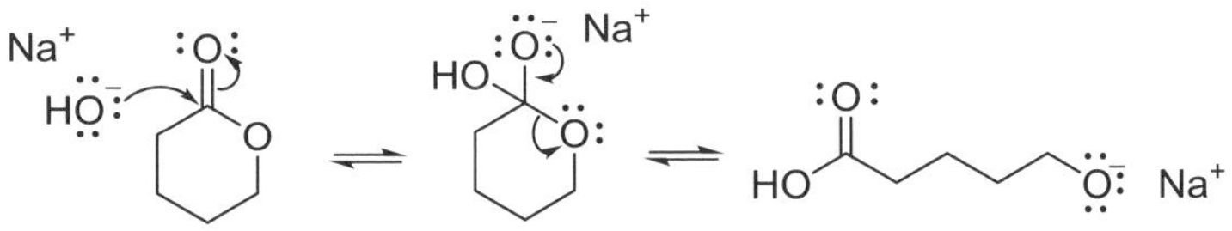

Na^+ HO^- + δ-バレロラクトン ⇌ 四面体中間体 (HO, O^-, Na^+) ⇌ $HO{-}C(=O){-}CH_2CH_2CH_2CH_2{-}O^-$ Na^+

7.6

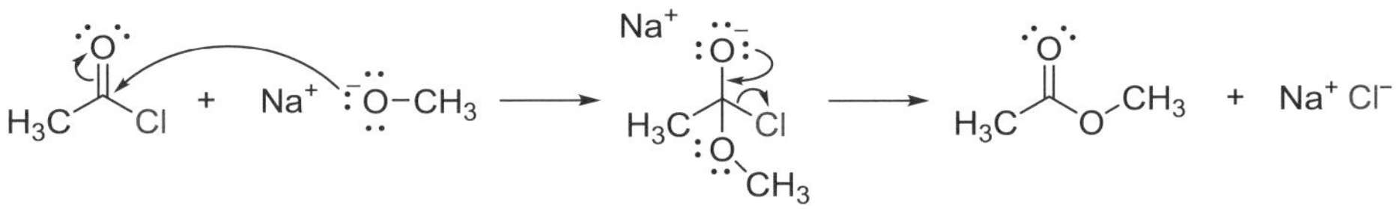

$H_3C{-}C(=O){-}Cl$ + $Na^+\ {}^-O{-}CH_3$ ⟶ Na^+ $H_3C{-}C(O^-)(Cl)(O{-}CH_3)$ ⟶ $H_3C{-}C(=O){-}O{-}CH_3$ + $Na^+\ Cl^-$

7.7 Web 版参照。

7.8 (1) Web 版参照。

(2) 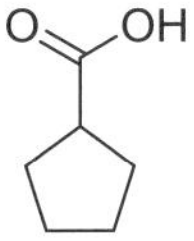 シクロペンタンカルボン酸（$O{=}C(OH){-}C_5H_9$）

7.9 (1) 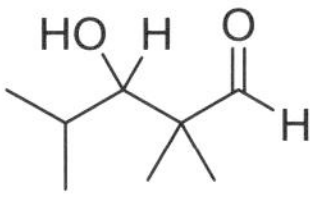 HO, H, O, H (3-ヒドロキシ-2,2,4-トリメチルペンタナール) (2) 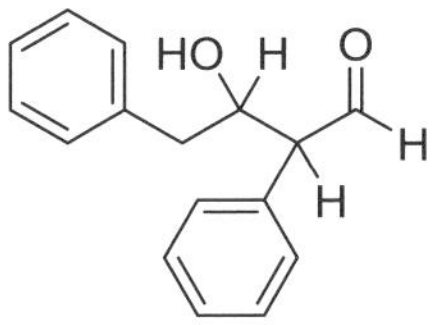 HO, H, O, H, H (3-ヒドロキシ-2,4-ジフェニルブタナール) (3) OH, H, O (2-(1-ヒドロキシシクロヘキシル)シクロヘキサノン)

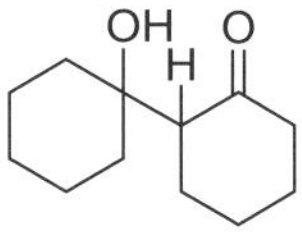

索　引

さ 行

ま 行

や 行

ら 行

著者略歴（執筆順）

速水真也（はやみ しんや）［第Ⅰ部 1章］

1997年　九州大学大学院理学専攻博士課程修了
現　在　熊本大学大学院先端科学研究部教授
博士（理学）

黒岩敬太（くろいわ けいた）［第Ⅰ部 2, 3, 4章］

2001年　九州大学大学院工学府物質創造工学専攻博士後期課程中退
現　在　崇城大学工学部教授
博士（工学）

島崎優一（しまざき ゆういち）［第Ⅰ部 5章］

2000年　名古屋大学大学院理学研究科物質理学専攻（後期博士課程）修了
現　在　茨城大学理学部准教授
博士（理学）

大久保貴志（おおくぼ たかし）［第Ⅰ部 6, 7章］

1999年　東京都立大学大学院理学研究科化学専攻博士課程修了
現　在　近畿大学理工学部教授
博士（理学）

折山剛（おりやま たけし）［第Ⅱ部 1, 2章］

1986年　東京大学大学院理学系研究科化学専攻博士課程修了
現　在　茨城大学理学部教授
理学博士

西野宏（にしの ひろし）［第Ⅱ部 3, 4章］

1981年　熊本大学大学院理学研究科修士課程（化学専攻）修了
現　在　熊本大学大学院先端科学研究部特任教授
理学博士

須藤篤（すどう あつし）［第Ⅱ部 5, 6, 7章］

1997年　東京大学大学院工学系研究科博士後期課程修了
現　在　近畿大学理工学部教授
博士（工学）

2023年4月28日　初版発行

大学生 これから学ぶ化学

著　者　速水真也
　　　　黒岩敬太
　　　　島崎優一
　　　　大久保貴志
　　　　折山　剛
　　　　西野　宏
　　　　須藤　篤
発行者　山本　格

発行所　株式会社　培風館
東京都千代田区九段南4-3-12・郵便番号102-8260
電話(03)3262-5256(代表)・振替00140-7-44725

三美印刷・牧製本

PRINTED IN JAPAN

ISBN 978-4-563-04642-2　C3043